分拣
中国史

王　辉
著

秦汉的飨宴

中华美食的雄浑时代

目 录

第二编

烹饪有术

第四编

宴会雅集

第五编

食制食俗

序　言

在开始本书的阅读之前，想请您先思考以下三个问题。

第一问，"您吃饭了吗"，这句温暖的见面寒暄用语是否让您倍感亲切？那您是否想过这样一个问题，我们一日三餐吃的可不只是米饭等主食，还有蔬菜、肉食等，为什么只问您吃"饭"了吗？

第二问，您知道为什么有些蔬果以"胡某某""番某某""洋某某"为名吗？如日常生活中常见的胡萝卜、番茄、洋葱。而"胡""番""洋"又有何区别呢？

第三问，您知道为什么聚集而食被称为"宴席"吗？在新冠肺炎疫情肆虐全球的背景下，人们格外重视饮食卫生，倡导引进西方的分餐制，但您是否知道其实在隋唐之前，古代先民在漫长的历史岁月中一直都是分餐而食，因此我们无须引进西方的分餐制，只需将古老的分食传统恢复即可？

上面所提的三个问题分别代表了中国饮食发展史的三个侧面，第一个问题代表了饮食结构，第二个问题涉及了饮食文化的交流，第三个问题则是饮食礼俗。

饮食文化是中国古代传统文化的重要组成部分，饮食不仅是人类赖以生存和发展的第一要素，也是社会发展进步的标志之一。从茹毛饮血到炊煮熟食，从大羹玄酒到佳肴美馔，中国古人的餐桌见证了上万年的饮食革命和文化流变。

本书以《秦汉的飨宴》为名，旨在向读者展现秦汉时期饮食文化的亮丽风景。为什么选择秦汉时期呢？因为秦汉时期是中国历史上第一个盛世，也是中华饮食体系的奠基时期。这一时期，在饮食结构、饮食文化交流、饮食制度、烹饪技法、宴集礼俗等诸多方面都奠定了后世两千多年的基本饮食格局。

秦汉时期逐步确立了以粟、麦、稻等粮食为主食，以蔬菜和一定的肉类为副食的饮食结构模式。约成书于秦汉时期的《黄帝内经》云："五谷为养，五果为助，五畜为益，五菜为充。"意思是科学的饮食结构应以谷物为主，菜蔬果肉为辅。这就回答了前面所提的第一个问题，为什么我们现在仍以吃饭而不以吃菜、吃肉作为进餐的代称？这其实源于沿袭数千年的以谷物为主的饮食结构。以谷物为主，从多方面吸取营养并讲究食材搭配的杂素性膳食结构，更适合中国人的身体结构和生理特征，这较西方以肉食为主的饮食结构更加科学合理。

中华文化素来具有兼容并蓄、容纳百家的恢宏气度，在"和而不同"思想的指导下，广泛地、有选择地借鉴和吸收其他饮食文化的优质养分，不断地更新和壮大自己，从而使中华饮食文化历久弥新。

中华饮食第一次大规模引进异质饮食文化始自张骞出使西域。张骞出使西域，带回了葡萄、石榴、大蒜等十多种食物和葡萄酒的酿造技术。自此，野生、人工栽培、异域引进等三种方式也开启了此后两千多年国人食材获取的基本模式。我国现有农作物中，至少有五十种来自国外。"胡"字辈大多为两汉两晋时期由西北陆路引入，如胡荽（香菜）、胡椒、胡瓜（黄瓜）、胡蒜（大蒜）、胡桃（核桃）、胡麻（芝麻）等；"番"字辈大多为南宋至元明时期由"番舶"（外国船只）带入，如番薯、番茄、番麦（玉米）、番豆（花生）、番椒（辣椒）等；"洋"字辈则大多由清代乃至近代引入，如洋葱、洋姜、洋山芋、洋白菜等。这就回答了前面所提的第二个问题。

食以体政是中国古代饮食文化的重要特征之一。自古以来，烹调饮食与治理国家就有着不可分割的联系。早在商朝，伊尹就"以滋味说汤"，历代传为美谈；春秋时，老子的名言"治大国若烹小鲜"也将饮食与治国直接联系在一起。《周礼》一书排列的百官中，将"冢宰"列为天官之首，百官之长，相当于后代的宰相。秦汉时期，这种饮食与为政相一致的观念，继续深入地贯穿于社会生活之中。史籍记载，汉朝陈平年少时，在一次乡里社日中主持宰肉与分配，因公平合理，受到父老们的一致称赞，并认为他日后一定会成为一位好宰相，陈平亦雄心勃勃，认为治理天下与"宰此肉"毫无二致，后来他果然当上了宰相。

秦汉帝国设有分工明确、各司其职的食官体系。其中宫廷食官的主要职能，一是主掌帝王、太子、王后之膳食，二是主掌祭祀供食及帝王陵寝食事。而遍及帝国境内的公务接待机构——传舍承担着为外出公务的官吏、过往的外商、使者等提供饮食的重任，秦汉《传食律》对传舍运作中可能出现的中饱私囊、贪污受贿等违法行为的惩处规定得十分详细。此外，秦汉时期实行的盐酒官营专卖政策，对后世王朝的盐酒政策产生了深远的影响。

前文所提的第三个问题，聚集而食为何被称为"宴席"？这其实和古人席地而食的进食传统有关。"宴席"之名源于"筵席"，这是一种古代铺于地上的坐具。宴饮活动是中华饮食文化的重要内容。如果说宴飨是先秦周天子笼络诸侯和贵族的手段的话，那么秦汉时期的宴集则是地位大体相当的人们相互往来和彼此亲近的凭借。在时人的心目中，宴饮的意义远在饮食之外。通过宴饮活动联络宾客、敦睦亲属、亲善友谊，自秦汉时期起就成为中国人团结群体、整合关系的重要方式。现代宴饮场合的礼仪、规范、习俗等方面仍保留着秦汉时期的遗风。

要言之，秦汉的饮食文化对后世产生了深刻的影响，奠定了国人饮食生活模式的基础，在中国古代饮食文化史中占有极其重要的地位。

本书分为食自八方、烹饪有术、天之美禄、宴会雅集、食制食俗五编，在吸收先贤研究成果的基础上，将传世文献、典型文物、封泥简牍、画像砖石、壁画帛书等多种素材融为一体，力图从食材、制度、食俗、烹饪、器具、礼仪、艺术、人物等多个角度还原秦汉四百年间一幅幅鲜活而生动的饮食文化图景。在叙事语言上，笔者尽量避免佶屈聱牙的术语表达，涉及生僻字或简牍玺印材料均予以注音和注释翻译，希望通过浅显易懂、通俗有趣的图文呈现将读者带回两千多年前秦汉的飨宴之中，探源博大精深的中华饮食文化。

前漢中□□□□合人莫□□
號乃使博望侯張騫往西
域女□□名號□□□

第一编　食自八方

穿越回秦汉，可以吃到什么呢?

　　这几年网络上流行的段子是如果穿越回秦汉时期，那么资深"吃货"们可就惨了：秦汉时期的主要食物是豆子，偶尔吃一些粟米粥，几乎所有菜肴都是炖出来的，因为调味品很少，能调味的只有葱、姜。盐很金贵，所以吃得很少，菜肴口味很淡。蔬果类食材也很匮乏。现在常见的茄子、玉米、马铃薯、西红柿、菠菜、胡萝卜、番薯、西瓜、菠萝、苹果等均吃不上。时人没有现在的大棚技术，吃的蔬果一般只能是当季的，因此人能够选择的蔬果变得更加有限。肉食方面则吃不到牛肉，因为耕牛受到法律保护，吃牛肉是要吃官司的……

　　网络上对秦汉时期食材的描述具有一定真实性，但也有很多内容是误解。诚然，秦汉时期食材的丰富程度肯定不能与如今同日而语，但也远远没有到"凄惨"的程度。那么，如果真穿越回那个时代，究竟可以吃到什么呢?

　　首先看主食。秦汉时期谷物的品种类型是比较丰富的，粮食作物品种大大超出了"五谷""九谷"的范围。《氾胜之书》《淮南子》《急就篇》《尔雅》《四民月令》等传世文献论及的谷物有粟、黍、大麦、小麦、稻、大豆、小豆、麻、稗（bài）、菰米（雕胡）、燕麦等。考古发现的谷物种类也十分丰富，如高粱、荞麦、青稞等。除了主料谷物，辅料、调料在这一时期均出现了不少新品种，这为主食面点的制作提供了丰富的原料。一方面，牛、羊乳及其制品已用于面点制作之中。另一方面，应用于面点中的调味品除了常见的盐、酱、饴、蜜、姜、葱、蓼（liǎo）、蒜、桂皮、花椒、茱萸外，还有动物油脂以及从西域输入的胡椒、胡芹、胡荽等等，这些调味品使得各种面点有了不同的美妙滋味。因此，秦汉时期人们的主食可远不止豆子和粟米饭，饼饵、干饭、麦饭、粔籹（jù nǚ）等面食小点应有尽有。每一种面食小点又有很多小的分类，由于下文均将述及，这里就不赘述了。

其次看蔬果。秦汉时期延续发展了春秋战国的蔬果种植格局，人工栽培蔬果的技术大大提高，如汉代已有了温室种菜的技术，所以时人吃上反季节蔬菜也并非难事。蔬果的专业化经营和商品化程度增强，如葵菜是当时菜农经营的重要蔬种，有专门的葵园，汉乐府中"青青园中葵"的记载就是当时广泛种植葵菜的真实写照。有学者根据传世文献和出土资料统计出汉代人取食的蔬菜种类有百余种之多，其中人工栽培的蔬菜近五十种。蔬菜中比较著名的品种有葵、韭、藿（huò）、薤（xiè）、葱、菘（sōng）、芹、藕、笋、瓠（hù）、芥、芋、蘘（ráng）荷、芜菁（jīng）、姜、椒、蓼，以及苜蓿、胡瓜、胡荽、胡蒜等外来菜品。由于西域和南方果品的传入和引种，秦汉时期果品的种类也变得更加丰富。时人食用的水果如桃、李、枣、梨、栗、杏、梅、杨梅、橘、柚、樱桃、甜瓜、荔枝、枇杷、橄榄、葡萄、核桃、石榴等，基本与现在相同。可见，秦汉时期的蔬果格局与现代差别并不是很大。

再次是肉食。关于牛肉的问题，秦汉法律确实有保护耕牛、禁止滥杀的规定，但即便如此，百姓们想吃到牛肉也并非不可能。有汉一代，在国家发生重大事件时，皇帝都会"赐民百户牛酒"，因此，百姓们并非没有吃牛肉的机会。至于上层社会，食用牛肉并没有限制。马王堆汉墓遣策中有大量牛肉馔品的记载；敦煌悬泉汉简《长罗侯过悬泉置费用簿》记载了边地驿站——悬泉置准备了"羊五"和"牛肉百八十斤"以供长罗侯军吏"七十二人"食用的事情，这种大量肉食的消耗虽十分罕见，也是西北地区以牛、羊肉为主的肉食生活的表现。秦汉时期人们食用的肉类品种及食用序列——羊、猪、牛、鸡基本与现代相同，而且时人取食的肉食种类比现代更多，如有证据表明时人有食马肉、马酱、狗肉之俗，但现代社会这些食俗大多被弃绝，又如秦汉时期的人们喜食心、肝、胃、肾、肠等动物下水，甚至是飞禽走兽、蛇虫鼠蚁等，现代人却食用得很少。

最后看饮品。据最新的考古发现，世界上最早的茶茗可追溯至战国时期。文献记载表明，西汉巴蜀地区的饮茶之风十分普及与盛行。相较于茶，秦汉时期人们的饮料主要是浆和酒，秦汉市肆之中出售各种各样的浆，有的店铺库存多达"浆千甔（dān，坛子一类的器皿）"，盈利堪"比千乘之家"，可见当时浆的销售量很可观。由于文献中酒、浆总是同时出现，故有学者认为浆可能是米汁所制的一种酸甜饮料。除了粮食制成的浆类饮料外，还有蜜浆和各种果浆。蜜浆即蜂蜜水。果浆则有梅浆、柘浆（甘蔗汁）、桃滥水（发酵后的桃汁）等。秦汉时期，谷物依然是酿酒的重要原料。谷物蒸熟后，加入大麦曲或小麦曲，使其发酵，然后酿造。酒的质量是以酿的次数多少来划分等级的，酿的次数多为上品，次数少则为下品。据学者统计，秦汉时期见诸文献的美酒有近20种。葡萄传入中原以后，多地不久也就有了人工酿造的葡萄酒。史籍记载汉代王室成员还饮用马奶所酿之酒，名为"挏（dòng）马酒"。

以上我们从主食、蔬果、肉食、饮品等方面了解了秦汉时期人们可以享用到的食材。虽然这些食材的丰富程度肯定不及现在，但满足"吃货"们的口腹之欲还是绰绰有余的。

五谷为养

　　中国素称"以农立国"，先秦时期，居住在黄河和长江流域的古代先民就以种植各类谷物为生。到了秦汉时期，人们饮食结构中以谷物为主的习俗已牢固地稳定下来，并且一直影响至今。我国现存最早的传世医学专著《黄帝内经》谈及了"营养"原则，即"五谷为养，五果为助，五畜为益，五菜为充"等概念。秦汉时期的粮食作物统称为"五谷"，也有"九谷"之说。《礼记·月令》《汉书·食货志》中记载的"五谷"，后世注为麻、黍、稷、麦、豆；《周礼·天官·大宰》中记载的"九谷"，后世注为黍、稷、秫、稻、麻、大豆、小豆、大麦、小麦。实际上，这一时期谷物的品种类型是极其丰富的，粮食作物品种大大超出了"五谷""九谷"的范围。《氾胜之书》《淮南子》《急就篇》《尔雅》《四民月令》等传世文献论及的谷物有粟、黍、大麦、小麦、稻、大豆、小豆、麻、稗、菰米、燕麦等。考古发现的谷物种类也十分丰富，如高粱、荞麦、青稞等。

前壁

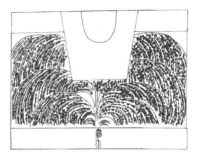

后壁

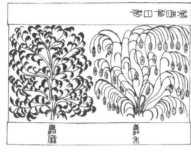

左侧壁

右侧壁

新朝王莽时代铜方斗及其四壁五谷纹样与铭文，前壁为凤，后壁为黍，左侧壁为麻、禾，右侧壁为豆、麦。现藏于中国国家博物馆

"社稷"谓何？

我们经常在古装电视剧中听到这样一个词"江山社稷"。江山之意很容易理解，那么"社稷"谓何？其实，社稷指的是土地和五谷之神，是中国古代国家政权的代称和象征。为何以社稷代指江山，可于东汉班固《白虎通》一书中找到答案。《白虎通》又名《白虎通义》，是班固等人根据汉章帝建初四年（公元79年）经学辩论的结果撰集而成，因辩论地点在白虎观而得名。书云："王者所以有社稷何？为天下求福报功。人非土不立，非谷不食。土地广博，不可遍敬也；五谷众多，不可一一祭也。故封土立社示有土尊；稷，五谷之长，故封稷而祭之也。"这段话的意思是帝王应为天下百姓谋福祉，而百姓若没有土地就没有容身之所，没有谷物就没有食物，但是土地辽阔，并不能每一寸都供奉到，五谷这么多，并不能一一祭祀，于是就封"社"为土地之神，"稷"为五谷之首，用来祭祀，因此历代王朝建国必先设立社稷坛，灭国亦必先变更其社稷，故成书于汉代的《礼记·檀弓下》中有"执干戈以卫社稷"之语。

前文提到的"稷"即现在所称的小米（脱皮后的谷子），与"稷"同义的还有"禾、粟、粢（zī）"等。粟是"稷"最常用的名字。目前考古发现的最早的栽培小米出自北京门头沟的东胡林遗址，年代在距今9000年到10000年间，这也是目前世界上发现的最早的小米籽粒。粟在先秦时期就是最重要的本土作物，春秋时代，邹国宫廷里喂鸭喂鹅用的是秕谷人无法食用的带壳瘪粟子），秕谷用光了，邹穆公下令拿上好的粟米跟百姓家换秕谷，但民间的秕谷也不多了，竟用两石（dàn）粟米换一石秕谷。有个官员觉得这种置换很浪费，请求用粟米喂养，君主便怒斥他不懂道理，说："粟米人还舍不得吃哩，喂禽兽简直是伤天害理！"秦汉时期，粟不仅是北方地区的

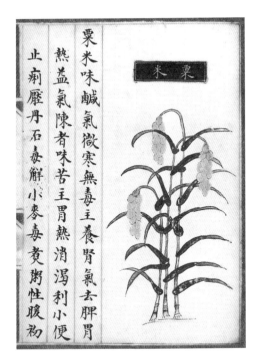

粟米，出自明代宫廷写本《食物本草》

主要粮食作物，南方地区也多有种植，今江苏、湖北、湖南、四川、广西、广东等地均发现汉代粟的实物。据所见的实物分析，粟与现在的谷子相比，颗粒、颜色、大小基本一样。粟是秦汉时期普通百姓的常见口粮，如西汉桓宽在《盐铁论·散不足》中用粟作为口粮的代称，汉简中也有大量关于"粟"的记载，如居延汉简载："用粟卅石。"陕西米脂东汉牛耕图画像石的上方，刻画着成熟的粟穗。汉代粟的品种并非单一，据文献记载，仅上等粟就有赤粱粟和白粱粟两种。汉代对粟的培植，为南北朝时期出现的粟的近百个品种奠定了基础。

粟位居各类谷物之首，在主食中的地位是最高的。睡虎地秦简《法律答问》中有"以粟代替菽（shū）、麦发放者，罚一甲"的律文，原因在于"叔（菽）、麦贾贱，禾贵"。可见，在时人的心目中，豆、麦的品级均不及粟。粟的重要地位还表现在汉代对官阶的称呼。汉代官阶就是采用粟米（俸禄）的多少来划分的，例如太守的俸禄为粟米六百石，故称为"六百石"，而丞相则为"两千石"。

以粮食命名的帝国

作为中国历史上第一个统一的中央集权制王朝，秦创立和推行的各项制度和政策，如皇帝、三公九卿、郡县制，统一文字、货币、度量衡等，对中国此后两千多年文化传统的形成和历史演进的方向产生了极为深刻的影响。可您知道吗，大秦帝国的名字其实与一种谷物——黍有关。黍即今人所称的脱皮前的大黄米。"秦"字来源于"黍"字。秦本为地名，是盛产黍的地方，位于今甘肃省张家川回族自治县城南一带。秦始皇以秦为国号，最终一统六国，成为中国历史上唯一以粮食名称为国家称号的例子。在秦人的眼里，黍不但是国家的象征，而且是在世之人与过世之人都必须要吃的主食。秦人会将黍、粟等谷物当作金钱不断供奉给亡故者，如北京大学收藏的秦牍《泰原有死者》中记载了这样一则故事：有个人死了三年后又复活了，被带到当时的首都咸阳，此人就将自己死后的感受告诉了官吏。他说："死人所贵黄圈。黄圈以当金，黍粟以当钱，白营以当由。"大意是黄圈（黄色的豆芽）、黍粟、白营（白茅）都可以成为死者的财富，即以黄色的豆芽代替黄金，而黍、粟可以当作缗钱（用绳穿连成串的钱），白茅可以当作丝绸来穿。这则故事反映出"黍""粟"在秦人饮食生活中的重要地位。

黍和稷都是古代主要的农作物，连称后泛指五谷。《诗经·王风·黍离》中"彼黍离离，彼稷之苗"之句，描写了东周大夫见到西周过去的宗庙宫室沧海桑田、尽为黍稷的景象而彷徨哀叹，心生"黍离之悲"，后世遂以"黍稷"来比喻古今王朝的兴亡。春秋战国时代起，黍的地位开始下降。到了秦汉时期，黍的种植面积进一步缩小，但生长期较短且抗旱力极强的黍，由于适应高寒和干旱环境，因此在西北地区仍有种植。汉简中有"青黍""清黍""黑黍"等记载，可见，当时是以颜色区分黍的品种。

　　2002 年，考古学家在青海民和喇家遗址发现了一碗有着四千多岁的古老面条，这碗面条粗细均匀，颜色鲜黄，与现在的拉面形态相似。经检测，面条是由小米面和黍米面做成的。赵荣光先生在《中华饮食文化》一书中推测说这碗面条应是粟、黍粉经热水烫和后捻搓而成的，它的准确名称应当叫作"喇家索面"，很可能是一碗用于祭祀的食品。既然四千多年前的古代先民已经制出了面条，那么如果我们穿越回两千多年前的秦汉时期，想吃上一碗面条应该并非难事。

天子之食

　　水稻起源于中国，其作为当今世界最重要的粮食作物养活了世界上将近一半的人口，是我国古代先民对世界做出的巨大贡献。考古证据表明，水稻的驯化以及稻作农业的耕作方式，在距今一万年前后就已经出现于中国的长江中下游地区。2006 年，考古学家在浙江浦江县上山遗址的地层中发现了一粒距今上万年的炭化稻米，经研究，专家认定这粒稻米属于驯化初级阶段的原始栽培稻。上山遗址发现了包括水稻收割、加工和食用的较为完整的证据链，是迄今所知世界上最早的稻作农业遗存。上山遗址的发现将稻作栽培历史上溯至一万年前，刷新了人们对世界农业起源的认知。

　　比起"五谷"来，"九谷"最重要的是增加了稻。先秦时，北方种植的水稻不多。所以水稻尤其珍贵。《周礼》在记载周天子的饮食时，首先提及的粮食便是"稌"（tú，稻）。《论语·阳货》云："食夫稻，衣夫锦，于女安乎？"意思是，吃稻米，穿锦衣，难道你能心安吗？可见，当时稻是比较珍稀的粮食品种，所以才能作为天子之食，食用稻的行为也被视为奢侈。秦汉时期，水稻的种植技术取得了巨大发展。西汉晚期重要的农学著作《氾胜之书》中有种植水稻法的详细记载，其中提到的通过控制水流来调节水温，为水稻在北方地区种植提供了新思路。汉代水稻的品种甚多，主要有籼（xiān）稻、粳（jīng）稻、糯稻（秫稻）等，颗粒长、中、短并存。汉代，江南各地已广泛种植水稻。湖北江陵凤凰山汉墓所出简牍中记有粱米、白稻米、粳米、稻粝米、稻稗米等各种稻米，反映出稻米是当地的重要主食。据东汉杨孚所撰《异物志》记载，交趾地区在这一时期出现了双季稻。广东佛山出土的汉代陶水田模型所显示的即为双季稻抢种抢收场面，这件文物的出土表明双季稻的种植地区已经扩展到珠江流域。

汉代陶水田模型，现藏于番禺博物馆

一份政绩报告

　　1993 年，在江苏省连云港市东海县温泉镇尹湾村汉墓中出土了 23 方木牍和 133 枚竹简，其中的木牍《集簿》格外引人注目。这是西汉末年东海郡的一份上计文书，所谓"上计"，意为"上报"。秦汉时期地方政府每年都要向朝廷上报当地的年度治理情况，朝廷根据上报内容考核当地政绩。上报的文件称为"计簿"，相当于现在的年度政府工作报告。尹湾汉墓《集簿》共计 22 条 700 字，记录了东海郡的行政建制、人口统计、户口、农田、钱谷出入等方面的年度统计数字，是为东海郡各项统计之集合，可谓上报朝廷之总账。值得注意的是，这份《集簿》中将小麦种植面积的扩大作为重要政绩向中央呈报，这表明西汉末年时，小麦的种植尚不普遍。

　　小麦是世界上普遍种植的粮食作物，原产地为两河流域。新疆吉木乃县通天洞遗址中发现的炭化小麦，测定年代距今 3500 年至 5000 年，这是目前中国境内发现的年代最早的小麦遗存。秦汉时期，麦类作物有穬（kuàng）麦、大麦、小麦等，学者们一般认为穬麦是大麦的一个品种。小麦有小旋麦（春小麦）和秋种的宿麦（冬小麦）两种。《氾胜之书》中论及了种植小麦和大麦的技术，"小麦"一词也首见于此书。该书所引民谚曰"子欲富，黄金覆"，即指种植冬小麦时的情景。

秦汉时期，小麦和大麦的食用，最初像其他谷物一样是粒食的，于是史籍上有大量关于"麦饭"的记载。麦饭在西汉史游所撰《急就篇》中位列第三。唐代颜师古注："麦饭，磨麦合皮而炊之也。"《氾胜之书》形容溲（sōu）种法是"以溲种如麦饭状"。农史学家万国鼎先生根据上述材料，得出这样的结论：麦饭既然是磨麦合皮而炊成，则其中必有磨碎的麦粉成糊，而大部分仍是破碎的或不大破碎的麦粒，炊后仍是一粒粒成为饭的形状。麦饭同饼饵、甘豆羹一样，都是普通百姓的日常之食。但新麦炊饭，柔润香郁，故社会中上层人士偶尔也会食用。

悬泉汉简《穬麦出入簿》，现藏于甘肃简牍博物馆

从主食到副食的转变

"五谷"之中，菽的地位次于黍、粟、稻，但高于麻。菽即今天的大豆。早在春秋战国时期，大豆就是北方地区主要食粮之一。秦汉时期，大豆仍是重要作物，其种植范围依然十分广泛，《氾胜之书》对大豆种植和收获的技术要点均有记载。东汉后期崔寔所撰《四民月令》规定：二月、三月、四月种植大豆。河南洛阳、湖南长沙等地古代遗址均出土有大豆实物。值得注意的是，大豆是贫苦百姓用以充饥的食粮，富贵人家通常不会将其作为主食。如西汉淮南王刘安主持撰写的《淮南子·主术训》记载，"肥酥甘脆，非不美也，然民有糟糠菽粟不接于口者，则明主弗甘也"，意思是好菜美酒并非不可口，但如果人民连糟糠、菽粟也吃不上，英明的君王也就不觉得是一种享受了。可见，菽在时人的眼中是档次比较低的主食。大豆的食用方法很多，既可制成"豆饭"，又可用于制作豆酱、豆豉等调味品。大豆叶子被称为"藿"，是秦汉蔬菜的重要组成部分。《四民月令》规定八月"收豆藿"，《淮南子·说山训》云："园有螫虫，藜藿为之不采。"又《氾胜之书》中也有"大豆小豆不可尽治"的记载，意思都是指不能过量采摘豆叶充菜用，以免损害豆的生长。上述资料都表明，食用豆叶在秦汉时期十分常见。

伴随着粟、麦、稻主导地位的确立，以及多种粮食作物的广泛栽培，大豆逐渐由主食转向副食，这对后世的饮食结构产生了重大影响。除了大豆外，秦汉时期的豆类作物还有小豆和豌豆。小豆，又称"赤豆"，《氾胜之书》有"种小豆法"，《四民月令》中有四月播种小豆的记载。马王堆1号汉墓出土有小豆实物。居延汉简中还有"胡豆"的记载，大约指的就是《四民月令》记载的"豍豆"，豍豆即豌豆的别称。豌豆的原产地在中亚和地中海地区。敦煌西汉后期墓葬曾出土豌豆实物。

汉代『大豆万石』『大麦万石』陶仓，现藏于中国国家博物馆

　　由于芝麻在东汉输入以及在汉代以后逐渐普及，学界有一种意见认为汉代的麻是芝麻。但文物专家孙机和秦汉史专家彭卫认为这个判断并不可靠。两位先生认为汉代人所说的麻指的是大麻，大麻雄雌异株，枲（xǐ）是雄株，纤维的质量好，是重要的纺织原料；苴（jū）或薴（bí）是雌株，所产之籽可以食用。因此麻既是粮食作物，又是纤维作物。汉代麻的种植十分广泛，史籍记载齐鲁地区种麻有达千亩之多的。河南洛阳烧沟汉墓出土了写有"麻万石"字样的陶仓，湖南长沙马王堆和广西贵县（今贵港市）罗泊湾还发现了大麻籽的实物。麻籽虽甘润宜人，然而产量低，出油率也不高，所以就逐渐从重要谷物的行列中被排除了。

六畜兴旺

　　所谓六畜，指的是马、牛、羊、鸡、犬、豕（shǐ）。六畜是古代人们日常肉食的主要来源。先秦时期，在一般人的饮食生活中，吃肉的机会并不是很多。所谓"肉食者"和"七十者可以食肉矣"的记载都说明肉类的食用并不普遍。秦汉时期，肉类的食用较此前也许会多一些，但一般平民百姓，仍只在逢年过节或招待贵宾、侍奉高堂等重要场合下，才会"负粟而往，挈（qiè）肉而归"。所谓"田家作苦，岁时伏腊，烹羊炰（páo）羔，斗酒自劳"才是一般农家肉食的真实写照。至于社会上层统治阶级的肉食生活，则完全可以用"奢侈"来形容，作为政治权力金字塔顶尖的皇帝是当时最高饮食水平的享受者。按照汉朝礼制规定，天子"饮食之肴必有八珍之味"。"八珍"首次出现在《周礼》的《天官·膳夫》《天官·食医》等篇中，是周天子的专享品，体现了中原饮食文化的风格，全面显示了当时的烹调技艺。诸侯王、勋贵、官僚等贵族阶层被"腥酸肥厚"的各类酒肉包围，"甘肥饮美，殚天下之味"自不待言。东汉时期，豪强地主凭借"膏田满野"以及"马牛羊豕，山谷不能受"的经济实力，肆意浪费，"三牲之肉，臭而不可食"。

除了肉食生活的等级差异外，由于地理环境和生活习俗的不同，肉食品的种类也因地而异。从各地出土的陶禽畜模型、简牍记载和壁画、画像石上的图像来看，新疆、甘肃等西北地区主要豢养牛、羊、马、狗、鸡，可能不养猪或很少养猪；长城沿线盛产马、牛、羊，养猪也不多；长江流域，牛、猪、狗是最常见的家畜，鸭、鹅也不少，但养马似乎比较少见；岭南地区濒临南海，有漫长的海岸线，境内河道纵横，湖泊遍布，有各种水生动物，当地人食用各类海产品的情形更多。

马肉制肴

以马肉制肴在今天看来非常不可思议，但在秦汉时期上层社会的餐桌上却并不罕见。东汉末年刘熙所撰《释名·释饮食》释"脍"："细切猪、羊、马肉使如脍也。"可见，汉代人有食生马片的习俗；马王堆汉墓遣策记载有"马酱"，即将马肉剁碎所制之酱；沅陵虎溪山汉简也提及了用马肉做羹；一些简帛医书中也有食用马肉的记载。如马王堆帛书《胎产书》云："欲令子劲者，□时食母马肉。"意思是妇女怀孕时，可以食用母马肉使得胎儿强健。又如《五十二病方》中有"治病时，毋食鱼、麂（zhì）肉、马肉"的记载，可见食用马肉在当时是平常之事。此两条记载虽是饮食滋补和禁忌之事，但自古药食同源，也可视为现实饮食生活的写照。此外，汉代贵族们还饮用马乳和以马乳为酒。文献记载，西汉皇家马厩中有一个"家马厩"，汉武帝朝更名为"挏马厩"，就是一处饲养母马的场所，负责向宫廷供应马乳制品。

与中原腹地农耕民众相比，游牧民族（如北方草原民族和西南地区半农半牧的羌族）食用马肉之习可谓源远流长。对马肉的态度大概可以看作游牧与农耕文化的一个分野。如果马、牛等丧失役力作用，也会被吃掉。敦煌悬泉汉简就有销售病死马肉的记载。对于物资短缺的边塞地区，这也是弥补肉食资源不足的无奈之举。汉代人食用马肉的习俗与畜牧业的发展关系密切。当时河湟、蒙古高原和川滇西部等地区，均属于草原游牧区，当地居民以畜牧为主，畜牧业相当繁盛，这从汉王朝对他们的战争掠夺中略见一斑。汉对匈奴作战的战利品中，往往包括数以百万计的各类畜群，例如东汉班固等所撰《汉书·卫青传》载卫青"西至高阙，遂至于陇西，捕首虏数千，畜百余万，走白羊、楼烦王。……驱马牛羊百有余万，全甲兵而还"。南朝宋范晔所撰《后汉书·窦宪传》载窦宪大破北单于，"获生口马、牛、羊、橐（tuó）驼百余万头"。马的数量虽然激增，但现实生活中，马担当的主要是运输和挽力任务，用作肉食的机会远不及牛、羊。秦汉王朝对马曾采取过严格的保护措施，东汉光武帝时曾下诏令"毋得屠杀马、牛"。也正因为如此，马肉才愈显珍贵，普通百姓肯定无福消受，只有权贵人家才有机会尝到马肴。

吴汉椎牛飨士

　　吴汉为东汉开国名将，杰出的军事家，位列云台二十八将第二位。《后汉书》记载了一则"吴汉椎牛飨士"的故事。东汉初年，苏茂叛乱。建武三年（公元 27 年），光武帝刘秀派遣大司马吴汉率兵平定叛乱。一次，吴汉与苏茂大战时，不慎落马摔伤膝骨，败回营中。诸将见此情形，便对吴汉说："大敌在前，而您却受伤卧床，恐怕军心忧惧啊！"吴汉听罢，立马起身下床，杀牛犒赏将士们，并对将士们说："贼兵虽然人多，但都是匪盗不义之徒，胜了互不相让，败了则各自奔逃、互不相救，所以现在正是大家立功封侯的好机会啊！"众将士享受了美味的牛肉，又被吴汉的劝勉深深感染，于是群情激愤、士气大振。第二天，吴汉挑选精兵数千，一举将叛军打得落花流水。

　　向前追溯，与"吴汉椎牛飨士"相似的故事还有"魏尚杀牛"。司马迁《史记》记载，西汉时期，有一位名叫魏尚的将军抵御匈奴时，为了激励士气，五天杀一头牛给军士吃。于是，军士奋勇杀敌，以致"匈奴远避，不近云中之塞"。无论是"吴汉椎牛"还是"魏尚杀牛"，都表明牛肉在秦汉时

西汉陶牛，现藏于汉景帝阳陵博物院

期属于高规格的肉食，军士平时基本不会吃到，所以杀牛飨士才能起到如此大的激励作用。秦汉时国家对耕牛采取严格的保护措施。睡虎地秦简《秦律十八种·厩苑律》规定：耕牛腰围减瘦一寸，要笞打主事者十下。光武帝时也曾下诏令"毋得屠杀牛"。但百姓也并非完全没有机会吃上牛肉。在国家发生重大事件时，皇帝"赐民百户牛酒"，百姓也能一饱口福。在权贵之家的餐桌上，牛肉则是常见的肉食。如西汉时，昌邑王刘贺（后来的海昏侯）赐大臣王吉牛肉五百斤，酒五石，脯五束；东汉时，光武帝诏太中大夫"赍（jī）牛酒"赐冯异。赍为赠送之意。马王堆汉墓遣策中关于"牛"的菜品种类极为丰富，如有牛白羹（牛肉与稻米熬制的羹品）、牛逢羹（牛肉与蒿类蔬菜熬制的羹品）、牛苦羹（牛肉与苦菜熬制的羹品）、牛脯（风干牛肉）、牛炙（烤牛肉）、牛胁炙（烤牛胁肉）、牛胃濯（涮牛胃）、牛脍（生牛片）等。

综观中国古代社会，牛肉在整个肉食资源中的比重始终稳定地排在羊肉、猪肉之后，而这一肉食序列正是奠基于秦汉时期。

大美羊哉

不知道大家有没有发现，凡是与美有关的词汇大都离不开羊字。以"美"字来说，字形从羊，从大，意思是"羊大则美"。不难想象，古时以羊为美食，肥壮硕大的羊吃起来味道尤为鲜美，于是成就了这个"美"字。又如，"鲜"字，一半是鱼，一半是羊，两种美味的天作之合又成就了"鲜"字。甲骨文中的"羞"字，是个会意兼形声字，形如以手持羊，表示进献之意。这个字后来加了偏旁，变成了馐，就成了一个指称美味馔品的专用字了。古时羹品在膳食中占有很重要的比重，"羹"字从羔，从美，也许是古人觉得用羊羔肉煮出的羊羹味道最为鲜美，所以也成就了"羹"字。

羊的驯化在史前时代后期即已完成，龙山时代人们的膳食中就有了以家羊烹调的美味，包括山羊和绵羊。到了文明时代，羊是贵族阶层最喜爱的肉食。据《战国策》记载，一次中山国君宴请士大夫们，一个名叫司马子期的人由于在宴席上没有吃到喜爱的羊肉羹而怀恨在心。他一气之下跑到了楚国，请楚王派兵讨伐中山国。兵临城下，中山国君弃国出逃，中山国灭亡。一碗羊肉羹竟然导致灭国，实在令人唏嘘。

古时祭仪中也广泛用羊作牺牲。汉代的养羊业十分繁荣。《史记·货殖列传》谈到汉代养殖业时，曾说当时很多人家拥有"千足羊"，"富比千户侯"。另外，汉武帝反击匈奴取得胜利后，匈奴的马、牛、羊络绎入塞，也使汉代养羊业发展迅速。据传世文献记载，羊在汉代是肉食中的上品，常被当作

汉代绿釉陶羊圈，现藏于中国国家博物馆

奖赏赐给致仕和患病的大臣、博士、乡里的道德楷模等。居延汉简中有大量关于羊的买卖记录，说明河西屯戍地区的吏卒有大量的羊肉可供食用。长沙马王堆汉墓出土遣策上记载了关于"羊膳"的名称，如羊大羹（不加调味料的羊羹）、羊逢羹（羊肉与蒿类蔬菜熬制的羹品）、羊腊（羊肉干）等。在汉代，上自帝王贵胄，下至平民百姓，都很喜爱胡食。胡食中最著名的肉食，首推"羌煮貊（mò）炙"，羌和貊代指古代西北的少数民族，煮和炙指的是具体的烹调技法。"羌煮"是指从西北诸羌传入的涮羊肉，"貊炙"是指东胡族传入的烤全羊。

除了日常食用外，羊在与牛、猪一同用于祭祀时，被称为"三牲"，也称"太牢"。古代祭祀所用牺牲，行祭前需先饲养于牢，所以这类牺牲被称为牢。根据牺牲搭配的种类不同则有太牢和少牢之分。太牢是牛、羊、猪三牲俱全，少牢则只有羊和猪，没有牛。当时的礼制规定：天子祭祀社稷用太牢，诸侯祭祀则用少牢。

公孙弘牧猪

　　您可能听过牧马、牧牛、牧羊，但您听过牧猪的吗？秦汉时期，确有以牧猪为业者，其中鼎鼎大名的就是汉武帝时期的名相公孙弘。汉武帝时期，公孙弘被征为博士。十年之内，擢升为三公之首，封平津侯。公孙弘是西汉建立以来第一位以丞相封侯者，为西汉后来"以丞相褒侯"开创先例。其在职期间，关注民生，广纳贤士，为儒学的传播和发展做出了不可磨灭的贡献。就是这样一位丞相大儒，在微时的职业就是一名牧猪者。《史记》记载："（公孙弘）少时为薛狱吏，有罪，免。家贫，牧豕海上。年四十余，乃学《春秋》杂说。养后母孝谨。"这里的"豕"指的就是猪。在甲骨文中，家养的猪为"豕"，作体态肥胖、短脚而尾巴下垂的动物形状。野生的猪为"彘"，作动物的身躯有箭穿透之状，表示是捕猎所得。后来少见野生的品种，故"彘"字也用于指

家养的猪。湖南龙山里耶古城遗址出土的"秦更名简"记录了秦朝在新政治形势下的更新制度、更新名物之举。在这份"秦更名简"中，赫然规定：将家庭圈养的牲畜——"猪"改名为秦人惯用的"彘"！过去我们只知道异形的六国文字是秦始皇统一文字的目标，现在通过这条简文可知：异体字、方言乃至不一致的名号称谓，都是秦始皇统一的目标。然而，这条为猪更定名称的法律似乎只是流于空文。传世文献和出土资料均显示秦汉时期，人们对"猪"的称呼并未统一，称"猪""彘""豕""豚"都是可以的。

里耶「秦更名简」

汉代饲猪图木板画，现藏于甘肃省博物馆

　　汉代养猪主要有两种情况：一为畜栏圈养，一为放牧。农区多为圈养，考古中就常见与厕所连在一起的猪圈明器。空闲地比较多的地方，则流行放牧。比如公孙弘当时是在海边牧猪。汉代河西地区水草丰美，猪的饲养更为便利，武威磨嘴子 53 号汉墓木屋后壁之喂猪图木板画，图上的猪肥而硕大，可见汉代河西一带养猪之兴盛。

　　中国人食猪肉之历史，至少可追溯至夏。《帝王世纪》记载，夏桀为肉山脯林，将各种肉共煮于鼎中。当时吃饭称"鼎食"，《春秋公羊传注疏》中记："天子九鼎，诸侯七，卿大夫五，元士三也。"其中，诸侯的鼎食中，就有牛、羊、豕、鱼、麋（mí）五大荤，至于天子，则是"以酒为池，悬肉为林"。从古至今的文献，凡是提及"肉"字，大多情况只指猪肉而言。那么，猪肉何以打败其他肉类，成为一般人餐桌上最重要的肉食种类呢？这个原因是多方面的，比如牛有拉犁耕田的大用；马是重要的军事物资；羊的饲养则与农业的发展有冲突；犬则个体不大，成为人们看家的宠物良伴。只有猪的饲养不妨害农业的发展，供肉的经济价值一直保持不变，于是，从秦汉时期开始，猪就成为中国人最重要的肉食来源并一直延续至今。

沛公爱狗肉

　　传说汉高祖刘邦还是泗水亭长的时候，酷爱吃狗肉，他常常到后来成为大汉名将的屠夫樊哙那里买狗肉，买得多了干脆无赖地赊起账来。因为刘邦毕竟是亭长，樊哙也怕了他，于是背着刘邦偷偷地搬到对河的村子继续做屠狗生意。为了避免被刘邦找到，他甚至将两村之间的小桥拆毁，本以为这样就万无一失，没想到刘邦还是找到了樊哙赊狗肉吃。樊哙不解，就问刘邦："你是怎么找来的？"刘邦说："每到河边总有一只大鼋（千年的鳖）游近，我便踩着鼋涉水过来了。"樊哙听罢，便把那只大鼋捕杀了并放入狗肉之中同煮给刘邦吃，想着这下刘邦就没办法找他赊狗肉了。这一顿，可以说是刘邦吃过的最美味的狗肉。酒足饭饱之后，刘邦打算回家，但是到了河边不见了大鼋，刘邦只好重返樊哙家中投宿。经过一夜的畅谈，樊哙方才知道外表玩世不恭的刘邦其实是有着宏图大志的有为人士，于是两人结为兄弟，后来还做了连襟，共举反秦义事。这个关于"沛公爱狗肉"的故事虽然只是个传说，但史籍记载樊哙确实是以"屠狗为业"。

西汉陶狗，现藏于汉景帝阳陵博物院

狗应是"六畜"中最早被驯化的物种。有学者认为，狗的驯化可能早至旧石器时代晚期就已完成。狗的个体不大，与其他大型猎物比较，供肉与皮毛的价值少得多。它之所以最早被驯养，一定有供肉食以外的原因。狗适应环境的能力很强，并且有着犀利的牙齿、敏锐的听觉和嗅觉以及远胜于其他动物的记忆能力和接受指令的能力，再加上它擅于奔跑，行动迅速，适于追逐、捕猎的生活，对于早期以渔猎采集为生的人们来说非常有用。当农业渐渐发展起来，捕猎不再是人们生活的要事时，狗敏锐的嗅觉和听觉对农人来说失去了意义，除了看家护院的狗以外，狗的饲养量大幅减少。与渔猎时期相比，农业社会可以养活更多的人口，但也带来肉食资源短缺的窘境。《孟子·梁惠王》讲理想的王政时提到，"鸡豚狗彘之畜无失其时，七十者可以食肉矣"。意思是对于鸡、猪、狗的畜养，应当注意不要耽误它们的繁殖时机，而七十岁的人就可以吃肉了。言外之意，当时七十岁以上的老人可以享用鸡、猪、狗等肉食品。《国语·越语》记载，越王勾践为鼓励生育，规定"生丈夫，二壶酒，一犬；生女子，二壶酒，一豚"。生男孩的奖励是一条狗，生女孩的奖励是一头猪。可见，在时人的眼中，狗肉的品级是高于猪的。

　　秦汉时期，狗肉仍是重要的肉食品之一。睡虎地秦简《田律》规定：百姓的家犬进入禁苑捕兽，守苑者可将其杀死后，"食其肉而入其皮"。东汉许慎在《说文解字》"肉部"中解释："肰（rán），犬肉也。"马王堆汉墓遣策中也记载了许多关于狗肉的料理，如狗巾羹（狗肉芹菜羹）、狗苦羹（狗肉苦菜羹）、犬肝炙（烤狗肝）等。狗也被用于祭祀，但可能由于体型较小的缘故，它在祭祀上的重要性排在牛、羊、猪之后。

　　秦汉以后，中国绝大部分地区逐渐弃绝食用狗肉之习。据学者推测，原因有以下几点：一是一般人在节庆、祭祀时才能吃到肉，狗不是祭祀的大牲，故吃它的机会就较少；二是狗可谓人类最忠实的伙伴，长期的共同生活中，人们对狗产生了感情，不忍杀害自己豢养的这种忠诚度极高的宠物；三是因为狗生长的速度相对缓慢，成本较可以放养自行啄食的鸡、鸭要高，其供肉量又远不及猪。以上种种原因使得许多人渐渐放弃了食用狗肉。

边地驿站的鸡出入簿

　　敦煌悬泉置遗址出土的《元康四年鸡出入簿》简册，记载了悬泉置当年用鸡招待来往官员和使者的情况：

　　　　出鸡一只（双），以食长史君，一食，东。出鸡一只（双），以食使者王君所将客，留宿，再食，东。出鸡二只（双），以食大司农卒史田卿，往来四食，东。出鸡一只（双），以食丞相史范卿，往来再食，东。出鸡二只（双），以食长史君，往来四食，西……

　　另外，这份简册还记载了鸡的来源：

　　　　入鸡二只（双），十月辛巳，佐长富受廷。
　　　　入鸡一只（双），十月甲子，厨啬夫时受毋穷亭卒□。
　　　　入鸡一只（双），十二月壬戌，厨啬夫时受鱼离乡佐逢时。
　　　　十月尽十二月丁卯，所置自买鸡三只（双），直钱二百卌，率只（双）八十，唯廷给。

从以上简文的内容看，它是西汉宣帝元康四年（公元前62年）悬泉置这个地方有关"鸡出入"的簿册。它不但从一个侧面反映了悬泉置作为驿站给过往人员提供饮食的情况，也反映了悬泉置的后勤供给与当时整个社会的物价水平。比如该簿册反映出使者在悬泉置的饮食费用一律由政府承担。像鸡这样的公务接待肉食品，统一由政府分配，如果不够食用的话，也可自行购买。购置开销由悬泉置厨啬夫如实上报县府，由县府负责报销。秦汉时期，物价的基础是谷物的价格。民以食为天，谷贱则伤本，贵则伤末。从出土简牍来看，汉代谷物的价格在每石一百钱至一百二十钱之间。簿册中记录的鸡价格为每只八十钱左右，约为谷价的三分之二。

秦汉时期，鸡、鸭、鹅已成为当时的三大家禽，鸡、鸭、鹅及其笼舍的明器是汉墓的常见随葬品，其中，鸡是三大家禽中最重要的。与饲养成本和获取难易程度有关，鸡和鸡蛋是秦汉人经常食用的肉蛋类食物。根据传世文献的记载，汉代民间养鸡业极盛。如汉代刘歆所撰《西京杂记》记载，关中人陈广汉家中有"鸡将五万雏"，可谓规模宏大。《列仙传》还记载了一位名叫"祝鸡翁"的洛阳地区的养鸡专家，称其"养鸡百余年，鸡皆有名字，千余头，暮栖于树，昼日放散，呼名即种别而至……"

考古发现中鸡和鸡蛋的数量也很可观。湖南长沙马王堆汉墓中，随葬的陶鼎、陶盒、漆盘和竹笥中，共有二十二只家鸡的遗骨。湖北江陵汉墓出土的大方平盘中装有鸡骨，竹笥中保存有破碎的鸡蛋。山东济南洛庄汉墓陪葬坑出土过一批鸡蛋，其中一枚保存得十分完好。

秦汉时期，鸡的烹饪方法一般有濯（将肉或菜放入汤锅涮一下即食用的方法，与现代火锅食法近同）、羹、熬、炙等。马王堆汉墓遣策中关于"鸡"的菜品有：鸡大羹、鸡匏菜白羹、鸡熬、鸡炙等。众所周知，炒是中国乃至世界烹饪史上的大事，至今仍被中国人所独有。值得一提的是，有

汉代陶鸡笼，现藏于中国国家博物馆

学者认为中国最早的一例炒菜是南北朝的炒鸡蛋。北朝贾思勰《齐民要术》"炒鸡子法"："搅令黄白相杂，细擘葱白，下盐米、浑豉。麻油炒之，甚香矣。"鸡肉不仅是日常饮食生活的常见肉食，还被用于祭祀中，如居延汉简记载："对祠具，鸡一，酒二斗，黍米一，稷米一斗，盐少半升。"有时候，鸡被用作实物税租。广州南越国宫署遗址出土了一枚名为"野雄鸡"的木简："野雄鸡七，其六雌一雄，以四月辛丑属。中官租。纵。"野雄是地名，在当时应是出产名种鸡的地方。中官泛指宦官。简文大意是：四月辛丑日收得野雄鸡七只，其中雌的六只，雄的一只，中官收的租税，纵是经办人名。南越国的货币经济并不发达，这是一则关于南越国征收鸡作为实物赋税的记录。

黑暗料理

"黑暗料理"是这些年比较火的热门词汇。最早出自日本动漫，本指黑暗料理界所做的料理（并不是难吃的料理）。后来经过广大网民的引申之后，黑暗料理代指某些让人难以接受的食材或以特殊烹饪方法制成的菜肴。笔者接下来将盘点一下秦汉时期有关肉食的"黑暗料理"，这些我们现代大多数人无法接受的肴馔，在秦汉时期却是地地道道的珍馐美馔。

烂羊胃，骑都尉

新朝王莽灭亡后，更始帝刘玄为了犒赏功臣而大肆滥封将领爵位，完全违背了刘邦"异姓不得封王"的誓言。《后汉书》记载，刘玄等人在长安的所作所为引得百姓怨声载道并被编成歌谣传唱，语曰："灶下养，中郎将。烂羊胃，骑都尉。烂羊头，关内侯。"其中，讽刺贩卖羊胃的食贩亦可封官晋爵，表明了胃类的动物下水是当时人经常食用的肉品。传世和出土文献表明，秦汉时期的人们在肉类食品中偏好动物下水。动物的心、肝、胃、肾、肠等都是餐桌上的美食。食用动物内脏的习惯可以上溯到先秦时期。秦汉人较之先秦有过之而无不及。西汉扬雄在《方言》中讲述北方燕地习俗时，说"披牛羊之五脏，谓之膊"。秦汉简牍中频频出现食用动物内脏的简文。各种动物内脏中，动物的胃备受青睐。汉代人通常将胃做成胃脯食用，称作"脘（wǎn）"，如《说文解字》曰："脘，胃府也……旧云脯。"唐代司马贞所撰《史记索隐》记载了"胃脯"的制作方法："太官常以十月作沸汤燖羊胃，以末椒姜粉之讫暴使燥，则谓之脯。""太官"是秦汉时期宫廷掌管膳食的职官，又称为"泰官"。由于价格便宜，便于携带，不宜腐坏，当时的人认为"胃脯谓和五味而脯美，故易售"（唐代张守节《史记正义》）。此外，居延汉简中有戍卒取食动物髋部（组成盆骨的大骨，左右各一，由髂骨、坐骨、耻骨合成，通称"胯骨"）、头部的记载，居延新简记录了某个官吏或基层机构出钱"买肾二具给御史"的事情[*]。马王堆汉墓遣策中记载"濯

[*]1930年，西北科学考察团成员、瑞典人贝格曼在内蒙古额济纳河流域之古"居延"地区发掘汉简一万多枚，称为"居延汉简"。1972年至1976年，中国考古队又在居延地区发掘汉简近两万枚，称为"居延新简"。

居延新简中有关「动物下水」的记载及研究者考据释文

肉卅斤直百廿丁取卩
肝一直卅二尊取卩
肺一直廿七尊取卩

胃肾十二斤直卅八尊取
祭肉少十六
粟直廿四祖取卩

牛肠直百丁取卩
胃八斤直廿四丁取卩
肋肉直七十丁取卩

祭肉直六十八丁取卩
祭肉直卅丁取卩
牛头直百八十丁取卩

牛胃"，又载"犬肝炙一器"，犬肝炙为烤狗肝；肩水金关汉简则记载"卖肚、肠、肾，直钱百卅六"。

百姓、戍卒等喜食下水的原因，应主要是看中其价格优势。长沙五一广场东汉简牍记载"胃"的价格为"胃三斤直卅"，即胃的价格为一斤十钱，同出简牍记载的牛肉价格则为一斤十七钱，价格差距近一倍。值得注意的是，肩水金关汉简记载"一束脯"的价格也为十钱，这说明胃脯深受汉人喜爱，无论南北，而且这种肉食品价格还是比较稳定的。上层社会达官贵人食用下水则更多是为了猎奇。为了满足感官味觉的刺激，权贵们甚至还食用动物的"阳物"。《盐铁论·散不足》列为珍肴的"马朘（zuī）"即指马的阳物。不仅如此，汉人甚至食用动物的膀胱。《释名·释饮食》："脬（pāo），赴也。夏月赴疾作之，久则臭也。"《说文解字》："脬，膀光也。"《淮南子·说林训》："旁光不升俎。"意思是说现在的人不以动物的膀胱祭祀食用，说明以前膀胱是曾被用作食材的。

南越王钟爱禾花雀

1983 年，考古学家在广州象岗山南越王墓出土的三个陶罐内，发现大量禾花雀的骨骼，其中可辨认的为肱骨、尺骨、股骨、胫骨、细骨和胸骨等。根据这些骨架，推测罐中原有两百多只禾花雀，而且这些禾花雀全是没头没爪的，没有完整的骨架，同时还混有炭粒，这说明这些禾花雀是经过厨师加工处理后才被放入罐内的。数目如此庞大的禾花雀骨骼的出土，使人们不由得想象南越王赵眜（史籍称"赵胡"）生前对禾花雀是多么钟爱！禾花雀学名叫黄胸鹀（wú），属于小型鸣禽。它是一种候鸟，每年10月至11月从西欧、东北迁徙而来，栖息在珠江三角洲有芦苇的地方，因啄食禾花（稻花）而得名。禾花雀肉厚脂多，美味可口，自古以来就受到岭南地区人们的喜爱。不过由于大量的捕杀和食用，禾花雀的数量锐减，2017年，禾花雀被正式列为极危物种，状况堪忧。无独有偶，南越王的近邻——长沙马王堆汉墓中也出土了麻雀、斑鸠、鹧鸪等鸟类骨骼，说明汉代权贵阶层对飞禽十分喜爱。

秦汉时期，人们非常善于捕捉各类飞禽，出现了雉媒、驯鹰、弋射等一些新的狩猎技法。里耶秦简记载"小城旦乾人为贰春乡捕鸟及羽"，《西京杂记》记载茂陵文固阳"善驯野雉为媒，用以射雉。每以三春之月，为茅障以自翳，用觟矢以射之，日连百数"，又载"茂陵少年李亨，好驰骏狗，逐狡兽，或以鹰鹞（yào）逐雉兔，皆为之佳名"。中国国家博物馆馆藏的收获渔猎画像砖的上半部分为弋射图：两弋者张弓仰射，其所使用的短矢上系着缴，另一端连接在磻上，磻被放置在半圆形机械中。捕猎高飞之鸟需要采用弋射法。《汉书·司马相如传》颜师古注："以缴系矰（zēng）仰射高鸟谓之弋射。""缴"即"系箭线"，结缴的"短矢"名矰，使用这种猎具，便于将射中的飞禽收回。为了避免受伤的鸟带箭曳缴而逃，又在缴的下端拴上磻石。

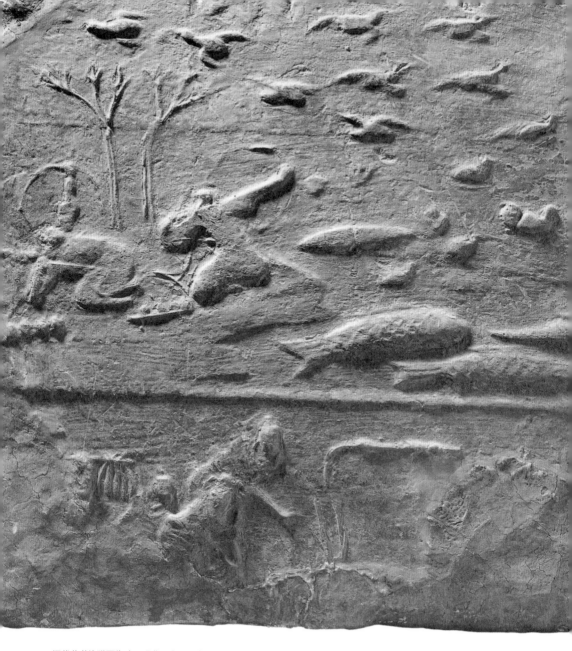

汉代收获渔猎画像砖，现藏于中国国家博物馆

　　捕获而得的飞禽是时人餐桌上的珍馐美味。里耶秦简记载："畜雁鷇（kòu）出券卅"；湖南沅陵虎溪山汉简《美食方》中载有"鹄鷂"的制作方法；河北满城中山靖王刘胜墓出土的两件铜卮灯，分别用两种飞禽的名字编号，一灯铭文"御铜卮锭一，中山府，第鵠（jiá）"，另一灯铭文相似，只是"中山府"作"中山内府"，"鵠"字作"鸿"字。鵠，就是鵠鵴（jú），即布谷鸟。"鸿，鸿鹄也"，即大雁。将卮灯用鸟的名字编号，可见时人对飞禽的喜爱。《盐铁论·散不足》记载西汉中期的饮食情形时，说："今富者逐驱歼网罝（jū），掩捕麑（ní）鷇……鲜羔挑（zhào），刏（jī）胎肩，皮黄口。"这里所说的网罝，泛指捕鸟兽的网；麑是指小鹿；鷇和黄口是指幼鸟和刚出生的雏鸟；羔挑是指不足一岁的小羊；刏胎肩则指杀小猪。东汉张衡《南都赋》记载："若其厨膳，则有……归雁鸣鵙（duò）……"这里的"归雁鸣鵙"指的就是肥美的大雁和肉嫩的鵙鸟。《齐民要术》卷八："腊月初作。用鹅、雁、鸡、鸭、鸽、鸨（bǎo）、凫、雉、兔、鹌鹑、生鱼，皆得作。"鸽，又名鸽鸹（guā）、鸽鸡，似雁而黑。鸨，即鸨，似雁而大，善奔驰。

　　鸮（xiāo）、枭均为猫头鹰类的猛禽，亦是汉代文献记载的肉食品类。食枭之俗起于先秦，盛于汉。唐代刘恂所撰《岭表录异》引《说文解字》："枭，不孝鸟，食母而后能飞。"又引《汉书》："五月五日作枭羹，以赐百官。以其恶鸟，故以五日食之。古者重鸮炙及枭羹，盖欲灭其族类也。""枭"的不孝之名与汉朝"以孝治天下"的治国理念完全背离，时人食用"枭"竟是出于厌恶心理而欲使其灭绝。食"鸮、枭"之风一直延续至唐，遂《岭表录异》曰："鸮，大如鸠，恶声，飞入人家不祥。其肉美，堪为炙。"

中国古代有个著名的"狸猫换太子"的故事，说明古代"狸""猫"系指一物。西汉刘向《说苑·杂言》所述有价值百钱的"狸"，应是专门培养的善于捕鼠之猫。山东、湖南和广州等地出土的汉代画像资料绘有猫蹲在粮仓和厨房的图像，其捕鼠功能不言而喻；汉长安城城墙西南角守卫角楼遗址出土的猫的遗骸属于家猫，其用途显然不是食用的。然而，汉代确实存在"食猫"的现象。北京丰台大葆台1号汉墓中曾经有猫的骨骸出土，而且出土位置比较特殊：一处是在北回廊随葬陶鼎内，发现有猫的股骨、胫骨和腰椎；另一处是在北回廊随葬大缸内，发现有猫的腰椎、颈椎、股骨、盆骨、尺骨等。这两处盛装猫骨的器皿均是食具，显然墓中的猫是作为食物随葬的。由此可见，猫在当时已成为社会上层人士的"猎奇"肉食。其实，远古先民在新石器时代就有过"食猫"的经历。东北、陕北等地的新石器时代聚落遗址都发现了烧烤过的"野猫"骨骸，表明野猫曾是先民的捕食对象。《礼记·内则》云"狸去正脊"，显然也是为了食用。汉代以后的六朝墓葬也有以猫作为随葬食品的情形，这是汉代食猫之俗的延续。

越人得髯蛇以为上肴

食蛇习俗存在于长江下游和珠江流域地区。蛇胆是珍贵的药材，它有祛风、除湿、止咳的功效，蛇血可疗风湿，故古人有生吞蛇胆和吮吸蛇血的勇气，或把蛇胆、蛇血和酒饮服。《淮南子·精神训》云："越人得髯蛇以为上肴，中国得而弃之无用。"《异物志》详细记载了这种髯蛇的外貌特征："蚺（rán）惟大蛇，既洪且长，采色驳荦（luò），其文锦章。"蚺即髯蛇，荦意为明显。可见，髯蛇是岭南地区特产的一种颜色鲜艳、纹样繁复的超长大蛇。《淮南子》中的这句话意在阐述地域间的食俗差异。岭南越人将大蟒蛇视为至尊的佳肴，但对中原人士来说，蟒蛇并无用处。越人善于烹制蛇肉，这种风尚一直影响至今，著名的"太史蛇羹"，仍在广州地区流传。

不仅是蛇，在秦汉时期，蜥蜴、蛙、虫、鼠、蚁等也作为肉食资源，尤其是岭南地区的越人，最爱食用这类"野味"。蜥蜴作为食物，传世文献尚未见记载，考古发现则有河南陕县（今三门峡市陕州区）刘家渠汉墓出土陶灶上的模印蜥蜴图纹，估计当时以蜥蜴为食物的情形并不多。

蛙也是汉代人餐桌上的美食。据《汉书·东方朔传》记载，武帝欲建上林苑时，东方朔认为关中土地肥美，物产丰富，"又有粳稻、梨、栗、桑、麻、竹箭之饶，土宜姜芋，水多蛙鱼，贫者得以人给家足，无饥寒之忧"，不应征之为苑。汉宣帝时，霍去病的孙子霍山诬陷丞相的托词之一就是"丞相擅减宗庙羔、菟、蛙，可以此罪"（《汉书·霍光传》）。可见当时不仅食蛙，而且连宗庙祭祀也用蛙。

秦汉时人食用的昆虫种类也很丰富，见于传世文献和考古发现的种类有：蜗牛、蚂蚁、蝉、龙虱、蚕蛹、蚯蚓、禾虫等。

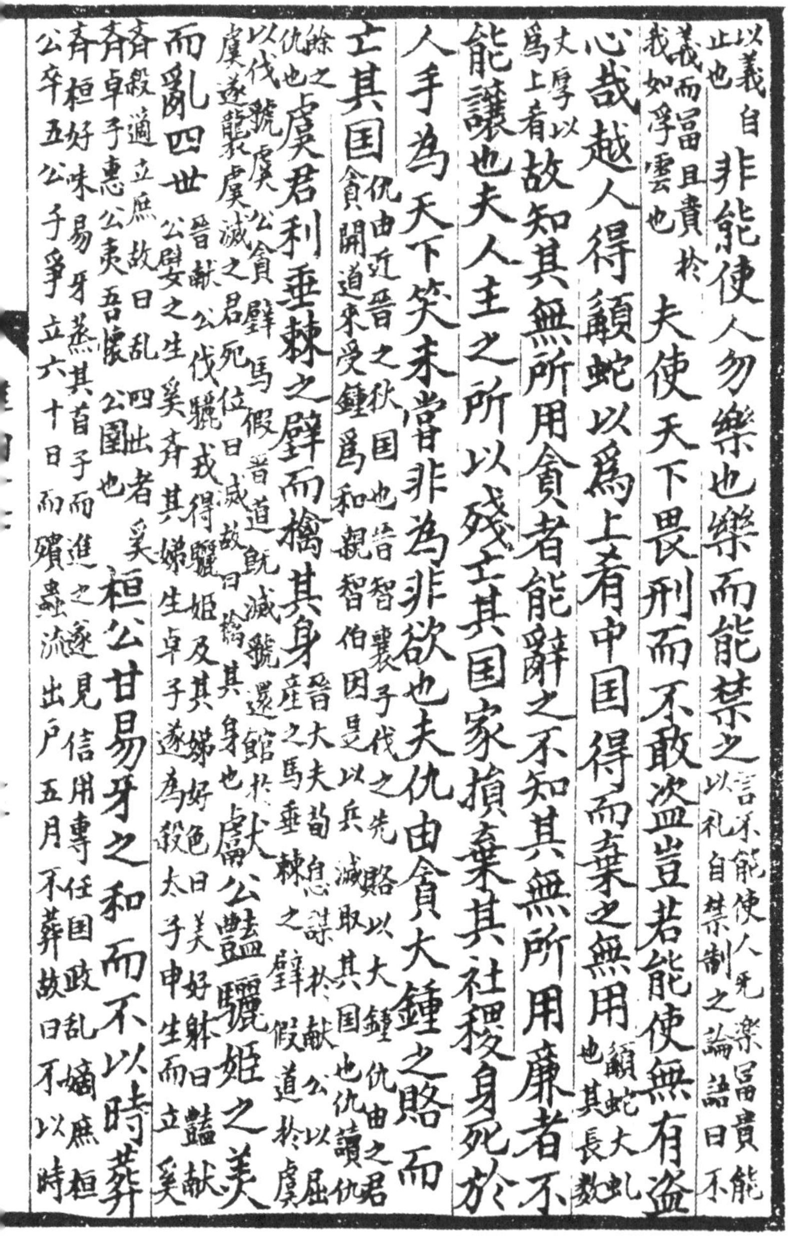

以義自非能使人勿樂而能禁之〔之言不能使人先樂冨貴能止也〕

義而冨且貴於我如浮雲也

夫使天下畏刑而不敢盜豈若能使無有盜

心哉越人得顧蛇以為上肴故知其無所用貪者能辭之不知其無所用廉者不〔顧蛇大虵長數儿也〕

能讓也夫人主之所以殘亡其國家損棄其社稷身死於

人手為天下笑未嘗非為非欲也夫優由貪大鍾之賂而

亡其國〔貪開道來受鍾為和俛〕

虞君利垂棘之璧而擒其身〔產之馬荀息之璧假道於虞屈〕

以伐虢號虞公貪璧馬假道故荀息曰假道於虞滅號還館於虞還取其璧矣

虞遂襲虞滅之此貪君死位也故曰貪人敗類〔晉大夫荀息以大國鍾取其國也〕

而乱四世〔公孫之生乱四此者〕

獻公嬖驪姬之美〔驪姬驪戎之女也獻公伐驪戎得驪姬及其娣好色太子申生而立

美驪生卓子遂彥殺太子申生而立〕

桓公甘易牙之和而不以時葬〔桓公見信用專任國政乱不以時桓以時〕

齊殺卓適立庶故曰乱四此公圉也

齊桓好味易吾公懷公卒五公子争立六十日而殯蟲流出户五月不葬故曰乱不以時

《淮南子·精神训》中"越人吃蛇"的记载

汉代人最喜食的昆虫大约是蝉。《礼记·内则》和《盐铁论·散不足》均以蜩（tiáo，蝉）为美食。汉连枝灯上扑蝉人物图像和陶烤炉上所放置的蝉，反映了汉代人取蝉为食的景象。《齐民要术》卷八"蝉脯菹（zū）法"提及三种烹蝉法，一云："捶之，火炙令熟。细擘，下酢（cù）。"一云："蒸之，细切香菜置上。"一云："下沸汤中，即出，擘，如上香菜蓼法。"大致为：第一法，将蝉脯捶打过后，放在火上烤熟；把肉擘细，加醋调味。第二法，将蝉脯蒸熟，将香菜切细，码放在上面。第三法，将蝉脯放进滚汤里焯水，随即取出，把肉擘细，像上"香菜蓼"（一种菜肴，制法不详）那样供上席。其中，第一法"火炙令熟"颇有汉人遗风。

汉代人食用蚕种，并且蚕种可以入药。马王堆汉墓帛书《五十二病方》记载："以冥蚕种方尺，食衣白鱼一七，长足二七。熬蚕种令黄，靡（磨）取蚕种冶，亦靡（磨）白鱼、长足。节三，并以醯（xī）二升和，以先食饮之。婴以一升。""冥蚕种"指的是未孵化的蚕种，因家蚕都是在布上产卵，所以以方尺计量；"食衣白鱼"即指"衣鱼"，是一种形状似鱼的白色小虫；"长足"疑为一种长脚的小蜘蛛。这则药方的大意是：取未孵化的蚕种一尺见方、衣鱼虫子七只、长脚小蜘蛛十四只。把蚕种烤至焦黄，再将其研磨成末，接着再研磨衣鱼和蜘蛛。取三指撮三节药末，并用二升醋调和，在饭前饮服。婴儿的药量为一升。

《礼记·内则》有"蜗醢（hǎi）"的记载。大多数学者认为"蜗醢"就是蜗牛之酱。考古学家在陕西靖边张家西汉墓随葬的一件囷（qūn，古代的一种圆形谷仓）内发现了大量的小蜗牛。这些小蜗牛被盛放于谷仓之中，自然是作为食物用途的。而据马王堆汉墓帛书《五十二病方》记载，蜗牛可以入药治疗疾病。鉴于古代有药食同源的传统，所以汉代人食用蜗牛和蜗牛之酱并非不可能之事。

《周礼·天官》《礼记·内则》等还有"蚳（chí）醢"的记载。有学者认为"蚳醢"即蚁酱。但彭卫先生则认为"蚳"指蚁卵，"蚳醢"应指"蚁子酱"。《大戴礼记·夏小正》云："蚳，蚁卵也，为祭醢也。"《国语·鲁语上》云："虫舍蚳蝝（yuán）。"从这两条记载可见，似乎是所有类型的蚁子都可入酱。

中山王府的鼠肉珍藏

1968年，考古学家在河北满城中山靖王刘胜墓及其夫人窦绾墓中的陶罐里发现大量鼠骨，经过复原可知，这些陶罐内或有一百多只鼠类。据推测这些鼠类是作为提供给墓主的食材，被有意聚拢起来，放置于陶器中。也就是说，中山靖王刘胜和妻子在生前就有食鼠的嗜好，否则也不会在死后还想继续在阴间享用这些鼠肉。值得一提的是，在刘胜墓中发现的鼠骨，经检测，多为岩松鼠，而窦绾墓所出多为社鼠，这似乎表明当时岩松鼠的品级是高于社鼠的。无独有偶，在汉景帝陵和南越王宫署等墓葬、遗址中，考古学家们也发现了放在食物堆里的鼠骨。

华夏居民食鼠的习俗可以上溯到先秦时期，如郑州商城及安阳殷墟中有大量的中华酚鼠、家鼠、竹鼠、田鼠和黑鼠遗骸。战国时期，"鼠"制品作为食物流通于市。《尹文子》记载了这样一则故事：郑人称呼包在石中而尚未雕琢之玉为"璞"，周人称呼尚未制成肉干的鼠为"璞"（也作"朴"）。周人怀揣着璞问郑国商人："你想买璞吗？"郑商回答："想买。"于是，周人从怀中掏出"璞"，郑商一看，原来是鼠肉，连忙谢绝。从这则故事可

知，战国时期的中原地区有食用野鼠或鼠腊之风习。秦汉时期，食鼠之俗依然风行，鼠肉除了出现在社会上层人士的餐桌上，普通吏民也有食鼠肉者，如陕县刘家渠汉墓出土陶灶的模印图纹上，鼠与其他肉类食品并列；汉长安城城墙西南角守卫部队居住遗址中出土过黄鼠遗骸，同出者还有其他一些动物，这些黄鼠据推测应为守城官兵的食物。岭南越人尤嗜鼠肉，他们吃的主要是田鼠，因为田鼠吃的是粮食，相对干净，每年秋天稻田收割之际，也是灭田鼠之时，故多腊老鼠干。越人也习惯把小老鼠浸酒作药用，视之为治疗跌打损伤的良药。

鱼，人所欲也

　　美国著名人类学家摩尔根曾指出："鱼类是最早的一种人工食物"，作为"天然食物"之后的第二种"食物资源"，鱼在人类进化史上具有决定性的意义。有了鱼类食物，人类才开始火的利用及大规模的迁徙。鱼繁殖快，比其他动物更难于被捕尽，故在早期，渔捞区比狩猎区可养活更多的人口。鱼类资源的攫取，还促进了工具的发明和使用，使人类的体力与智力得到充分的利用与发展。

　　在新石器时代，对居于湖泊水泽附近的原始先民来说，捕鱼是其生产生活的重要组成部分。此时，先民们的捕鱼能力已经显著增强，大量鱼镖、鱼钩、网坠等捕鱼工具被发明出来，有些地区还修造了存储鱼类的窖穴等。从事这些复杂的渔事活动离不开舟船的协助。远古时期的舟船均为木质材料，极易腐烂，难以看到完好的实物。中国国家博物馆馆藏的出土于陕西宝鸡北首岭遗址的船形彩陶壶是一个独木舟的模型，壶身装饰网纹，极似从河里收网捕鱼或者捕鱼结束将网搭在船边晾晒的情景，从造型设计到装饰纹样，都容易让人联想到原始渔船制造、渔网使用、捕鱼活动等水上生活场面。先秦、秦汉时期的捕鱼方法主要有：网罟（gǔ，渔网）、笱（gǒu，竹木制的

编织渔具）、罶（liǔ，编制的捕鱼具）、罩以及钩钓等等。此外，还创造了一种叫"椮（shēn）业"的捕鱼法，即根据鱼类喜好在物下潜藏的习性，将柴木置于水中，诱鱼栖息其间，围而捕取。

有了鱼，并不等于有了美味；要得美味，还要烹之得法，食之有道。《孟子》曰："鱼，我所欲也；熊掌，亦我所欲也。二者不可得兼，舍鱼而取熊掌者也。"这表明在当时人的眼中，鱼是仅次于熊掌的美味肉食。秦汉时期，人们对鱼的喜爱有增无减，食用鱼的种类不断增加，烹鱼之法也是五花八门、花样翻新。

五千头鱼的官司

　　1972年至1976年，甘肃额济纳河流域居延地区的汉代城障烽塞发掘汉简近两万枚。其中，22号房址出土的"建武三年十二月候粟君所责寇恩事"册书尤为值得关注。该册文书反映了东汉光武帝时期发生的一起甲渠候粟君与客民寇恩的经济诉讼。综观全文，此案的大概情节是：东汉光武帝刘秀建武年间，一个名叫"寇恩"的客民受甲渠候粟君的雇佣运送五千条鱼去出售，议定给付工钱为一头牛和二十七石谷，但鱼价须卖够四十万钱。寇恩未卖至此数，卖掉作为工钱的那头牛才凑足三十二万钱，还欠八万钱。于是粟君扣押了寇恩的一些车器杂物，价值一万五千六百钱；扣掉寇恩之子为己捕鱼的工钱二十石谷，折抵八万钱；又赖掉寇恩为粟君妻买米肉所支的九千钱。实际粟君应再支付寇恩两万四千六百钱，可他却于次年十二月向居延县告发寇恩欠牛不还，引起这场诉讼。

　　这件案子的有趣之处在于两点：一是案中的原告"粟君"既占便宜又输理，反而主动告状，这点颇耐人寻味；二是此案涉及五千条鱼的贩卖。如此大量的贩鱼记载表明汉时河西地区的渔业资源比较丰富，当地居民日常生活中经常有鱼可供食用，不然不会出现数目如此庞大的贩鱼量。秦汉时期，鱼在人们的饮食生活中占据重

要地位。《汉书·地理志》记载："江南地广……民食鱼稻，以渔猎山伐为业。"《史记·货殖列传》称山东"多鱼、盐"，濒临渤海的燕地有"鱼盐枣栗之饶"。渔业已与马、牛、羊、彘等养殖业相提并论。

韩信钓鱼

《史记》记载，淮阴侯韩信布衣之时家中一贫如洗。韩信虽长得高大魁梧，但却"不事生产"，整日里在身上挂着一把利剑，四处游荡，饿了就去街坊邻居家蹭饭。一日蹭饭未果的韩信饥肠辘辘，只好跑到淮河岸边垂钓起来。河边一位漂洗衣服的大娘可怜他，把他领回家，让他吃了一顿饱饭。这就是人们熟知的"一饭之恩"的故事。渔具中最简单的是鱼钩。春秋时期，人们就开始使用铁质鱼钩钓鱼。铁质鱼钩的出现推动了钓鱼业的发展。广州南越王墓曾出土一件铁鱼钩，此鱼钩以铁条锻打成弯钩形，钩尖锋利，无倒刺，是非常实用的钓鱼工具。当然，鱼钩还要系上缗（钓鱼绳）、钓鱼缴，装上竿，才便于垂钓。但用钩钓鱼，效率较低。

《淮南子·原道训》提及："临江而钓，旷日而不能盈罗，……不能与网罟争得也。"用钩钓鱼，往往一整天也没多少收获，所以捕鱼主要还是用网。居延金关遗址曾出汉代渔网、网坠和织网用的竹梭。渔网和竹梭不易保存，少有发现，但各地出土过大量的陶网坠，这说明当时渔网的使用相当普遍；用鱼镖或鱼叉捕鱼，这方法应当起源也很早，它比起钩钓要来得更直接。汉画上对叉鱼也有表现，如山东微山出土的画像石上描绘了一名男子赤身立在水榭上，双手举起鱼叉刺鱼的场景。在水面上还有其他一些捕鱼者，有的在徒手捉鱼，有的在用笼罩鱼。

　　秦汉时期出现的新式渔具主要是罾（zēng），《风俗通》的解释是："罾者，树四木而张网于水，车挽之上下。"这是一种用绞车起吊的网具，运用了滑轮原理，科学省力。山东微山、临沂、滕州等地出土的汉代画像石中都有罾鱼的场面。鸬鹚捕鱼法兴于汉代。鸬鹚俗称鱼鹰，《异物志》中记载了鸬鹚能入深水中捕鱼的情况。江苏徐州和山东微山两地都曾出土以鸬鹚捕鱼的汉画像石。鸬鹚捕鱼法一直到19世纪仍是渔民们捕鱼的重要方法。

　　古代先民很早就已经意识到对天然鱼类等自然资源的利用，应该是节制的、合理的。只有保护鱼类资源，才能长用不竭。如《国语·鲁语上》云："（鲁）宣公夏滥于泗渊，里革断其罟而弃之，……今鱼方别孕，不教鱼长，又行网罟，贪无艺也。"这就是里革断罟匡君的故事。鲁宣公贪得无厌，不顾时令，不管鱼正在分群产卵，下网捕鱼，被里革割断渔网强行

劝止。《礼记·月令》、《孟子》、《淮南子》、睡虎地秦简《田律》、汉代悬泉置壁书《四时月令五十条》等传世和出土文献中均包含了很多保持生态平衡的思想，其中涉及渔业生产禁忌的规定主要有：其一，禁止在鱼类产卵之时捕鱼，如季冬之月，"命渔师始渔"，《吕氏春秋》中高诱注曰："是月将捕鱼，故命其长也。"其二，禁止"竭泽而渔"，如"毋竭川泽，毋漉陂（bēi）池"。又规定不准"毒鱼及水虫之属"。其三，禁止捕捉小鱼，如"数罟不入洿池，鱼鳖不可胜食也。""数罟"即密网。如《淮南子·道应训》记载，春秋时期季子治理宣父，"不欲人取小鱼也"。从上述材料可见，我国早在两千多年前就已从实践经验中总结出一套保护自然资源和保持生态平衡的渔猎制度。

从春秋战国时期开始，除了捕捞野生鱼外，人工养鱼也开始流行。当时人工养鱼的方式有二：一是池塘养鱼，二是稻田养鱼。有学者推测楚人"饭稻羹鱼"的饮食习惯与稻田养鱼的生产经营方式密切相关。秦汉时期，人工养鱼也取得了显著成就，主要表现在以下三个方面。

第一，稻田养鱼方式的继续应用。《魏武四时食制》称："郫县子鱼，黄鳞赤尾，出稻田，可以为酱。"汉中和四川也出土了一些汉代稻田养鱼的模型。

第二，大规模陂池养鱼出现。《三辅故事》记载：长安昆明池所养鱼，除供给诸陵祠祭祀之用外，剩余的鱼还被运往长安市中出售，以致鱼价大跌。可见当时养鱼的规模和鱼的产量都是不容小觑的。在民间，《史记》记载的"水居千石鱼陂"，则是一种更大规模的商品性生产，其经济效益"皆与千户侯等"。至于小型的陂塘养鱼则更加普遍。巴蜀和汉中等地出土了许多汉代陂池模型。中国国家博物馆收藏的一件出土于四川峨眉山双福乡的石田塘就是一件"微缩版"的陂塘。此石田塘一侧凿出两块水田，一块田里

汉代石田塘，现藏于中国国家博物馆

积有堆肥，另一块田里有两个农夫正俯身劳作；另一侧凿出水塘，塘中置一小船，有鳖、青蛙、田螺、莲蓬等。汉代称这样的水塘为"陂塘"或"陂池"，既可以蓄水灌田，又可以养鱼栽莲，发展多种农业生产，有的还有水闸、水渠等一整套发达的灌溉系统，是当时非常重要的一种水利工程。东汉政府专门设有"陂官""湖官"，推广发展陂塘。

第三，养鱼技术的成熟发展。《齐民要术》专设养鱼条目，并大量引用了被目前学界视为西汉养鱼经验总结的《陶朱公养鱼经》，介绍了鱼池建设、鱼种选择、自然孵化、密集轮捕等方面的内容。

莼羹鲈鲙

　　西晋有个名叫张翰的文学家，在齐王司马冏（jiǒng）的大司马府中任车曹掾，他心知司马冏必定败亡，故作纵任不拘之性，成日饮酒。时人将他与阮籍相比，称作"江东步兵"。秋风一起，张翰想起了家乡吴中的菰菜莼羹鲈鱼鲙，便感叹道："人生一世贵在适意。何苦这样迢迢千里追求官位名爵呢！"于是他卷起行囊，弃官而归。这就是著名的"莼羹鲈鲙"的典故。为了美味的鲈鱼弃官舍爵，张翰可谓真正的嗜鱼之人。

　　秦汉时期，鱼的种类繁多，据学者研究，档次较高的鱼有鲤、鲫、鳜（guì）、鲂（fáng）、鲔（wěi）、鲈、鲐、鲚（jì）、鲍等。鲤鱼是当时食用最普遍的鱼类，《诗经》中有"岂其食鱼，必河之鲤"的记载。汉代墓葬中常见鲤鱼遗骸，如北京大葆台汉墓、四川大邑马王坟汉墓以及广州汉越王墓等都曾出土过鲤鱼的骨骼。鲫鱼也是历史悠久的常见食用鱼类，在春秋战国时期的楚国墓葬中多有发现，其中春秋时期曾侯乙墓出土了20余条鲫鱼遗骸，远远超过其他鱼类。汉长安城西南角遗址和马王堆汉墓均见鲫鱼遗骸，其中马王堆1号汉墓有43条鱼的骨块，鲫鱼有38条，占总数的约88%。鳜鱼也是秦汉时期人们餐桌上的美味。马王堆汉墓中鳜鱼遗骸被置于漆盘之上，这与其他鱼类放置在罐和竹笥中不同，应为菜肴成品。汉以后亦屡见对鳜鱼的颂赞之辞，如唐代张志和有一名句"西塞山前白鹭飞，桃花流水鳜鱼肥"。鲂鱼，又称"鳊（biān）鱼"，体型大且肉质肥厚，为古人所喜好。《诗经·陈风·衡门》云："岂其食鱼，必河之鲂？"意思是难道吃鱼就一定要吃河里的鲂鱼吗？言外之意，鲂鱼是时人眼中的鱼中上品。又《诗经·小雅·鱼丽》云："鱼丽于罶，鲿鳢（lǐ）。"这句话的意思是鱼儿在竹篓里蹦跳，鲿鱼和鳢鱼味道好。张衡《南都赋》说渔猎者"俯贯鲂鱮（xù）"，鲂鱮即为鲢鱼，它和鲂鱼一样都是渔夫的重要捕获目标。鲔鱼是古代黄河和长江流域的常见鱼类，是祭祀宗庙的食品，《吕氏春秋》中提到的"鳣（shàn）鲔之醢"也是战国晚期之名食。汉代人以"鲔"为名者甚多，如王莽时德广侯刘鲔、新市军首朱鲔及吕鲔，东汉人樊鲔、周鲔、梁鲔、严鲔、王鲔，传世汉印文字有"高鲔之印信""范鲔私印"等。如此众多的"鲔"入人名资料，表明汉代人极为重视此种鱼类或是此种鱼类过

鲂鱼，出自明代宫廷写本《食物本草》

于常见。上海闵行区马桥新石器时代遗址曾出土过鲈鱼遗骸，《后汉书》记载"今日高会，珍羞略备，所少吴松江鲈鱼耳"，"松江"即今上海，可见松江鲈鱼是时人眼中的上品。汉代以后，人们对鲈鱼的喜爱有增无减，甚至引发了前文所提及的"莼羹鲈脍"的故事。

秦汉时期，更为名贵的鱼类是鲐、鲚、鲍，《史记·货殖列传》记载"鲐鲚千斤，鲰千石，鲍千钧"，"此亦比千乘之家"。《盐铁论·通有》桑弘羊说"江湖之鱼，莱黄之鲐，不可胜食"，当时鲐的消费量很大，盛装鲐鱼的容器可容一至二石。扬雄《蜀都赋》称"江东鲐、鲍"。莱黄即今山东龙口市东（古称黄县），江东泛指东南。广西贵县罗泊湾1号汉墓随葬物品遣策《从器志》中即有"鲐鱼"的记载。由于墓主生前系级别较高的官员，所以才有资格享用到来自江东的鲐鱼。鲚即现代之刀鱼，春夏集群溯河，在河流上游产卵，复返回大海。鲍即鳆鱼，为汉代人公认的美味，是互相馈赠的佳品。《后汉书·伏湛传》记载的张步献鳆鱼事，宋代类书《太平御览》中记载曹丕称送"鳆鱼千枚"，均可为证。

鱼丸的传说

传说，秦始皇酷爱食鱼，又常常因为鱼刺鲠喉而恼怒，只要恼怒，就要宰杀烧鱼的御厨。后来，有一位御厨眼见杀身之祸即将降临到自己头上，惊恐之下，无意识地用刀背狠击案上之鱼。在传膳声中，鱼块已成鱼茸，鱼刺却奇迹般地被剔除在外。这时，鼎中的汤水已沸，这位御厨顺势把剁烂的鱼茸一团团挤入汤内，成了鱼丸。鱼丸一一浮在汤面上，鲜美异常。秦始皇品尝后，当场喜形于色，这位御厨得以幸免于难。关于鱼丸诞生的这个传说虽不足为信，但秦汉时期，鱼的烹饪方法确实还是很多的，现举例说明一二。

炙法。炙法和脍法是最常见的烹鱼之法。炙即叉烤或扦烤，烤鱼又称炙鱼，是秦汉时期著名的美味佳肴。《说文解字》"火部"云："鬙，置鱼筒中炙也。"清代学者段玉裁指出："筒，断竹也。置鱼筒中而干炙之。"刘熙《释名》中曾记载了一道名为"衔炙"的汉代名菜，据贾思勰《齐民要术》考证，"衔炙"其实就是烤鱼泥包肉泥。马王堆汉墓遣策中有"炙鲍"的记载。四川地区出土的一方画像石上对炙鱼场面有着细致入微的刻画：在厨房内，有五六位厨人正在紧张地忙碌着，有的在生火，有的在备料，有的准备屠宰，在画面上方有一人正在烤鱼。那人跪在一架炭炉前，一只手在翻动炉子上的鱼，一只手用扇子扇着炉火。他手中的扇子，是汉代常用的样式，汉墓中有实物出土，在汉代称为"便面"。在烤鱼的食架上，悬挂着一些食料，有禽鸟，还有四条大鱼。

脍法。脍为生食之义。脍法常见于治鱼，也作鲙，吃法与今日的生鱼片相类。史书记载：东汉人羊续"好啖（dàn）生鱼"。《周礼·天官》郑玄注："燕人脍鱼，方寸切其腴，以啖所贵。"山东嘉祥出土的一方庖厨图画像石，整体刻画的是一幅烹饪场景，但画面的右上方表现的则是宴饮场景，画面上的两个人面对面跪立在食案前，一人舞着小刀，正待切鱼。要吃上鱼，还要动刀子，一定是吃的生鱼。脍法所治之鱼以"鲤鱼"为多。枚乘《七发》："薄耆之炙，鲜鲤之鲙。"辛延年《羽林郎》："就我求珍肴，金盘鲙鲤鱼。"这些材料都说明汉代时，鲤鱼为制鲙首选。除了生鱼片外，汉代人可能也生吃鱼子（鱼卵）。2003年，考古学家在江苏徐州市翠屏山西汉刘治墓出土的三个陶罐内发现了大量鱼子，这些鱼子可能和鱼片一样用于生食。

羹法。两晋郭璞注《尔雅》曰："肉有汁曰羹。"长沙马王堆汉墓遣策记载了数款鱼羹："鲫（jí）白羹"，鲫就是鲫鱼，白羹即加入米末的羹；"鲫禹肉巾羹"，禹即"藕"，巾即"芹"，这里指水芹，此羹即是以鲫鱼和藕、芹制作的羹；"鲜鳠（hù）禹鲍白羹"，为鲜鳜鱼、藕片和鱼干做的白羹。

煎法。煎的方法类似于煮，所不同的是前者要熬到汁干为止，后者则保留汤汁。长沙马王堆3号汉墓的墓主是轪（dài）侯利苍之子，该墓出土的163号竹简上有"煎鱼一笥"的记载，经学者鉴定，"笥"里包含两类鱼种，一为鲫鱼，一为鳡（gǎn）鱼。

蒸法。马王堆汉墓遣策中有"蒸鮠（wéi）"的记载。

腜（áo）法。把肉食埋藏使其腐烂后食用的方法。鲍鱼也是腜制法的一种。《释名·释饮食》："鲍鱼，鲍，腐也，埋葬奄使腐臭也。"鲍鱼虽气味腥臭，却深为汉代人所好。王充曾说"鲍鱼之肉，可谓腐矣"，但人们却"不以为讳"。

菹法。用盐、米腌制的鱼称"鲊（zhà）"。《释名·释饮食》云："鲊，菹也。以盐米酿之如菹，熟而食之也。"《齐民要术》记有荷叶裹鲊、长沙蒲鲊、夏月鱼鲊、干鱼鲊等制法。

秦汉时期还有一道关于鱼的名肴，称为"五侯鲭（zhēng）"，系用鱼、肉等多种原料混合烩成的菜，类似杂烩。所谓五侯，即汉成帝母舅王谭、王根、王立、王商、王逢时五人，因他们同日封侯，号称"五侯"。据《西京杂记》记载，五侯不和睦，但西汉息乡侯娄护能言善辩，辗转供养于五侯之间，甚得他们的欢心。于是，各家都送他珍馐佳肴，娄护便合五侯所赠之食加以烹制，其味胜过其他奇珍异馔，世人谓之"五侯鲭"。五侯鲭烹制出来以后，深受贵族喜爱，后世也常以"五侯鲭"作为美味佳肴的代称。

神鱼献珠

秦汉时期，社会上流传着一则脍炙人口的"神鱼献珠"的故事。传说汉武帝在昆明湖行宫时，一日梦见一黑脸大汉乞求他加施皇恩，设法放自己回去。汉武帝感到这梦好奇怪，第二天召见大臣，得知大汉是神鱼幻化，托梦乞归。过了三天，果然发现有渔翁钓得一条大鱼，于是汉武帝就花重金将大鱼买回并放生了。又过了两天，汉武帝再次光临昆明池，在池边喜得一对光彩耀眼的明珠，大喜道："神鱼献珠，大吉之兆，汉室江山必盛。"由此，人们便认为鱼知恩图报，颇具灵性，都爱买鱼放生，相传这也是我国佛教四月初八佛诞日放生习俗的由来。后来，鱼的神性被愈发放大，以至于由鱼牵引的鱼车被汉代人视为神仙的座驾。汉画像砖石上有很多表现神仙题材的画面，其中的一些鱼车图像尤其引人注目。山东微山和河南南阳的画像石上，常常可见仙人驾驭鱼车的场景：几条大鱼拉动着无轮的大车在滚滚波涛中行进，车上乘有左右簇拥的仙人，好不气派。

鱼不仅是人类食物的可靠来源，同时也构成人类精神的神秘意象。早在旧石器时代，鱼类就已成为远古先民进行艺术创作的对象，各种鱼的图像寄托着先民们融合自然、联结生死、壮大族群的信仰观。北京周口店山顶洞人遗址出土的涂红、穿孔的草鱼眶上骨为我们提供了上述判断的最早实证。

东汉鱼车升仙图壁画，现藏于陕西省考古研究院

　　至于新石器时代，在磁山、仰韶、河姆渡、红山、良渚、龙山等众多文化遗址中，出现了多种捕鱼工具和各类质料与形态的鱼图，标志着中国鱼文化的发展已迎来了一个早期的高峰。

　　中国国家博物馆馆藏的陕西西安半坡出土的人面鱼纹彩陶盆内壁以黑彩绘出两组对称人面鱼纹。人面呈圆形，头顶有似发髻的尖状物和鱼鳍形装饰。人面嘴巴左右两侧分置一条变形鱼纹，鱼头与人嘴外廓重合，似乎是口内同时衔着两条大鱼。另外，在人面双耳部位也有相对的两条小鱼分置左

新石器时代人面鱼纹彩陶盆，现藏于中国国家博物馆

右，从而构成形象奇特的人鱼合体。在两个人面之间，有两条大鱼作相互追逐状。整个画面构图自由，极富动感，图案简洁并充满奇幻色彩。人面由人鱼合体而成，人头装束奇特，像是进行某种宗教活动的化装形象，具有巫师的身份特征，因此这类图画一般被认为象征着巫师请鱼神附体，为夭折的儿童招魂祈福。也有人认为人面与鱼纹共存构成人鱼合体，寓意鱼已经被充分神化，可能是作为图腾来加以崇拜。

鱼在先秦时期就被用于祭祀场合。鱼祭之俗来源于先民对于鱼类通灵有性、善达人意、能沟通天地鬼神的崇拜，这一观念由来已久。《礼记·曲礼下》记载："凡祭宗庙之礼……槁（gǎo）鱼曰商祭，鲜鱼曰脡（tǐng）祭。"《礼记·月令》载，"季冬之月……命渔师始渔，天子亲往，乃尝鱼，先荐寝庙"，又载"季春之月……天子始乘舟。荐鲔于寝庙"。而以盘供生鱼，以清水为酒，是太庙合祭历代祖先的隆重礼仪，如《荀子·礼论》记载："大飨尚玄尊，俎生鱼，先大羹，贵食饮之本也。"

由于鱼知恩图报，颇具灵性，是秦汉时期人们心中的吉祥瑞物，所以人们在建筑及器物的装饰上会采用一些鱼的造型或者鱼纹题材，以鱼为吉。如江苏徐州的一方画像石上刻画带有三条鱼的窗棂；山东潍坊的一方画像石上以三只羊头和若干条全鱼作为建筑构件的装饰，不仅让人想到鱼羊之鲜，也会想到鱼羊之吉；山东安丘和梁山等地，都发现了相似的双鱼门环铺首刻石：在狰狞的兽面下，悬有吉祥的双鱼；山东沂南的一方画像石上，绘有百戏图，其中就有人们舞动着大鱼灯的场景；陕西、山西、江西等地的汉墓中出土了很多水禽衔鱼造型的汉代釭灯；河北满城汉墓出土的水禽衔鱼纹饰的彩绘大陶盆等，都表明时人对鱼题材的喜爱。

汉代彩绘水禽衔鱼铜釭灯（局部），现藏于中国国家博物馆

锦鲤传情

"锦鲤",如今是一个颇具热度的网络流行语,也是一种文化现象。锦鲤本是一种高档观赏鱼,富有观赏价值,深受人们喜爱;现指一切跟好运相关的事物,如有好运的人,或可带来好运的事情。为什么要选择"锦鲤"作为好运的代称呢?主要有两方面原因,一是因为"锦鲤"与"进利"谐音,二是由鲤鱼在中国古代鱼文化中所占的重要地位决定的。

东晋葛洪所撰《抱朴子》中记载:"琴高乘朱鲤于深渊。"琴高为战国时赵国人,善于鼓琴,曾为宋康王舍人,后于涿水乘鲤归仙。在秦汉时期的人际交往中,鲤鱼还常常被当作祝贺的礼物和信使的信物,有特殊的象征意义。汉乐府《饮马长城窟行》中有"客从远方来,遗我双鲤鱼。呼儿烹鲤鱼,中有尺素书",很典型地道出了鱼在人际交往中的功用。而双鲤鱼似乎后来成为男女爱情的象征物。闻一多先生曾考证说,那会儿多以鲤鱼状函套藏书信,所以诗文中常以鲤鱼代指书信。

唐代以后,鲤鱼的吉祥寓意被大大扩展,如传递的书信干脆以尺素结成双鲤之形,唐代著名的庆祝士人新官上任或官员升迁的"烧尾宴"就出自古老的"鲤鱼跃龙门"的典故。传说鲤鱼跃过龙门,必有天火烧掉其尾,故用此传说比喻荣升高官。

要之,从原始狩猎文明开始,一直到工业文明发达的现代,鱼始终与中国人保持着十分密切的关系:一方面,鱼以其食用价值,在物质生活方面,成为人们餐桌上的美味佳肴;另一方面,鱼又以其幸福、吉祥的象征,渗透到人们祭祀信仰、风俗习惯、文化艺术等诸多精神文化领域。

五菜为充

　　蔬菜是秦汉时期人们饮食结构中的重要组成部分。《说文解字》"艸（cǎo，同草）部"关于"菜"的定义是"草之可食者"，这在中国古代饮食文化中首次确定了蔬菜的性质。学者们通常将"五菜"作为秦汉时期最常见的蔬菜。《灵枢经·五味》记载的"五菜"指的是葵、韭、藿、薤、葱，是按五行说排列而成，以葵应甘，以韭应酸，以藿应咸，以薤应苦，以葱应辛，并与其他事物配合。其实，秦汉时期，人们经常食用的蔬菜远远不止这五种。据学者统计，秦汉时期，人们取食的蔬菜有百余种，其中人工栽培的蔬菜近五十种，这个时期是中国蔬菜史上的重要时代。秦汉时期的著名蔬菜，见诸史籍的：《急就篇》有"葵韭葱薤蓼苏姜，芜荑盐豉醯酢酱，芸蒜荠芥茱萸香，老菁蘘荷冬日藏"；《氾胜之书》有瓜、瓠、芋、薤、荏、胡麻、小豆等；《四民月令》则有胡豆、花椒、韭、芥、姜、大小葱、大小蒜、薤、蓼、苏、蘘荷、葵、芜菁、瓜、瓠、芋等。

青青园中葵

汉乐府《长歌行》："青青园中葵，朝露待日晞。"这里说的"葵"又名"冬寒菜"，由于其口感柔滑，故又名"滑菜"。葵具有特殊的品性：在各种蔬菜中，它有较强的抗病虫害能力，能够有效抵御黄曲条跳甲虫和菜蚜的危害；它的生长周期较长，一年中大部分时间都可以采收获利；葵菜既可以作为人食蔬菜，又可以作为家畜的饲料；它的叶、茎还可以入药。鉴于其所具有的经济价值，葵成为最早的人工栽培蔬菜种类之一。《诗经·豳风·七月》有"七月烹葵及菽"，"葵"与"菽"并称，可见其在食物序列中位置不凡。由于野生采集似难以供应较大的需求，故葵的人工培育可能不晚于西周时期就基本完成。大约战国以降，食用葵则全由人工栽培了。睡虎地秦简《日书》甲种"禾忌日"云："稷龙寅，秫丑，稻亥，麦子，菽、荅（dá）卯，麻辰，葵癸亥。各常□忌，

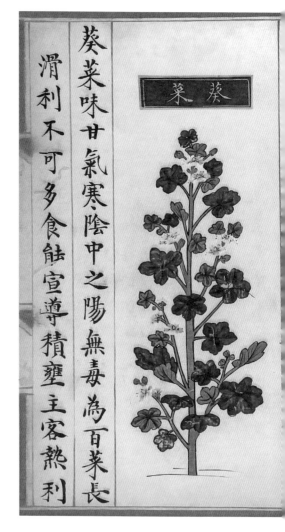

葵菜，出自明代宫廷写本《食物本草》

不可种之及初获出入之。"可见，葵的种植时节是有讲究的。

目前考古发现的秦汉时期葵的遗存集中在河南、安徽和湖南等地，说明黄河、淮河、长江流域是葵的主要种植地。湖南湘西里耶秦简记载"葵□数十六牒"；长沙马王堆汉墓遣策记有"葵種（种）五斗，布囊一"，整理小组说随葬麻袋中盛放有葵子。湖北江陵凤凰山 8 号汉墓遣策有"葵笿（luò）一"的记载，笿即竹笼。此笿中所盛应是供食用的葵菜。这说明葵菜在长江流域居民的饮食生活中占有极为重要的地位。

葵是戍边官兵食用的主要蔬菜品种。居延汉简记载了一处由十二个菜畦套种的菜地，其中葵占了七畦，葱和韭菜一共才占五畦，葵的种植面积超过了葱和韭的总和。由于葵可观的经济价值，从春秋战国至西晋，它都是菜农经营的重要蔬种，且有专门的葵园，前面所述"青青园中葵"的记载就是当时广泛种植葵菜的真实写照。贩售葵菜应该也有着不小的利润空间。《晋书》记载了晋惠帝太子司马遹（yù）令西园卖葵菜而受其利的事情。

葵菜可以制成葵菹和干葵，这两类葵制品均可长期保存，在缺少新鲜蔬菜的冬季，这应是北方地区普通人家的"看家菜"。而根据马王堆汉墓随葬的数量众多的葵子推想，长江流域的居民在冬季大概也以储存的葵菜佐食。

葵菜的地位在南北朝时期仍然很高。《齐民要术》将"葵"列为蔬菜的第一篇，栽培方法也谈得非常详细，反映出葵在当时的重要性。值得注意的是，葵在元明以后逐渐走向没落了。元代的《王氏农书》还说葵是"百菜之主"，但明代的《本草纲目》已把它列入草类，现在蔬菜栽培学书中也没有葵的章节。如今江西、湖南、四川等地仍有葵的栽培，不过它的地位已远远不如古时重要了。

百草之王

　　韭是原产于中国的蔬菜。在《急就篇》中，韭在蔬菜的顺序中仅次于葵。汉代人认为韭是对人体极有好处的食物，马王堆汉墓帛书《十问》将韭评价为"百草之王"，认为韭受到天地阴阳之气的熏染，胆怯者食之便勇气大增，视力模糊者食之会改善视力，听力有问题者食之则听觉灵敏。韭菜对温度和土壤的适应性以及耐肥力都较强，种植容易，尤其是"韭割可复生"的特点暗合了长生，这也是秦汉时期的人们对韭如此钟爱的原因。因此，同葵一样，韭的种植也十分广泛。

韭、瓜、壶（通"瓠"），出自日本江户时代细井徇撰绘《诗经名物图解》

韭也是先秦时期即有的人工栽培蔬菜。《诗经·豳风·七月》"四之日其
蚤，献羔祭韭"是人们所熟知的诗句，"羔"即饲养的羊羔，"韭"是种植的
韭菜，可作祭品；《谷梁传》载"古者公田为居，井灶葱韭尽取焉"；《大戴
礼记·夏小正》载"囿有见韭"。秦汉时期的人们所食之韭自然也是人工种
植，里耶秦简食物簿所记蔬菜有韭。居延汉简记录一处菜畦套种韭、葱和葵
菜，包括三畦韭菜、二畦葱和七畦葵，又载"省卒廿二人，其二人养，四人
择韭"，这里的"择"意思为"取"，表明种植和收获韭是边塞戍卒的工作之
一。此外，还有一则"卒宗取韭十六束"的简文。这应是一份领取物品的
登记，戍卒宗从相关部门取走了分配给若干人等的韭，自然是这些人佐食之
物。这则简文反映了戍卒平日食韭的分配状况。从这些简牍资料可见，韭
在长江和黄河流域的种植都非常普遍。

　　在《四民月令》规划的农事安排中，韭的位置引人注目，如正月上辛日
"扫除韭畦中枯叶"；七月"藏韭菁"；八月"收韭菁"。韭可反复割取，既
可熟食也能生食，韭菜花称为"菁"，也可作为食材。鉴于种植韭菜可以带
来以上所述的可观经济收益，可以想见《史记·货殖列传》所载种植"千畦
姜韭"者的销售收入"与千户侯等"，应并非虚言。反季节的韭菜也是汉代
权贵阶层食用的菜肴，《盐铁论·散不足》贤良之士批评世风奢靡，所举的
事例即有"温韭"。我国是世界上最早利用温泉、温室栽培蔬果的国家。相
传秦时已在骊山坑谷温泉旁种瓜，秦始皇就是以"冬天结瓜"为托词诓骗
众儒前来观赏进而将他们在此处活埋的。汉代创造了温室种菜的技术。《汉
书·循吏传》："太官园种冬生葱韭菜茹，覆以屋庑，昼夜然蕴火，待温气
乃生。信臣以为此皆不时之物，有伤于人，不宜以奉供养，及它非法食物，
悉奏罢，省费岁数千万。"《后汉书·和熹邓皇后纪》记邓皇后诏曰："凡供

荐新味，多非其节，或郁养强孰，或穿掘萌芽，味无所至而天折生长，岂所以顺时育物乎！"上述这种蕴火增温以使冬季蔬菜"郁养强孰"的屋庑，指的就是温室。由于温室栽培非季节性蔬菜应该成本很高，所以像召（shào）信臣一样的贤良之士才会奏请废止此种"奢靡"之行。

韭的制法一般是菹。《周礼·天官·醢人》中有"韭菹""菁菹"的记载。

循吏劝农菜品

"循吏"之名最早见于《史记》的《循吏列传》，后为《汉书》《后汉书》所承袭，成为后世正史中主要记述那些重农宣教、清正廉洁的地方模范官吏言行的固定体例。劝农是循吏政绩的主要表现之一，对农作物或蔬果做出种植督导是劝农的重要内容。龚遂是汉代循吏队伍中的佼佼者。汉宣帝在位时，龚遂担任渤海太守，他平定盗贼叛乱、鼓励农桑，颇有政绩。据《汉书》记载，龚遂在太守任上，劝民务农，除令每人种一畦韭外，还要种"百本薤"。薤又名"藠（jiào）头""藠子"，富含胡萝卜素和维生素C，在秦汉时期是常见的家种蔬品。《氾胜之书·种瓜》云："种薤十根，令周回瓮，居瓜子外。"即是说薤是利用瓜田空隙插种。看来龚遂劝民种薤没有像韭菜那样指明用地，大约不是偶然的。肩水金关汉简有"薤束六"的记载，即一束薤六钱。《氾胜之书》中也记载"至五月瓜熟，薤可拔卖之"，说明薤也是商品蔬菜。《礼记·少仪》云："为君子择葱薤，则绝其本末。"可见，掐根去尖大约是汉代人择治薤等菜蔬的习见方法。

薤的食法与韭相仿。《释名·释饮食》曰："生瀹（yuè）葱、薤曰兑，言其柔滑，兑兑然也。"瀹意为浸渍、腌制。生瀹葱、薤就是将生葱、薤腌制为肴，口感柔滑，称为"兑"。《齐民要术》记有"薤白蒸"，即将秫米与豉同煮，入葱、薤、胡芹等重蒸。薤还可用于肉类食品的调味。《礼记·内则》云："膏用薤。"膏指的是动物油脂。又云："野豕为轩，兔为宛脾，切葱若薤，实诸醯以柔之。"醯即醋，意思是猪肉、兔肉等肉食可以切入葱或薤，再添加醋调味。这表明薤可与葱并用，使菜肴滋味更为浓烈，也可成为葱的替代品。

蔬菜界的"熊掌"

白菜是我国的原产蔬菜，其古名为"菘"。苏轼曾用"白菘类羔豚，冒土出蹯（fán）掌"之句来赞美它，"蹯掌"意为"熊掌"，这里把"白菘"比作和熊掌一般的美味了。"菘"之名见于东汉张仲景《伤寒论》，它的人工栽培是中国植物史上一个具有重要意义的事件。据《方言》郭璞注，汉代的菘尚是较为原始的白菜，品质较现代的白菜还差得远。经过劳动人民辛勤培育，"菘"在南北朝时期大放异彩。据南朝梁萧子显所撰《南齐书》记载，文惠太子向周颙（yóng）询问："哪一种蔬菜味道最佳呢？"周颙回答说："春初早韭，秋末晚菘。"可见，在时人的眼中，秋末的菘菜和初春的韭菜并列为菜中佳品。唐宋时期，菘的栽培又有了新的进展。尤其到了宋代，菘的优良品种已经培育成功，新品种的"菘"结实、肥大、高产、耐寒，并且滋味鲜美。所以"菘"才获得蔬菜界熊掌的美誉。到了明清时期，菘的培育更为普及和成熟，几乎现存的明清所有地方志中，都记录了对白菜的栽培，其地域由北及南，遍布黄河和长江流域。白菜至今仍为我国北方冬春季节的当家菜，供应的时间长达五六月之久。如今，白菜的种植南北皆有，北方著名品种有胶州大白菜、北京青白、东北大矮白菜等，南方则有乌金白、鸡冠白、雪里青等优良品种，可谓地地道道的"国菜"。

菘菜，出自明代宫廷写本《食物本草》

宫中女眷的救命菜品

　　《后汉书》记载，地皇四年（公元23年），"绿林军"拥立刘玄为皇帝，年号"更始"。是年十月，"绿林军"攻破长安城的宣平门，王莽被杀。建武元年（公元25年）九月，"赤眉军"攻入长安。连年战乱，皇宫中的嫔妃生活凄惨，她们被迫幽闭殿内，以挖食宫廷所种的"芦菔"根续命。"芦菔"即为今日的萝卜。在汉代文献中，萝卜名为"芦菔""罗服"等，被视为芜菁（别名蔓菁）的一个品种。《方言》释"芜菁"云："其紫华者谓之芦菔。"萝卜的起源地有西亚、中国等说法。中国是萝卜的原产地之一。据学者研究，黄淮平原和山东丘陵一带是中国萝卜的发源地。《诗经》中有"采葑采菲"的记载，一般认为"葑"指芜菁，"菲"指萝卜。秦汉时期，关于"芜菁"的考古发现有：甘肃泾川水泉寺东汉墓出土的陶灶面上塑有芜菁；新疆民丰尼雅遗址的房舍遗址中发现有干芜菁；洛阳五女冢新莽墓出土陶仓上书有"无清"，推测为"芜菁"。传世文献方面，《汉书》《后汉书》等史籍中常见政府鼓励种植芜菁的记载。芜菁在灾年可用作主食。《后汉书·桓帝纪》载，永兴二年（公元154年）闹蝗灾时，诏令"所伤郡国种芜菁以助人食"。

蔓菁，出自明代宫廷写本《食物本草》

轪侯家的菜单

湖南长沙马王堆汉墓墓主为高祖时期长沙国的丞相，后被封为轪侯的利苍及其家眷。在此墓的随葬物品中，不仅"五谷""六畜"齐全，而且蔬菜和瓜果的品种也不少。蔬菜方面，主要品种有禺（藕）、巾（芹）、笋、封（葑）、葵（冬葵，即冬苋菜）、菘（白菜）、芥菜、甜瓜、瓠（瓠瓜）、芋、襄荷（蘘荷）等。下面，让我们研究一下轪侯家菜单上出镜率很高的藕、芹、笋吧。

汉乐府有诗云"江南可采莲，莲叶何田田"，说明江南地区对藕广泛食用。马王堆1号汉墓出土有藕的实物。藕是睡莲科莲属水生植物的地下茎部。四川出土的汉代画像砖的采莲图，形象地展现了汉代人取藕的场面。前面所述的"鰿禺肉巾羹"中的"禺"指的就是藕，这道菜翻译过来就是鲫鱼、藕和芹菜一起煮的羹。藕在北方和南方多水地区均有分布。司马相如《上林赋》"咀嚼菱藕"描绘的是关中地区的情形。

马王堆汉墓遣策记载了多种用"芹"制作的菜肴，如"犬巾羹""雁巾羹""鰿禺肉巾羹"等。"巾"指的就是芹菜。芹在秦汉时期人们的蔬菜谱上也占有重要地位。芹有水、旱之别，先秦和秦汉时期人们所食之芹多为水芹。《诗经·鲁颂·泮水》中云"思乐泮水，薄采其芹"，《诗经·小雅·采菽》中云"觱（bì）沸槛泉，言采其芹"，《吕氏春秋·本味》说"云梦之芹"为"菜之美者"，以上材料中出现的"芹"，其生长地均与水有关。《齐民要术》云："芹……，并收根，畦种之，常令足水。"这是南北朝时种芹的记录，汉代人工种芹情形如何不得而知。《四民月令》没有提到种芹，可能只反映了水资源相对稀少的华北地区的蔬菜种植状况。但考古发现证实了长江流域是芹的主要产区：里耶秦简食物簿将芹置于蔬菜之首，江苏徐州地区出土的汉代蔬菜中也有芹。此外，汉代似有芹的外来物种，名曰"胡芹"；《齐民要术》卷九《飧饭》篇中有"胡饭法"，胡芹是其中的佐料。

笋即竹笋。秦汉时期，人们认为笋是美味蔬菜。张衡《南都赋》所罗列的园圃植物中就有笋。汉代的笋有春夏笋和冬笋两种。《东观汉记》记载，东汉初年马援南征，在荔浦品尝到冬笋，大为赞赏，称"其味美于春夏笋"。

马王堆汉墓出土的藕片

荤辛之菜

秦汉时期的本土辛菜系列有葱、姜、椒、蓼等。辛菜味辣，能刺激食欲，故是秦汉时期人们的当家佐食蔬菜。

葱，包括野生的山葱，人工种植的大葱、小葱，以及外来的胡葱。秦汉时期，政府大力鼓励葱的种植。据《汉书·循吏传》记载，龚遂治理渤海郡，规定百姓每人须种"五十本葱"。种植葱是多数农户每年不可缺少的工作，西汉王褒《僮约》记载，奴仆活计中即有"别茄披葱"。据《四民月令》记载，一年有三个月份与葱有关：正月种大葱和小葱；六月"别大葱"，即对大葱进行分根移植；七月种葱子，为来年种葱做准备。

葱在秦汉时期人们的饮食生活中占有重要地位。睡虎地秦简《传食律》规定：御史卒人随长官出行，进食要"给之韭、葱"；马王堆汉墓遣策有"葱程（种）五斗"的记载，其种子数量与所出葵种相同；居延汉简记载边地戍卒以葱给社，也显示了葱的重要性。马王堆汉墓帛书《五十二病方》载有"干葱"，反映了汉代人对葱的储存。在一年的大部分时间里，汉代人食用的葱应都是"干葱"。葱大体有两种食法，以生葱或蒸葱直接佐食。《礼记·曲礼上》："凡进食之礼，左殽（yáo）右胾（zì），食居人之左，羹居人之右；脍炙处外，醯酱处内，葱渫（xiè）处末，酒浆处右，以脯修置者，左朐（qú）右末。"在这份食单中，蔬菜只有葱一种，渫，同渫，即蒸葱。秦汉时期有食蒸葱之俗。据马王堆帛书《五十二病方》记载，蒸葱是将葱单独蒸制；《齐民要术》也有秫米与豉同煮，入葱、薤、胡芹等合蒸的记载。

肉类菜肴则每以葱为佐物搭配。《后汉书》记载了这样一则故事：东汉时有个官吏叫陆续，因受牵连被捕入狱，关押在洛阳。他的母亲远道由江

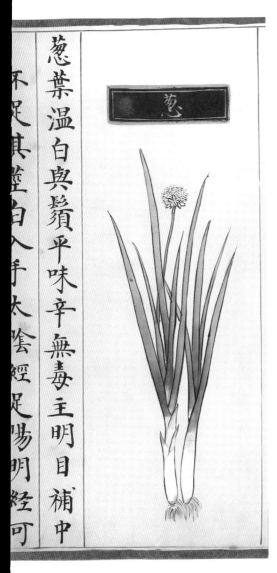

葱，出自明代宫廷写本《食物本草》

南赶来，做了一顿饭让狱卒送给他吃。陆续一见饭菜就得知母亲已来到洛阳，于是大声哭起来，狱卒就问他如何得知母亲的到来，他的回答是："我的母亲做羹切肉未尝不方正，切葱寸寸无不相同，看到了这肉这葱，感到太熟悉了，一定是母亲的手艺，所以我肯定她老人家已到了京城。"由此事可知葱多为肉类食物的配料。

姜。一般认为中国是生姜的原产地之一，栽培历史悠久。与后世相同，姜在秦汉时期蔬菜谱中的重要位置主要赖于其调味价值。姜可以用来祛风寒、去腥膻，对生鲜肉食的烹饪极为重要，古人很早就深谙此道。广州象岗山南越王墓出土的用以制作姜汁的铜姜礤（cǎ）即为明证。岭南地区气候潮湿，饮食追求原料的本味，惯用花椒、生姜等作为调味料，南越王应对姜汁佐食有特殊嗜好，所以把它带入墓中。考古发现中与姜相关的资料还有：长沙东牌楼东汉木牍载有"姜十五枚"。居延汉简也有关于

"姜"的简文,"二月壬子,置佐迁市姜二斤""姜二升,卌",这表明姜是市场买卖的商品。湖北江陵凤凰山和湖南长沙马王堆等地汉墓均随葬有姜的实物。

秦汉时期,蜀地应为姜的重要产地。《史记·货殖列传》谓巴蜀"地饶卮(zhī)姜",形象地展示出蜀地姜生长的繁茂;蜀人王褒《僮约》中亦有"种姜养芋"之语;《后汉书》记载曹操食鱼,发出"恨无蜀中生姜"之感慨,均可证明蜀姜的地位。湖南沅陵汉简食谱有"茈(zǐ)"的记载,这里的"茈"当为紫姜的简称。而据记载,紫姜应为蜀地的名品。

姜的种植在秦汉时期较此前有了很大的进展,《史记·货殖列传》记载姜农的收入"与千户侯等"。与其他一些具有调味性质的蔬菜不同,姜不能单独佐食。当时的人可以用生葱、生韭、生蒜等直接伴随主食,完成一餐进食,但唯独生姜不可。西晋司马彪《续汉书》记载,东汉时期,孔子的第十五世孙孔奋"妻子饮食但葱韭",却没有提及单用生姜或熟姜来佐食。从古至今,姜的主要功能还是为肉类菜肴调味。《礼记·内则》曰:"为熬:捶之,去其皽(zhǎn),编萑(huán),布牛肉焉。屑桂与姜,以洒诸上而盐之,干而食之。施羊亦如之。施麋、施鹿、施麇(jūn),皆如牛羊。"皽为皮肉上的薄膜,萑指芦苇一类的植物,麇指獐子。此处记载的可以与姜、桂相配的肉类不仅有家畜牛、羊,也有野生的麋、鹿、麋等。

花椒。花椒果皮中含有芳香的挥发油和味麻的蜡状物，为人们经常食用的辛辣香料。《齐民要术》中有"蜀椒出武都，秦椒出天水"的记载，可见，当时的花椒以蜀地和天水地区出产的最为著名。马王堆1号汉墓和广西贵县汉墓均出土有花椒实物。花椒的药用价值也很高，有麻醉、止痛、驱虫、抗菌的效用。河北满城中山靖王刘胜墓中出土的镏金镶玉铜枕内有大量的花椒。花椒出现在铜枕中，说明当时以之制作香枕。汉代皇后所居的宫殿之所以被称为"椒房殿"，一说是因为宫殿的墙壁上使用花椒树的花朵所制成的粉末进行粉刷，颜色呈粉色，具有芳香的味道且可以保护宫殿的木质结构，有防蛀虫的效果；另一说是因为花椒多籽，取其"多子"之意。

蓼菜是秦汉时期人们日常食用的辛味蔬菜之一。《淮南子》记载："蓼菜成行，瓶瓯（ōu）有堤，量粟而舂，数米而炊，可以治家。"文献记载，某些诸侯王的行宫中，也往往有蓼园。《太平御览》引曹植《籍田赋》："夫凡人之为圃，植其所好焉。好柑者植乎茅，好苦者食乎荼，好香者植乎兰，好辛者植乎蓼。"这里明确将蓼归入辛菜之列，也说明人们的饮食口味决定了蔬菜的种类，值得一提的是，秦汉时期的人似乎格外偏好辛辣蔬菜，葱、姜、椒、蓼、蒜等蔬菜的大量种植就是明证。

胡蒜。蒜因味辛辣而被汉代人归入"荤菜"之列，如《说文解字》注曰"菜之美者，云梦之荤菜"。汉代的蒜有大蒜、小蒜之分。小蒜是中国本土所产之蒜，而大蒜则来自西域，又名"胡蒜"。关于大蒜传入中国的时间，以往多归于张骞，成书于西汉后期的《急就篇》中大蒜名列蔬菜类，可见至少在西汉末年，大蒜就是重要的调味类蔬菜。奇怪的是，在秦汉简牍中尚未见到大蒜的记录。彭卫先生分析说，大蒜应经丝绸之路由中亚输入中国，陇西一带正是其必经的路线。但河西汉简中也没有大蒜的记录，或许另有其他的输入途径。据《太平御览》记载，东汉时期的兖州刺史李恂和扬州刺史费遂都曾督办过"胡蒜"种植事宜，这似可说明"胡蒜"的大规模种植可能在东汉时期。总之，大蒜的种植很快遍及黄河和长江流域。这表明汉代人无分南北，均喜爱气味较浓之蔬菜。南北朝以后，大蒜一直是重要的蔬菜，并产生出良种。从大蒜传入中土的汉代开始，古代中国人对大蒜的栽培逐步积累了经验，其中应当有汉代人的贡献。

胡荽，即芫（yán）荽，今日所谓的"香菜"，原产于中亚地区。西晋张华所撰《博物志》谓张骞使西域，"得胡荽"。胡荽是调味蔬菜之一，《齐民要术》记载的一款"胡羹"的制法中就以"胡荽"调味。由于胡荽气味辛温，有发汗透疹开胃之功，因此也可入药。

除了胡蒜、胡荽等辛味蔬菜外，秦汉时期的餐桌上还有其他外来菜品，如胡瓜和苜蓿。

胡瓜就是今日的黄瓜。秦汉时期，将外来蔬菜统统冠以"胡"名，唐以后才改称"黄瓜"。据学者研究，黄瓜的原产地是印度。由于黄瓜富含维生素C以及有助于人体对蛋白质吸收的蛋白酶，所以它也是汉代人喜食的蔬菜之一。江苏扬州西汉妾莫书墓和广西贵县汉墓都曾出土过黄瓜籽，但奇怪的是，汉代文献资料却没有提到它，可能黄瓜的种植在当时尚不普及。汉代以后，黄瓜的种植普及开来，《齐民要术》中记载了详细的种"胡瓜法"。

苜蓿传为张骞从西域带回。秦汉时期，苜蓿兼具牲畜饲料和人食蔬菜的双重功能。《史记·大宛列传》云："（大宛）马嗜苜蓿。汉使取其实来，于是天子始种苜蓿、蒲陶肥饶地。及天马多，外国使来众，则离宫别观旁尽种蒲陶、苜蓿极望。"《四民月令》有正月和七月种植苜蓿的记录。可见，

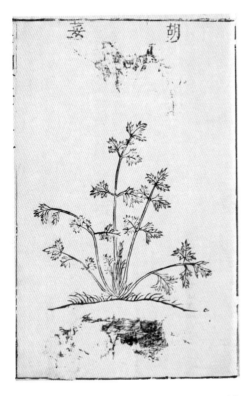

胡荽，出自明代王圻、王思义撰辑《三才图会》

苜蓿被引入的最初动机是为了饲养大宛良马，而非供人取食。后来，可能由于人们发现了苜蓿有益肾健体的功效，遂开始食用。《齐民要术》记载："（苜蓿）春初既中生啖，为羹甚香。长宜饲马，马尤嗜。此物长生，种者一劳永逸。都邑负郭，所宜种之。"意思是说苜蓿这种植物，初春嫩苗既可以生吃，做羹吃也很香。特别宜于饲马，马非常喜欢吃。这种植物寿命长，种一次，以后年年萌发新苗，一劳永逸。城市近郊地方，应该多种些。南朝梁人陶弘景云："长安中乃有苜蓿园，北人甚重之，江南不甚食之，以无味故也。"从这些材料可知，苜蓿在南北朝时期也可作为蔬菜食用，这一食俗显然是沿袭于汉的。

果香四溢

　　秦汉时期，由于西域和南方果品的传入和引种，果品的种类较此前增加了很多。当时的果类品种除已见于先秦文献的梨、栗、枣、杏、柿、李、桃、柰、棣、棠、梅、柑、橙、橘等外，始见于秦汉文献的有蒲陶（葡萄）、安石榴、胡桃（核桃）、枇杷、杨梅、荔枝、龙眼、橄榄等。这些新见品种大部分来自岭南热带和亚热带地区。考古发现的果品遗存也不少。湖南长沙马王堆轪侯夫人辛追墓中随葬有枣、砂梨、梅、杨梅等果品，墓主的食道和肠胃里则发现了138粒甜瓜子；江西南昌海昏侯刘贺墓中出土有板栗、荸荠、甜瓜等；湖南沅陵虎溪山沅陵侯吴阳墓的边箱出土较多水果，有桃、梨、梅等，并配有盛放水果的器皿；岭南地区南越国时期墓葬中发现很多人工栽培的瓜果，经鉴定有：柑橘、桃、李、荔枝、橄榄、甜瓜、木瓜、黄瓜、葫芦、梅、杨梅、酸枣等，反映出当地园圃业的兴盛。此外，山东临沂、江苏连云港、四川昭化和甘肃武威等地的西汉墓中均出土有枣子遗存；江苏连云港、湖北江陵和光化等地的西汉墓中，则发现过炭化的杏核和杏仁。

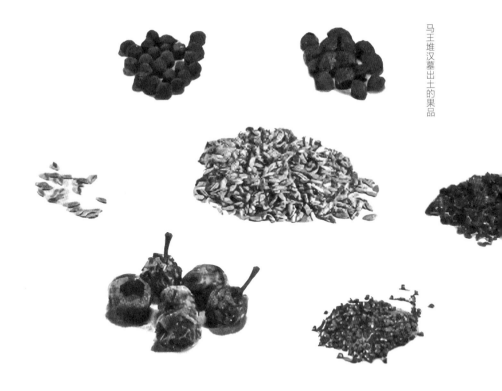

马王堆汉墓出土的果品

五果为助

　　枣、李、栗、杏、桃是当时最主要的五种果品，约
成书于东周战国时期的《灵枢经·五味》称其为五果，
五果味道各有不同："枣甘，李酸，栗咸，杏苦，桃辛。"
秦汉时期，已出现种植规模巨大的专业果品种植户，主
要分布在城郭周围，以便于售卖。《史记·货殖列传》：
"安邑千树枣，燕秦千树栗……此其人皆与千户侯等。"

中国是枣的原产地。汉代孔鲋编
著的《小尔雅·广物》谓"棘实谓之
枣",表示广义上棘实为枣。秦汉时
期,枣树的种植受到人们重视,遍布
南方和北方。王充将"树枣栗"的山
林视为"茂林"。据传世文献记载,
北方的长安、安邑等地以及江南地区
均有种植枣树的记录。汉代诸侯王大
墓经常出土大量的枣,如马王堆1号
汉墓出土枣近千枚,北京大葆台西汉
墓、广州南越王墓也曾出土枣的实物。
汉代枣的种类甚多,据《尔雅·释木》
记录,有壶枣、边要枣、白枣、齐枣、
大枣等十余种。

据《西京杂记》记载,汉代李的
品种有紫李、绿李、朱李、黄李、青
绮李、青房李、同心李、车下李、含
枝李、金枝李等十余种。"房陵缥李"
是名闻域内的优良品种。关于李的考
古发现有：江苏徐州小龟山楚王墓内
一水井中发现枣、酸枣、桃、梅、杏、
李六种果核,湖北云梦大坟头西汉初
年墓出土有甜瓜子、李子核,湖北江
陵凤凰山西汉墓出土的竹笼内盛有栗、

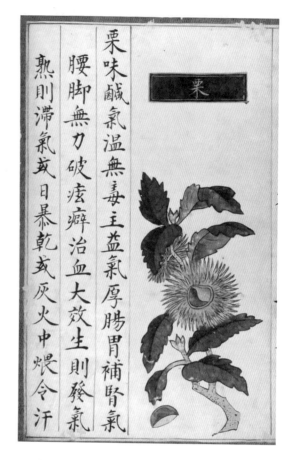

栗，出自明代宫廷写本《食物本草》

梅、李果核等。

秦汉时期栗的种植继承先秦的格局，关中和华北地区均是栗的重要产区。与此同时栗子的种植已向南方扩展。在南北方汉代墓葬中，如北京大葆台、河南永城黄土山、安徽六安双墩、湖北江陵凤凰山、湖南长沙砂子塘等墓葬中都出土有栗子实物，印证了文献的记录。

从世界范围看，尽管出产野杏的地域很广，但这种果树是由我国最先栽培出来的。先秦时期就不乏对"杏"的记载。唐代欧阳询等编纂的《艺文类聚》引《山海经》曰："灵山之下，其木多杏。"《太平御览》引《管子》曰："五沃之土，其木宜杏。"湖北光化和两广地区汉代墓葬均出土过杏核，可见，杏是当时常见的果类。

桃是水果中品质极高的一种，适于生食和加工，因此从古至今备受人们的喜爱。桃原产于我国雨量较少而阳光充足的山地。在陕、甘、藏等省区的高原地带曾发现过野生桃树。在河北藁城商代遗址中出土过桃核，《诗经》《尔雅》等古籍中均不乏对"桃"的记载。桃约在公元2世纪传入印度，后又从印度传入波斯，再传到欧洲大陆。

食甘嗅香

《韩非子》云："夫树柤、梨、橘、柚者，食之则甘，嗅之则香。"梨是北方的佳果，橘、柚则是南方的果品。

秦汉时期的梨是人工栽培的主要果品。《本草纲目》引《史记》记载，有些大的种植户在淮北、荥南、河济之间经营着有上千棵规模的梨树园，其收入可"与千户侯等"。这时还培育出了梨的一些优良品种，如魏文帝曹丕诏云"大如拳,甘如蜜,脆如菱"的真定御梨,以及《西京杂记》记载的上林苑中栽种的紫梨、青梨、大谷梨、细叶梨等。马王堆1号汉墓出土有砂梨。梨在秦汉时期饮食生活中出现得十分频繁,甚至用于形容老人的外形,如《释名·释长幼》云九十老人"或曰冻梨"。大概是由于老人的面相酷似冰冻的梨子。

战国大诗人屈原曾对橘树作出热情的讴歌:"后皇嘉树,橘来服兮。"不过当时在北方要吃到橘子是不容易的。汉代人杨孚在《异物志》中盛赞南越地区出产的橘子"皮既馨香,又有善味",但说"江南则有之,不生他所"并不确切,因为根据张衡《南都赋》的记载,东汉南阳地区即有大片的橘林。另外,汉末曹植的《橘赋》中称:"播万里而遥植,列铜雀之园庭。"河北南部都有橘子的种植,可见中原人士对"橘"并不陌生。橘之外又有枳,据说就是橘的变种,《周礼·考工记》云:"橘逾淮而北为枳……此地气然也。"又与橘相似而更大的,则有橙、柚。李时珍《本草纲目》云:"柚色油然,其状如卣(yǒu,古代口小腹大的盛酒器),故名。"《说文解字》"木部":"柚,条也,似橙而酢。"柚属之果实在口感上略逊于橙。

来自南越王的贡品

广东省广州象岗山南越文王赵眜的祖父赵佗原为秦末守将,在秦末分裂割据、火并争雄的情势下,割据岭南的赵佗,趁乱出击桂林、象郡,自立为南越武王,并于汉高祖三年(公元前204年)正式建立南越国,定都番禺(今属广州)。据史籍记载,南越王赵佗曾将岭南佳果——荔枝作为珍品

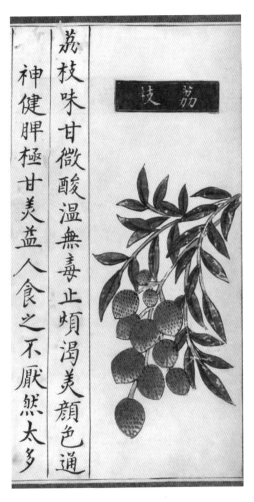

荔枝，出自明代宫廷写本《食物本草》

进贡给汉高祖。荔枝最先出于岭南地区，今天的两广佳荔仍然享誉全国。从汉代文献可知，荔枝在汉初就已经被当成殊方尤物来进贡。2004年，在南越国宫署遗址一口渗水砖井内浮选出四十多种植物种实，其中就包括荔枝。此外，广西合浦堂排2号汉墓出土的一口铜锅里也盛满了稻谷和荔枝。

为了能够享用到异地珍果，汉代最高统治者运用当时最高的技术手段和大量的人力，以移植和远途运输的双重方式来满足自己的需求。大规模的移植经营始于西汉中期。据《三辅黄图》记载，汉武帝于元鼎六年（公元前111年）在上林苑中修"扶荔宫"栽培荔枝，然南北异宜，水土不服，荔枝鲜有生者，即生亦无华实。故最高统治者放弃了移植的想法，改以长途运输。为了运输这些物品，汉代百姓承受了巨大的负担。《后汉书》记南海献龙眼、荔枝，"十里一置，五里一候，奔腾阻险，死者继路"。荔枝等珍果的进贡劳民伤财，直到东汉和帝时才下诏取消进献。

汉文帝的枇杷令

2004 年，湖北荆州纪南镇松柏 1 号墓出土了一枚重要的木牍，整理者将其定名为《孝文十年献枇杷令》。简文翻译如下：

> 令丙第九
>
> 丞相奏请：请命令西城、成固、南郑这三县每县献枇杷十筐，运往长安。如果有一县的枇杷不够十筐之数，让其他县补足其数，要把诸县所得都用尽。西城、成固、南郑这三县向皇帝所在的地方运送枇杷的时候，先告知所经过的县他们要使用的人数，以邮亭传驿的方式依次传送。如果所经过的县的人员不够用，也要以财力相助。
>
> ⋯⋯⋯⋯⋯⋯
>
> 御史向皇帝上奏，请求准许。
>
> 皇帝制曰：可以。
>
> 孝文皇帝十年六月甲申下发此令。

这是首次发现有关汉时地方向皇帝进献水果的运送方式的记录。牍中记录时代是"孝文皇帝十年"，即汉文帝前元十年（公元前 170 年）。地方向汉文帝进献的水果

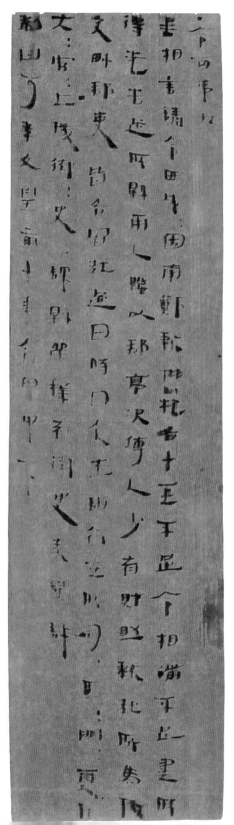

是枇杷。枇杷是常绿乔木，其叶四时不凋，这是与他果不同的地方，所以古来文人多赞叹其质同松竹，而医家亦推崇其宣肺止咳之功效。枇杷的原产地是中国南方，现能见到较早有关枇杷的记录为司马相如《上林赋》"枇杷橪柿"。简文中向皇帝进献枇杷的地方"西城""城固""南郑"在西汉皆属汉中郡。西城在今陕西安康、城固在今陕西城固、南郑在今陕西汉中。此三处在地理位置上属于亚热带，所以才会出产枇杷。而枇杷在秦岭以北的长安则无法结果，皇帝若想尝鲜，只能靠传驿的方式进行输送。这则材料对汉代官府运输流程、地理、农作物等方面的研究也有着突出的意义。

轪侯夫人的最爱

1972 年至 1974 年，马王堆汉墓的发掘是中国考古界乃至世界考古学界的一件大事，它的墓葬结构之复杂、规模之大、出土文物之多，皆让世人为之震惊。经考古学家确认，马王堆三座墓葬，1 号墓主是轪侯夫人辛追；2 号墓主是高祖时期长沙国的丞相，后被封为轪侯的利苍本人；3 号墓主则是他们的儿子利豨。马王堆汉墓的出土文物，为研究汉初经济和科学技术的发展，以及当时的历史、文化和社会生活等方面，提供了极为重要的实物资料，尤其是 1 号墓内轪侯夫人辛追的遗体更受到国内外科技界的广泛关注，被认为"创造了世界尸体保存记录中的奇迹"。更令人称奇的是，科学家们在解剖轪侯夫人遗体的时候，从她的食道、胃、肠里发现了多达 138 粒甜瓜子。数量惊人的甜瓜子足以表明这位夫人对甜果的热爱，而验尸报告证实轪侯夫人之死是因为急性胆绞痛诱发冠状动脉持续性收缩，加剧心肌缺氧，从而引发冠心病。从发现的未消化的甜瓜子来看，轪侯夫人应该是在食用甜瓜后不久死去。这不由得使人联想：是否这不好消化的甜瓜子就是轪侯夫人死亡的诱因呢？

无独有偶，"2015 年中国十大考古新发现"之一的江西南昌海昏侯墓的墓主刘贺似乎也与轪侯夫人有过相同的经历。刘贺是汉武帝刘彻之孙，昌邑哀王刘髆（bó）之子，西汉第九位皇帝，也是西汉历史上在位时间最短的皇帝（仅在位二十七天）。从帝到王再到侯，刘贺过山车般的政治生涯让人唏嘘不已。与轪侯夫人经历相似的是，在刘贺腐朽的尸体处，考古学家也发现不少被胃液侵蚀的甜瓜子。由此也能证明，海昏侯刘贺在去世之前，也曾大量吃过甜瓜，并在不久后一命呜呼。

甜瓜寒無毒少食止渴除煩熱利小便通三焦甕塞氣夏月不中暑氣薰主口鼻

云和飯弁鮓作鮓食亦益脾胃

甜瓜

　　疑似"夺命元凶"的甜瓜是古代的主要水果之一，其味道甘甜，食用方便，且生长期短。目前所见最早的甜瓜遗存是浙江吴兴钱山漾遗址出土的四千多年前的甜瓜子，江苏吴江县（今苏州市吴江区）龙南遗址也出土过甜瓜子，这说明甜瓜的种植至少始于四千多年前的新石器时代晚期。在湖南、湖北、江苏、广西的战国至汉代墓葬内，都发现过甜瓜子。其中，最有代表性的就是轪侯夫人食道和肠胃中所发现的，这些甜瓜子平均长7.1毫米、宽3.1毫米，经过切片在显微镜下观察，可以看到种子完好的胚根、胚轴、胚芽和子叶，甚至连细胞结构也清晰可见。经鉴定与今天栽培的甜瓜种子完全相同，实为研究汉代甜瓜品种的珍贵文物。

张骞的贡献

中国国家博物馆馆藏一枚出土于今陕西省城固县博望镇饶家营村的"博望□造"封泥。该封泥近方形，正面有阳文四字"博望□造"，字体在篆隶之间。背面有一不规则圆形的小凸凹，原应有鼻纽类的附着物。经专家确认，此枚封泥属于汉代历史上鼎鼎大名的外交家、冒险家——张骞。张骞（公元前？年—前114年），今陕西城固人。公元前139年，汉武帝欲联合大月氏共同抗击匈奴，张骞应募任使者，从长安出发，出陇西，经匈奴，被俘。后逃脱，西行至大宛，经康居，抵达大月氏，再至大夏，停留了一年多才返回。在归途中，张骞改从南道回到长安，向汉武帝详细报告了西域情况，武帝授其以太中大夫。这次出使虽然没有达到联手大月氏对抗匈奴的政治目的，但对于西域地区的地理、物产、风俗习惯有了比较详细的了解，为汉朝开辟通往中亚的交通要道提供了宝贵的资料。公元前119年，张骞第二次奉命出使西域，分别派遣副使持节到了大宛、康居、月氏、大夏等国。因张骞在西域地区颇有威信，后来汉所派遣的使者多称"博望侯"以取信于诸国。张骞两次出使西域，历时三十年，开拓了举世闻名的"丝绸之路"，被誉为"中国走向世界第一人"。

由于张骞的"凿空"，汉王朝与西域的关系正式开始确立，很多异域物产通过河西走廊涌入中原腹地。果品方面的引进，首推葡萄。葡萄在汉代文献中被写作"蒲陶""蒲萄"或"蒲桃"。据《史记》记载：大宛（在今乌兹别克斯坦的费尔干纳盆地）以葡萄为酒，"汉使取其实来"。司马相如《上林赋》写到上林苑移植有"樱桃、蒲陶"。据《汉书·匈奴传》，上林苑中有"蒲陶宫"，当因栽种葡萄而得名。据《三辅黄图》记载：蒲陶宫，在

上林苑西。汉哀帝元寿二年（公元前 1 年），匈奴单于来朝住在此宫。东汉时首都洛阳北宫正殿德阳殿北有濯龙苑，苑中种植有葡萄。

葡萄美观好看，在没有引种内地之前，已被作为一种新颖的装饰题材，用作器物上的纹饰图案。据考古发现，秦代咸阳宫殿遗址上有葡萄壁画。《西京杂记》记载：汉高祖刘邦送给南越赵佗的回礼为"蒲桃锦四匹"；汉武帝时，霍光妻赠送给淳于衍"蒲桃锦二十四匹"。

其实，在汉代引入大宛葡萄之前，我国原有一些本地的野生葡萄品种，如《诗经·豳风·七月》中提到"六月食郁及薁（yù）"，这里的薁指的就是野葡萄。据植物学家的研究，中国野生葡萄有二十多种，统称"山葡萄""刺葡萄"或"野葡萄"，分布很广。这种野生葡萄耐寒、耐旱、耐湿、耐低气压，生命力十分顽强，它们是古代重要的果品资源。古人将葡萄的外来品种与本地品种通过杂交培育出适合我国水土条件的优良品种，如龙眼、马乳、鸡心等，从而形成了我国葡萄的独特风味。东汉末年，曹丕就认为葡萄是"中国珍果",到了南北朝时期,据唐代段成式所撰《酉阳杂俎》记载,长安一带的葡萄已是"园种户植,接荫连架"了。

胡桃,即核桃,原产于波斯和阿富汗地区,汉通西域后传入中国。《西京杂记》记载,"初修上林苑,群臣远方各献名果异树",其中就有出自西域的"胡桃"。东汉杨孚在《异物志》中也提及胡桃。据《东观汉记》记载,"后汉有南宫、北宫、胡桃宫"。又《后汉书·南匈奴列传》记载,顺帝汉安二年(公元143年),汉朝送单于归,"诏太常、大鸿胪与诸国侍子于广阳城门外祖会,飨赐作乐,角抵百戏。顺帝幸胡桃宫临观之"。宫阙取名"胡桃宫",可以推测宫中栽种有胡桃树。东汉末年,胡桃已然成为亲友间馈赠的佳品。如孔融《与诸卿书》云:"先日多惠胡桃,深知笃意。"胡桃味甘,有补肾固精、温肺定喘、润肠之功效。但汉代的人已经知道多食胡桃,对身体有害,如东汉张仲景在《金匮要略》中说道:"胡桃不可多食,令人动痰饮。"

石榴原产波斯及印度西北部,汉晋人称之为"丹若"或"安石榴",关于它的记载最

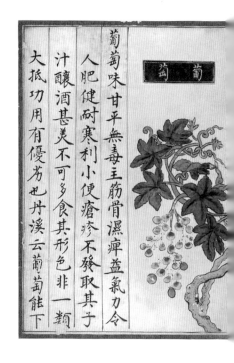

葡萄

葡萄味甘平無毒主筋骨濕痺益氣力令人肥健耐寒利小便瘡疹不發取其子汁釀酒甚美不可多食其形色非一類大抵功用有優劣也丹溪云葡萄能下

早见于东汉中叶李龙的《德阳殿赋》，赋中说德阳殿的庭院中"蒲桃安若，曼延蒙茏"。汉末就更多了，曹植的《弃妇诗》曰："石榴植前庭，绿叶摇缥青。"可见，东汉末年，石榴已进入寻常百姓家。至晋代，潘尼的《安石榴赋》中甚至称之为"天下之奇树，九州之名果"。北朝时更培育出了优质石榴，杨衒之在《洛阳伽蓝记》中说当时洛阳白马寺所产"白马甜榴，一实值牛"，可见其名贵程度。除了直接食用外，"安石榴"还用于烹饪。北朝贾思勰所著《齐民要术》不仅是一部农书，在中国古代饮食史上也占有重要地位。它详细记载了魏晋南北朝时期的食物原料以及各种主副食品的加工、烹饪方法，特别是一些少数民族肉食制作方法，体现出魏晋南北朝时期饮食文化胡汉融合的特征。如"胡羹"的制作以羊肉为主料，以葱头、胡荽、安石榴为调料，这些调料都是西域出产，是地道的西域风味。

过去有学者认为橄榄出自波斯，在汉代时从西域传入我国。但传世文献记载和考古发现都能证明橄榄并非舶来水果，而是地道的本地特产。橄榄原出岭南。《三辅黄图》云："汉武帝元鼎六年破南越，起扶荔宫，宫以荔枝得名，以植所得奇草异木……龙眼、荔枝、槟榔、橄榄、千岁子、甘橘皆百余本。"橄榄之名，大约亦如槟榔一样，为当时方音译称，并无实际意义。在广州西汉时期的墓葬中出土不少橄榄，有的还保存有果、核和橄榄叶。榄分为两种：一种是白榄，又称青榄或山榄；一种是乌榄。有的乌榄出土时外果皮及肉质尚存，其两端被切去，显然是准备浸制的。橄榄的出土，确证早在两千多年前岭南地区就普遍栽培并掌握浸制乌榄的技术了，因此，这种果品应是本地的土产，而非舶来品。

秦汉时期水果除鲜吃外，还可制成果酒、果脯、果糒（bèi）、果酢、果膏等。葡萄等水果还可以酿酒。汉代的葡萄酒，是张骞通西域以后，从西域长途贩运至内地，或是由来中原经商的西域人在内地酿制的。

《释名·释饮食》记载，将柰切成片晒干称作"柰脯"，将桃用水渍而藏之则为"桃滥"。此外还有"枣糒"。《四民月令》说四月"可作枣糒，以御宾客"。"枣糒"的制法是：先将米煮成熟烂的饭，晒干，经捣碎或磨碎之后，用筛子筛出细粉，再用蒸熟的枣泥拌和而成。史籍记载，汉文帝派人慰问生病的诸侯王时，所带的慰问品中即有枣糒。可见，枣糒是当时人们喜食的点心之一。

果酢即果酱的做法，主要见于南方地区。史籍中有将橙子皮制酱的记载，或是以橙制酱。《艺文类聚》载："魏文帝诏群臣曰，饮食一物，南方有橘酢，正裂人牙，时有甜耳。"想来两者味道应相差不远。此外，沅陵虎溪山汉简中还有"枣膏"的记载，果膏可能是一种更为黏稠的果酱。

秦汉时期的贵族对水果的食用十分讲究。史籍记载，夏季时，要把水果在流水中浸泡，使之凉透，而后进食，即魏文帝《与朝歌令吴质书》曰，"浮甘瓜于清泉，沉朱李于寒水"；冬季时，则将水果浸放在温水之中，先去其寒意，而后进食，如宋代《事类赋》载曹丕曾嘱咐曹植食用冬柰时要"温啖"。

沅陵虎溪山汉简中的"枣膏"字样

乳脂方酥

现代人说起"吃豆腐",指的是调戏、占别人便宜的贬低之意。但在古代,吃豆腐却是妙不可言的美事。古人对豆腐有很多赞颂。宋人苏轼赞豆腐是"煮豆作乳脂为酥",陆游《山庖》中有"旋压犁祁软胜酥"之言。元人郑允端有很著名的《豆腐诗》云:"种豆南山下,霜风老荚鲜。磨砻流玉乳,蒸煮结清泉。色比土酥净,香逾石髓坚。味之有余美,五食勿与传。"清人褚人获在《坚瓠集》中,评价豆腐有十德。

据说,康熙帝南巡驾临苏州时,临时驻跸织造府衙。由于旅途奔波劳累,康熙心火上升,不思茶饭。负责接待工作的江宁织造曹寅心急如焚,重金聘请得月楼名厨张东官亲自为康熙治膳。张东官使出浑身解数,采用各类时新果蔬做出色、香、味俱佳的珍馐美馔,其中一道佳肴名为"八宝豆腐羹",做法为:将虾仁、鸡肉等配料细切成丁,随同特制的嫩豆腐片,用浓鸡汤烹制而成。康熙品尝此菜,顿觉胃口大开,对此菜赞不绝口,久吃不厌。回京后,康熙仍对此菜十分偏爱,经常以此菜配方作为赏赐臣僚的宫廷珍品。

除了这道"八宝豆腐羹"外,古往今来,用豆腐制作的其他名肴多不胜

传得淮南术最佳。 母隽楠绘

数。 如宋代的 "东坡豆腐" "雪霞羹"，明代的 "五香豆腐"，清代的 "文思豆腐" "冻豆腐" "程立万豆腐" "连鱼豆腐" 等。 现代烹饪中豆腐制的菜肴品种更加丰富了，据学者统计，高明的厨师甚至可以做出数百品种的豆腐菜来。 作为一种营养价值丰富而又四时皆宜的食品，豆腐菜不仅出现在高级筵席上，也是普通家庭餐桌上的美食。

淮南王刘安的发明？

如今，豆腐的营养价值早已是举世闻名，它作为中华饮食文化的优秀代表，饮誉全世界。那么，那个为全世界带来"福音"的豆腐发明人究竟是谁呢？很多人都将这个功劳归于西汉淮南王刘安，如南宋理学大家朱熹《次刘秀野蔬食十三诗韵·豆腐》曰："种豆豆苗稀，力竭心已腐。早知淮王术，安坐获泉布。"后来李时珍著《本草纲目》，也沿袭了这个说法。刘安是汉高祖刘邦之孙，袭父封为"淮南王"。与很多汉代诸侯王纵情声色不同的是，刘安其人酷爱读书，精于乐理，一生好招揽宾客方术之士，曾聚集数千才子共同编写宣扬自然天道观的名著《淮南鸿烈》，即《淮南子》。流传最为广泛的版本是，刘安精研炼丹之术，他在安徽淮南八公山炼丹之闲无意中创制了豆腐。这种传说缺乏实质证据支持，更像是道家的附会。

一块引起争论的特殊画像石

1961 年，考古工作者在河南省密县（今新密市）打虎亭发掘了两座东汉时期的墓葬，两墓东西并列，相距三十米。根据墓葬规格判断，墓主的身份应都是当时的高级官吏。这两座墓葬中尤为值得关注的是 1 号墓葬（有人根据《水经注》记载，认为 1 号墓墓主为弘农太守张伯雅），因为在这座墓葬中发现了一块后来引起极大争论的特殊画像石，这块画像石位于 1 号墓东耳室南壁，考古学者们对此石争论的焦点在于其所表现的内容究竟是什么。1979 年，贾峨先生率先发文称此石刻图像表现的是一个豆腐作坊内豆腐加工场面，它证明了我国豆腐的制作不会晚于东汉末期。十二年之后，陈文华先生又发文支持了贾文的观点，并对此图进行了更深入的解读，他认为画面下栏的七个人正在进行的是磨浆、滤渣、点卤、挤压去除水分等一系列豆腐制作工序。1996 年，孙机先生相继发文称此幅图像并非"豆腐制作场面"，而是"酿酒场面"，表现的酘（dòu）米、下曲、搅拌和榨压的酿酒流程。那么，"制豆

河南省密县打虎亭汉墓壁画线图，出自孙机著《从历史中醒来》

腐说"和"酿酒说"的理据分别是什么呢?

　　仔细观察一下这块画像石,其构图分为上、中、下三栏。"制豆腐说"和"酿酒说"争论的焦点在于下栏左数第三人面前的圆台上究竟是石磨还是盆? 陈文华先生认为此物为石磨,指出:酿酒无须用磨,也不必滤渣和镇压,所以它与酿酒无关,同样也和制醋、制酱无关,而只能是和制豆腐有关。 陈先生提出此论的依据是《密县打虎亭汉墓》考古报告出版前他绘制的编号 2 线图,从此图看,此物确实是石磨。 该考古报告出版后,孙机先生对原拓片进行了加工,把斑驳不清的地子涂匀,将能看清楚的线条连接起来,结果还原出编号 1 线图,此图清楚显示这个所谓的"石磨"其实就是一个盆。 而仔细审视这幅图像,就会发现更多对于"制豆腐说"很不利的证据。 图像上栏显示:在一长几案上整齐地摆放着六个大酒瓮,这与成都曾家包画像石一排五个大酒瓮以及中国国家博物馆馆藏酿酒画像

1

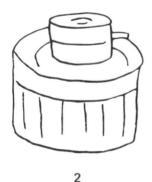

2

两种不同的线图: 盆? 磨?
出自孙机著《从历史中醒来》

101

砖所示的一排三个大酒瓮几乎如出一辙。酒瓮是贮酒之器，其中存放已酿好的酒。一幅制豆腐的图像出现六个大酒瓮明显说不过去。也许有人会说，这可能不是盛酒的酒瓮，只是普通储物的陶瓮呢？但当我们将目光转向第二栏，一切仿佛豁然开朗。只见第二栏几乎把汉代典型的酒器酒具全都刻画出来，如圆壶、钟、温（酝）酒樽、椑（扁壶状酒壶）等，此外，还有"疑似"的饮酒器——耳杯。而且，这些酒器酒具并非仅有一两件，画面中的圆壶（汉代最常见的贮酒器）就有十余个之多。众所周知，一整块汉画像石中的栏界画面表现的都是同一类的生活场景，出现这么多的酒器酒具，只能表示这块画像石表现的是与"酒"有关的画面，从三栏画面的逻辑关系看，孙机先生所持"此画像石表现了酿酒和为饮宴备酒场面"的观点是可信的。

至此，"石磨"的证据不攻自破，"制豆腐说"也无从谈起了。那么，即便是石刻图像所示的确为"石磨"，就能证明是用于制豆腐吗？这个说法恐怕也是站不住脚的。

"豆脯"不等于"豆腐"

居延新简有一则简文曰："杨子任取豆脯，直二十斛……杨子仲取胃，直四斛……"从内容看，这是一份边地戍卒领取食品的登记册，值得注意的是里面关于"豆脯"的记载，有学者根据这条简文判断，"豆脯"是汉代豆腐的称谓。如果是这样的话，岂不是又"实锤"了"汉代即有豆腐说"？其实，在此简问世前，就有以唐训方为代表的清代学者持此观点。"豆脯"指的是豆制品，这是毋庸置疑的，关键是"脯"为何物呢？《说文解字》"肉部"："脯，干肉也。"《释名·释饮食》："脯，搏也，干燥相搏著也。又曰脩。脩，缩也，干燥而缩也。"脯的制作是先把肉切成块，在水中煮熟，然后煨上姜、椒、盐、豉等调味料，晒干。

汉昭帝始元六年（公元前 81 年），史上著名的"盐铁会议"在京城长安隆重举行。会议的主题是检讨汉武帝一朝政策之得失。本次会议由丞相田千秋主持，御史大夫桑弘羊等丞相府、御史大夫寺的官员与会。此外，参会的还有来自民间的"贤良文学"代表六十余名。这些代表在一次发言中，盛赞古人生活之俭朴，痛斥时人衣食住行之奢侈。桓宽将他们的发言记录在《盐铁论·散不足》一篇中。以饮食为例，"贤良文学"说，古人吃的是黍稗野菜，除非来了贵客，否则基本不得肉食。及至汉代，已是"殽旅重叠，燔炙满案"，他们随口罗列的奢侈佳肴中，就包括"蹇（jiǎn）捕庸（胃）脯"一类。所谓"蹇捕"，指的是兔脯，而用动物的胃制作的脯名"胃脯"，也叫脘。胃脯是汉代人常食用的食品，《史记·货殖列传》载浊氏因贩卖胃脯而成为富人，马王堆汉墓遣策也有"濯牛胃"的记载。

汉代文献表明脯不仅可以用肉类制作，水果蔬菜等植物类食材均可制脯。据《释名·释饮食》记载，将柰切成片晒干称作"柰脯"；《齐民要术》中记载了"枣脯"的详细制法：切枣曝之干如脯也；《晋书》还记载有"瓠脯"。从这些记载可见，秦汉时期的蔬果除了可以鲜吃，还可以制成果脯食用。果脯保存时间长，是时人人际交往中的馈赠佳品。如《史记》记载，刘安的父亲第一代淮南王刘长生病时，作为兄长的汉文帝曾遣使者赠送"枣脯"等物品以示慰问；又如，《东观汉记》记载宦官孙程称"天子与我枣脯"。此外，史籍中还有"枣脯"等植物制脯品参与国家祭祀的记载。从上述材料来看，植物性"脯"的规格还是不低的。鉴于肉脯是将肉析分干制，植物脯品的做法大概也相仿。据彭卫先生推测，"豆脯"大概是将大豆烘干后磨粉制成的饼饵类食物，它与豆腐虽发音相近，但绝非一物。汉简中出现领取"豆脯"的记载是否与祭祀活动有关呢？秦汉时期举行着各种各样的祭祀，不仅有国家祭祀，还有县廷祭祀，乡里祭祀，就连边远之地的普通戍卒也会遵照礼制，行祭祀之事。河西汉简中多见"腊肉""腊钱"的记载，可见，边地戍所也是过腊日的。鉴于秦汉时期的祭祀活动如此频繁，所以领取"豆脯"用于祭祀应不足为奇。

喝得上豆浆，未必吃得上豆腐

汉代的石磨有磨粉用的和磨浆用的两种。一般而言，石磨多用于磨粉。其上扇磨面上有两个孔，常作半月形，向下缩小成椭圆孔，谷物从孔中流入磨齿间。上扇石磨边上有方榫眼，以备推磨时插入磨棍。 上下两磨扇之间则装短铁轴。1958年，河南洛阳烧沟汉墓出土了三个磨盘，应为这类磨粉的石磨。1968年，在河北满城中山靖王刘胜墓北耳室出土了一个圆形石磨和一个铜漏斗。 石磨原是置于漏斗中央的。 石磨分上下两扇，上扇表面中心作圆形凹槽，周边突起，当中有一道横梁，两侧各有一个长方形孔，底面满布圆窝状磨齿，中心稍内凹。 下扇磨齿亦为圆窝状，表面微隆起，中心有一圆形铁轴。 同出的铜漏斗上部大口，下腹收敛作小口，内壁平伸出四个支爪，两两相对，其跨度超过石磨直径，这说明四个支爪上原当置有承托石磨的木质器具。 磨出的浆液汇到漏孔流下，下有容器承接。 据专家分析，满城汉墓出土的这件石磨应该是磨米浆的湿磨。

　　汉代人饮用的饮料中，除酒之外，还有各种各样的浆，如蜜浆、果浆、米浆等。 米浆是用粟米或稻米汁制成的，有时也会掺入醋，应该是汉人喜爱的一种酸甜饮料。 既然粟米或稻米均可磨浆，磨制豆浆自然也不成问题了。但是，有了水磨，制得出豆浆，不代表能制成豆腐。 豆腐制作除了磨豆制浆外，还有技术要求较高的点浆以及使用石膏和盐卤等凝固剂的程序，从目前的资料来看，汉代尚无这方面技术的记载。 因此，汉代人想吃上豆腐尚不具备条件。

西汉石磨，现藏于河北博物院

缺失的文献记载

　　"汉代即有豆腐说"的最大疑点还在于文献记载的缺失。关于豆腐的起源，研究食品科技史的洪光住先生查了一大批自汉至唐的典籍，均未找到与之相关的记载。就目前所知，"豆腐"的最早文献记载出自五代末年陶谷的《清异录》。《清异录》是有关隋唐五代时期历史和社会生活的一部笔记。全书37门中，与饮食有关的共8门，即果、蔬、禽、兽、鱼、酒、茗、馔，计230余事，涉及饮食行业、饮食原料、烹饪技法等多方面。有些饮食材料为该书仅存，弥足珍贵。据该书记载：青阳丞时戢"洁己勤民，肉味不给，日市豆腐数个，邑人呼豆腐为'小宰羊'"。如果汉代真的发明了用于食用的豆腐，在肉食资源相对匮乏的秦汉时期，照理说这种造价便宜、营养丰富的食品应该很快进入人们的日常饮食生活中，不可能唐代以前的文献只字未提，反而经历千年后的文献才提及此事。再退一步说，即使是传世文献记载有缺失，为何出土简牍和画像砖石、壁画等图像资料上也没有记载和表现呢？

　　即便真如传说所言，作为炼丹家的刘安，在炼制长生不死药和进行动植物药理研究的过程中发现了豆乳可凝的特性，但刘安的发现没有转化为豆乳凝固技术并应用到豆腐的制作上，也是毫无意义的。换言之，如果这种发现没有与人们的饮食生活关联起来，发现只是"发现"，不可称之为"发明"！那么，豆腐究竟发明于何时呢？有学者把豆腐的发明时间定为有唐一代，这种观点应该是可信的，原因在于：其一，五代时已经有了人们食用豆腐的记载，说明当时豆腐的制作技术已经趋向成熟，而将这种技术的初级阶段定在五代不久前的唐代，是完全合理的。其二，日本人认为豆腐的制作技术是鉴真和尚传到日本的，但他们的文献并没有记载豆腐是刘安发明的，这说明日

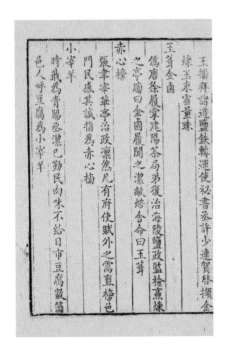

《清异录》中有关"豆腐"的记载

本人认为豆腐是唐人的创造，而非汉人。如果确如朱熹等学者所言，淮南王刘安是豆腐的发明者，擅长源流考证的日本人肯定会接受这一观点并把它写入文献中的。

要之，经过上述对文献及图像资料的考察，两千多年前的汉代人尽管可能已经喝上豆浆，但尚未掌握豆腐的制作技术，即他们仍没有口福吃到美味的豆腐。

作为人类最早提取的植物蛋白质，豆腐是中国人对人类文明的重要贡献之一，在中国乃至世界饮食史上都具有重大意义。一方面，它大大丰富了人类饮食的内容，为植物蛋白的利用开辟了广阔的前景。另一方面，它虽营养丰富、滋味鲜美，但是价格低廉，普通民众均可接受，因此颇受大众喜爱。除了食用价值外，据学者研究，豆腐还有清热、润燥、生津、解毒、宽肠、降浊等功用。古代有用醋煎白豆腐食用以治病的药方，据明末姚可成辑撰的《食物本草》记载，用热豆腐切片贴在醉酒之人身上，冷却后即换上热的，可以解酒。

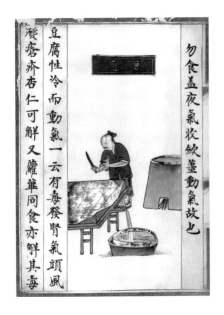

豆腐，出自明代宫廷写本《食物本草》

第二编　烹饪有术

从水火不容到水火相济

不知道大家有没有同样的感受，从小到大，不管是父母的唠叨、医生的叮嘱或是朋友的问候，都能总结成一句出场率最高的话——"多喝点热水！"在国人看来，仿佛一杯热水就能包治百病：咳嗽了喝热水，肚子疼喝热水，头疼喝热水，生理期来了喝热水……中国人对于热水的热爱，总是让外国友人瞠目结舌。或许大家也有过这样的经历，在外国餐厅跟服务员说我要一杯热水，他准会一脸无辜地看着你；如果外国友人来家里做客，我们恭敬地奉上一杯热水，相信他肯定也是一脸问号。因为在外国人的心中喝冰水才是正常的，为什么要喝热水呢？这样的饮食文化差异就像我们吃东西用筷子而他们习用刀叉一样俯拾即是。

中国人奉为圭臬（niè）的热水其实体现了两种最重要的物质——水和火的完美融合，它们相互作用、相辅相成，始终伴随着中华饮食文化的发展全历程。

先来看火。火的掌握和使用，是人类发展史上的一个里程碑，使人类从此结束了"茹毛饮血"的生活。由生食变为熟食，这是人类饮食史上的一次大飞跃，它不仅促进了人类大脑的发育和体质的发展，而且扩大了食料的范围和品种。由于熟食既可以杀菌，又可减少咀嚼的负担，将消化食物的过程大大缩短，所以人体能从食物中汲取更多的营养，促进大脑脑髓的发达以及自身体质的增强。对此，恩格斯曾有评价，"摩擦生火第一次使人支配了一种自然力，从而最终把人同动物界分开"，"甚至可以把这种发现看作人类历史的开端"。有了火以后，烹饪的主要条件就具备了。利用火烧烤出的鱼肉和兽肉，就是人类最早的菜肴。

再来看水。水和火一样都是对中国人至关重要的自然物质，但相对于水，西方人更亲近火。因此，在西方烹饪技法中，总是鲜少出现"水"的影子，其烹饪方法主要是烧、煎、烤、炸等与火息息相关的几种类型。而中国的烹饪则强调水和火共同的作用，并由此衍生出蒸、煮、炒、烩、炙、煎、熬、羹、炮、爆、脯、腊、醢等多达数十种技法，绝对的世界之最。

俗话说"水火不容"，水能灭火是人类的通识，但智慧的中国古代先民却在烹饪上实现了这对"冤家"的相辅相成，即所谓的"水火相济"。"水火相济"出自《周易·既济》中"水在火上，既济"的记载。水的天性是往下流，火的天性是往上升，古代先民很早就认识到这点，如《尚书·洪范》曰："水曰润下，火曰炎上。"中国烹饪却让水在上、火在下，这既违反但又利用了水火的天性，可谓中国人的伟大创造之一。热水的烧制其实就是水火相辅相成的典型代表。对水、火性质的充分掌握以及釜、鼎、鬲、甑（zèng，蒸器）等首批被发明出来的炊具决定了中华民族数千年来的烹饪技法以蒸、煮为主。蒸法是中国烹饪术所特有的技法。它的创立已有约万年的历史。西方古时烹饪无蒸法，直到现在也极少使用蒸法。众所周知，西方人在近代发明了蒸汽机，人类由此进入蒸汽时代，但是很少有人意识到，中国人利用蒸汽能的历史却远远早于西方，中国古代先民早在新石器时代即已进入了饮食史上的"蒸汽时代"。

深入研究饮食文化的学者高成鸢先生曾一针见血地指出：中国烹饪发展过程中经历了煮、蒸、炒三次飞跃。它们的共同本质都无非水火关系的调控。煮法的本质是水跟火的和谐共处，为了达到这个目的，必须让水、火之间有隔离，由此，远古时期的先民就发明了隔离水火的器具，名字还跟"隔"有关——鬲，这就是《文子·上德》中所谓的"水火相憎，鼎鬲在其间"；蒸法本质是水火的交融，原理是以汽为热的载体，相对于用鬲煮制的稀粥，用甑蒸出的干饭更能满足口腹之欲；炒法则利用高温油脂来传导热量以烹熟菜肴，煮、蒸技法的共同特点都是让水火互相隔离，而炒法则另辟蹊径，让两个"对头"直接相遇。与煮、蒸相比，炒法不能用于主食制作，独应用于菜肴烹制。而且，水火发生关系的时间很短。这恰好成就了炒法的突出优点：由于热量传导速度快而使菜肴保留了特殊的口感和水分，菜肴中的营养成分也较少受到高热的破坏。

秦汉时期，是中华饮食体系的奠基期。在这一时期，人们在制作谷物类食物时尤为强调熟食以及对谷物进行去糠的粗加工，并在这一饮食的基本原则指导下，进行多样化的主食食品的制作。踐碓（duì）、石磨等谷物加工工具的发明推广以及面食制作方式的输入，把米、麦的使用价值大大地提高了，中国饮食文化由"粒食文化"进入"粉食文化"，开启了小麦逐渐取代黍、粟主食地位的时代。当时，点心面食已大量增加，时人已经能够制作发酵面点；各种菜肴烹饪技法更加丰富多彩。中国传统的菜肴烹饪方法，除去炒法外，在秦汉时期均已出现。现有证据表明，中国烹饪技法的杰出代表、至今为中国人所独有的炒法在这一时期尚未出现，其原因可能与当时的食具特点（如釜、甑等只适合煮熬食物）以及植物类油料还没有进入饮食生活有关。尽管时人尚无口福吃上炒菜，但铁质炊具——铁锅的普遍使用，再加上植物油脂的成功提取，两者共同推动了"炒法"在南北朝时期的诞生。

中国传统思想在烹饪文化中有着深刻的反映和体现。古代许多思想家和政治家都善于运用烹饪之道阐发自己的政治见解或处世哲学。如伊尹谓治国如烹饪美味佳肴，"五味三材"的本初都是腥臊之物，完全依靠厨师的调和烹制而成。治国应像烹饪一样强调火候的把握，既不能操之过急，也不能松弛懈怠。晏子将对食物的调和提升到治理国家的高度。《晏子春秋》中记载道："先王之济五味和五声也，以平其心，成其政也。"意思是说先王治理国家如同烹饪中调剂酸、甜、苦、辣、咸五种味道一样，五味中和，方能使政事运作成功。老子也以烹饪活动为喻讲述治国之道，其所提出的"治大国若烹小鲜"是千古名言。"烹小鲜"的前提是熟知"小鲜"的特点，在此基础上控制火候，调和五味。治国也要掌握社会发展的客观规律，要有"治大国"的历史使命感与责任感，在充分了解国情、体察民意的基础上科学执政、合理施政。

秦汉时期，继承发展了先秦时期的饮食思想，将烹饪中的"五味调和"的思想上升到中华文化的高度。如岭南汉墓出土的陶五联罐以五个三足小罐连缀组成，轻巧别致，用来盛干果或调味料。如果是用来盛调味料的，推想常用的烹调用料至少有五种之多，这与"五味"相应，体现了中华文化中"和"的思想。"五味调和"是水火合作的硕果，实现了"水火相成"。这也被当作一种模式，推广到事物的一般变化中去，例如汉代学者班固总结先秦的百家争鸣，就指出：不同派别的言论即便是对立的，实际上也会合作，就像水火一样相灭相生、相反相成。

总之，秦汉时期的粮食加工、面点制作、菜肴烹调方法等都奠定了影响后世两千多年的基本烹饪风格，这一时期是中国古代烹饪发展史上极为重要的环节。少数民族烹饪方法也在传播过程中不断与中原烹饪技法互相吸收，融会贯通。秦汉时期的饮食思想高度较此前有了更大的提升，"五味调和""和而不同""水火相济"等从烹饪活动中衍生出来的饮食思想上升到了哲学高度，并对中华特色文化的形成有着巨大的作用。

天子爱饼

汉宣帝像，出自明代王圻、王思义
撰辑《三才图会》

　　中国古代各行各业都有神的崇拜，饮食业自然也有"厨神"。传说中古代的厨神有五位，大家比较熟悉的有四位："以滋味说汤"的伊尹，"创制雉羹"的彭祖，"烹子献齐桓公"的易牙，"隋文帝的御厨"詹王。最后一位厨师的身份比较特殊，居然是著名的西汉"中兴之主"汉宣帝刘询。

　　汉宣帝原名刘病已，后改名刘询，他的曾祖父是汉武帝刘彻，祖父是戾太子据。汉武帝晚年，与戾太子据有隙的江充构陷太子使用巫蛊之术谋害武帝，太子刘据因极度畏惧而起兵捕杀江充，后失败自杀，这就是历史上著名的"巫蛊之乱"。在"巫蛊之乱"中，刘询的父母均被杀，刘询也因此隐姓埋名藏于民间。《汉书·宣帝纪》记载这位皇帝幼时因巫蛊之祸蒙难，年长后"喜游侠……数上下诸陵，周遍三辅"。传说，宣帝在落难时，非常喜欢吃饼，经常自己去饼铺买饼。他每到一个饼铺买饼，这个饼铺的生意就特别好。后来，大将军霍光废掉昌邑王刘贺，迎立他当皇帝后，关中的面点师竟然开始奉他为祖师，称其为"饼师神"。

其实，汉代爱吃饼的天子远不止宣帝一位。史籍记载，光武帝刘秀在潦倒之际，得到地方官员樊晔赠送的一笥"饼"果腹。光武帝刘秀对饼的美妙滋味念念不忘，登上帝位后，重重赏赐了樊晔。东汉灵帝刘宏治国无方，贪图享乐，对"胡饭""胡饼"等胡食有特别的嗜好，是一个地道的"胡食天子"。京师贵戚也都学着他的样子，一时"胡食"蔚为风气。还有另一位喜欢饼食的汉代皇帝，却因此吃饼的爱好而灾祸临头，他就是东汉质帝刘缵。汉冲帝去世后，把持朝政的外戚梁冀认为刘缵年幼，在政治上容易控制，于是就拥立刘缵称帝，是为质帝。刘缵继承皇位后，梁冀更加专横跋扈，为所欲为。对此，年仅八岁的刘缵十分不满。一次，他当着群臣的面称梁冀为"跋扈将军"，这彻底激怒了梁冀。梁冀觉得刘缵年纪虽小，但聪慧早熟，将来很可能联合朝臣来对付自己，于是有了杀害刘缵的想法。公元146年，他让安插在刘缵身边的亲信暗中把毒药掺在刘缵最爱食用的煮饼中，刘缵吃了毒饼后，腹中剧痛，但梁冀又不让他喝水，于是刘缵一命呜呼，成了东汉王朝在位时间最短的皇帝。

汉代天子对饼的热爱可谓是根深蒂固。值得一提的是，在汉代，饼是一切面制品的通称，所以《释名》中先有"饼，并也。溲面使合并也"之语，接着分述了其他多种具体的饼的品种，如胡饼（从胡地而来的饼，类似今日的芝麻烧饼）、汤饼（未经发酵的死面蒸饼放在水中煮成）、蝎饼（蜜、红枣汁或牛羊乳脂和面制成）、髓饼（用动物骨髓、蜂蜜和面制成）、索饼

（类似今日的挂面）等。饼在不同的地区又有异名，正如《方言》所述："饼谓之饦（tuō），或谓之帐（zhāng），或谓之馄。"与饼类似的是饵，又名"糕""粉饼"等。扬雄《方言》曰："饵，谓之糕。"刘熙《释名》云："饵，而也，相黏而也。"饼、饵的区别在于制作原料。用去麸的麦粉黏合蒸熟的食品称作"饼"，用米粉黏合蒸熟的食品称作"饵"。秦汉时期，人们食用的主食面点除了饼、饵之外，尚有饭类（干饭和麦饭）、粥食、点心。

宠妃变身舂米囚

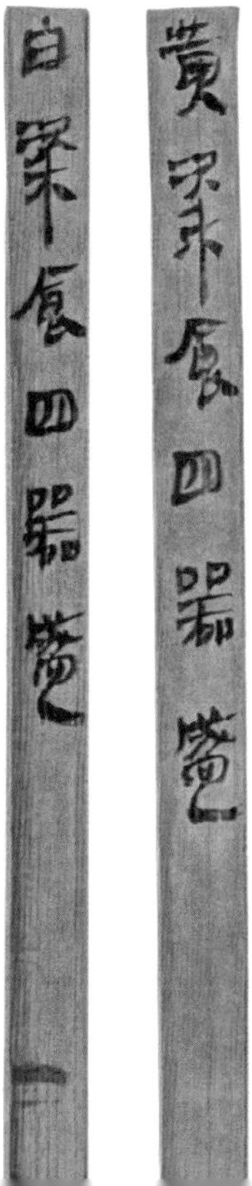

要想吃到美味的饼、饵，首先要对谷物原粮进行精细加工，如去秕、脱壳、磨粉等。秦汉时期，人们已经掌握把谷物磨成粉末或舂成粉末的技术。洛阳汉墓陶仓上有"大麦屑"题字，说明麦屑已从麦粉中析出，移作他用。马王堆汉墓遣策记载了用白米面、黄米面做成的"白粲食""黄粲食"等食品。当时常见的谷物加工工具有杵臼、践碓、风车、石磨等。

最古老的脱壳用具是木杵地臼。《周易·系

马王堆汉墓遣策中的「白粲食」「黄粲食」字样

辞》："断木为杵，掘地为臼。"在河南、安徽、江苏等地均曾发现汉代的石臼。杵臼舂米劳动强度大，效率低下。至迟从秦代起，舂米就是罪犯服役的方式之一。传世和出土文献记载，秦代与舂米有关的徒刑有：城旦舂，四岁刑。白粲，三岁刑。睡虎地秦简《司空律》记载，城旦舂身穿红色囚服，头盖红色毡巾，施加木械、黑索和胫钳。汉高祖刘邦的宠妃戚夫人也曾经作为女囚从事过舂米的工作。公元前195年，汉高祖刘邦去世，吕后的儿子——太子刘盈即位，是为汉惠帝。由于戚夫人在刘邦生前倍受宠爱，刘邦甚至一度想废掉太子刘盈，改立戚夫人的儿子刘如意为太子，因此吕后对戚夫人极为嫉恨。刘邦去世后，吕后开始疯狂地报复戚夫人，将她剃去头发，戴上枷锁，穿上赭色衣，一如囚徒，天天让她去舂米。戚夫人悲从中来，边舂米边唱悲歌曰："子为王，母为虏。终日舂薄暮，常与死为伍。相离三千里，当谁使告女？"此歌传到吕后耳朵里，吕后大怒，立刻鸩杀赵王刘如意。戚夫人则被剁去四肢，挖去双眼，熏聋耳朵，弄哑了喉咙，扔进猪圈，成为恐怖的"人彘"。

碓和扇车是比杵臼更先进的粮食加工工具。据孙机先生研究，碓的发明时间大约在西汉，其工作原理与杵臼同，只是用足踏代替了手杵，不仅省力，而且工作效率也得到大幅提高。因为是用足踏，所以这种碓又名践碓。东汉桓谭《新论·离事》云："宓牺之制杵臼，万民

东汉舂臼女俑，现藏于中国国家博物馆

以济。及后世加巧，因延力借身重以践碓，而利十倍杵舂。"中国国家博物馆馆藏四川地区出土的践碓舂米画像砖显示：践碓的结构是利用杠杆原理将一根长杆连在木架上，杆的一端装着碓头，下面置一石臼，人踩踏杆的另一端，碓头翘起，脚一松，碓头落下舂打臼中的谷米。除人力踏碓外，还有畜力碓和水碓。《新论》中接着说："又复设机关，用驴骡牛马及役水而舂，其利乃且百倍。"《后汉书·西羌传》记载西羌"因渠以溉，水舂河漕。用功省少，而军粮饶足"。《太平御览》载："孔融《肉刑论》曰，贤者所制或逾圣人，水碓之巧胜于断木掘地。"与人力碓和畜力碓相比，水碓的优势特别明显：能够循环再生，用之不竭，堪称古代最经济实用的农具之一了。

汉代践碓舂米画像砖，现藏于中国国家博物馆

英国科学史专家李约瑟曾指出："风扇车是中国传向西方的重要机械和技术发明之一。"先秦时期，清除谷中杂质和秕谷的方法中，最重要的是簸法。簸法利用的是间断人造风，用的工具是簸箕。秦汉时期，传世文献中出现"扬法""扇车"的记载。《急就篇》载"碓硙扇隤（tuí）舂簸扬"，颜师古注曰："扇，扇车也。隤，扇车之道也，隤字或作隤，隤之言坠也。言即扇之，且令坠下也。舂则簸之扬之，所以除糠秕也。"扬法利用的是自然风，用的工具是飏篮。秦汉先民还在实践中发明了更为先进的谷物加工机械用具——风扇车。风扇车由机体、风箱、叶轮、手柄、曲轴、高槛和出料口等部件组成，使用原理为利用连续转动轮形风扇鼓动空气（连续的人造风），分开轻重不同的籽粒，扇去谷糠。河南济源、南阳，山西芮城等地汉墓中均曾发现过风扇车明器，这表明当时风扇车在我国黄河中下游地区已被普遍使用。值得注意的是，像水碓、扇车这类先进的谷物加工工具，主要流行于黄河流域和长江流域的中下游地区，其他地区恐怕还没有使用或很少使用。据著名考古学家黄展岳先生统计，广州发掘的四百多座汉墓表明，岭南地区终汉代之世，谷物脱壳只知用杵臼，去秕只知用簸箕扬法，其他边远地区大体上都停留在这个水平。

重罗之面，尘飞雪白

谷物加工的另一项重要成就是石磨的推广。小麦磨粉还须用石磨。大石磨的出现及使用，使小麦的食用品质大大改善。而人们也告别了小麦的"粒食"时代，进入"粉食"生活。我国的石磨最早出现于战国后期。在河北、陕西、河南、山东、江苏、辽宁等地汉墓均发现了石磨实物或明器。湖南长沙阿弥岭汉墓所出滑石明器磨上刻有"磨"字。很多汉代墓葬中，磨和灶、猪圈的模型成为主要陪葬明器，可见当时人们已经把它作为日常生活必不可少的工具。此外，至迟在汉武帝时出现了大型畜力磨，河北满城中山靖王刘胜墓北耳室出土了大型石转磨，磨旁有马类动物骸骨。此外，汉代画像砖石上也曾发现推砻磨的画面。磨的磨齿也由凹坑形磨齿向辐射状磨齿转变，使得研磨出的谷物粉质更加细腻。石磨等工具的改进，为面粉的大量生产和充分利用提供了方便。

面粉磨出后，还必须把面粉与麦麸皮分开。这就需要另外的工具——罗。汉代已有类似的筛粉工具。而在晋代，罗已广泛使用。晋人束皙《饼赋》云："重罗之面，尘飞雪白。"意即用"罗"筛了两次的面粉，质地细如尘，白如雪。《齐民要术》还有"绢罗之""细绢筛"的记载，用这种罗可以筛出质地更为细腻的面粉、米粉，这也为面点制作提供了优质原料。

除了可以加工出细腻的面粉、米粉外，秦汉时期主食制作所需的辅料、调料均出现了不少新品种。其一，受游牧民族饮食习惯的影响，牛、羊乳及其制品已用于面点制作之中。其二，应用于面点中的调味品也非常丰富，除了常见的盐、酱、饴、蜜、姜、葱、蓼、蒜、桂皮、花椒、茱萸等，还有动物油脂以及从西域输入的胡椒、胡芹、胡荽等等，这些调味品赋予了各种面点不同的美妙滋味。

高达十层的蒸笼

晋人束晳《饼赋》中描写客人们吃点心时有"三笼之后，转更有次"之语。意思是开始吃点心时，秩序较乱，吃完三笼点心后，方才变得有秩序起来。可见，点心的诱惑力实在无法阻挡，让一众食客都罔顾饮食礼仪了。而《饼赋》中提到的"笼"指的就是蒸笼。无独有偶，我们在河南密县打虎亭东汉墓的画像石中看到了汉代蒸笼的图像。这是一个由十层矮屉叠合而成的大蒸笼。蒸笼的出现，在中国面点发展史上具有重要的意义。

汉代蒸笼线图，出自孙机著《中国古代物质文化》

除了蒸笼外，秦汉时期的面食制作工具还有烤炉、铛、铁釜等。《齐民要术·饼法》"髓饼"条记载了"髓饼"的制法：髓饼制成形后，"便着胡饼炉中，令熟。勿令反覆"。可知这里的"胡饼炉"为一种烤炉。"胡饼炉"的具体形状已不可考。"胡饼炉"虽然出现在《齐民要术》中，但众所周知，胡饼在东汉时已较流行，故胡饼炉大约在东汉时已经出现。铛指平底锅，早在新石器时代仰韶文化遗址就曾经出土过类似铛的炊具，称为"陶鏊"，这是最原始的烙饼工具。今天仍流行于北方地区的烙饼就是这一工艺的遗风。平底铛的出现，为烙饼、油煎饼提供了极大的便利，《齐民要术》中记有在铛中油煎饼之事。我国在先秦时期已能炼铁。但铁制品大多为农具或兵器。汉代时随着冶铁业的发展，出现了耐高温、传热快的铁质釜，釜的腹部也更加鼓圆。魏晋南北朝时，铁釜的使用范围更加广泛。《齐民要术》中曾对如何挑选优质铁釜有过记载：要购买那种用最初熔成的铁汁铸成的釜，由这种铁制成的釜既轻便，又不会变色，且烧熟食物的速度很快，又可节约燃料。从这段记载可知，当时北方的一些地区已有多处售卖铁釜的店铺，铁釜在日常烹饪中的使用非常普及。质量上乘的铁釜对于面点和菜肴的制作都具有重要意义。

行旅必备干饭

秦汉时期的饭食种类主要有干饭、粟饭、粱饭、稻米饭、麦饭等品类。"吃干饭"在现代词汇中可是一个不折不扣的贬义词，用来比喻光吃饭不做事的人或无能之辈。可是，秦汉时期的人们，尤其是行旅之人却是经常"吃干饭"。

干饭，又称为"糒"。《说文解字》曰："糒，干也。"《释名》云："干饭，饭而暴干之也。"意即"干饭"是将蒸熟的饭散摊于日光下曝晒而成的干燥饭粒。汉代时，粟、麦、稻均可制糒。汉代行军作战，多携糒充饥，如《史记·大宛列传》："益发戍甲卒十八万，酒泉、张掖北，置居延、休屠以卫酒泉，而发天下七科谪，及载糒给贰师。"糒也是河西屯戍吏卒最重要的食用粮之一。在居延新简的一则粮食登记簿上，记载了"米糒"的数量有230多石。有的非行伍之士在日常饮食生活中也有食糒的习惯，如唐代《北堂书钞》中记："谢承《后汉书》云，沈景为河间相，恒食干糒。"

米糒之外，还有枣糒，见于《四民月令》，为枣泥掺和米粉制成的干粮。《齐民要术》记载了"枣糒"的制法：先将米煮成熟烂的饭，经晒干，捣碎或磨碎之后，用筛子筛出细粉，再用蒸熟的枣泥拌和而成，实际为一款米粉枣泥点心。

与"糒"类似的干饭还有"糗（qiǔ）"，《周礼》郑司农注："糗，熬大豆与米也。"在汉代，"糒""糗"可通用，如《太平御览》引《东观汉记》曰："严尤击江贼，世祖奉糗一斛。"《后汉书》记载，陇西军阀隗嚣兵败逃走时，即以糗为食。"糒""糗"并非即食品，食用时需要将其投入水中，称为"飧"。《释名》曰："飧，散也，投水于中解散也。"

"糒""糗"等干饭作为主食，有着食用简便、容易保存、便于携带的诸多优点，因此，成为秦汉时期行旅之人必备的主食制品。但它们同时也有明显的局限性，表现在口感差、不易消化，因此老人和儿童很少食用这类食品。

除了"干饭"，汉代人还食用粟饭、粱饭、稻米饭、麦饭等。《西京杂记》记载了这样一则故事：西汉大儒公孙弘做了丞相后，以前的故友前去拜访，公孙弘给他吃脱粟饭，盖布缝的被子。这位故友非常不满，逢人便说公孙丞相里面穿着华贵的衣服，外面套上一件粗麻布衣，在家里偷偷地大吃大喝，表面上却只吃脱粟饭。于是，朝野上下纷纷怀疑公孙弘是虚伪狡诈之人，公孙弘因此发出"宁逢恶宾，不逢故人"的感叹。《史记索引》注"脱粟"曰："才脱谷而已，言不精凿也。"

由于粱是粟中的优良品种，所以粱饭的地位较高，因此社会上层人士常食粱饭。稻米饭在黄河中游地区的地位也较高，当时有一种稻米饭，称之为"馓"，"馓之言散也，熬稻米饭，使发散也"（《急就篇》）。在所有的饭中，麦饭的地位较低，是下层百姓常食之品，前文曾提及，在此不加赘述。

羹颉侯的由来

《汉书》中记载了这样一则故事：刘邦的大哥刘伯早死，只留下妻子与儿子刘信相依为命。刘邦经常到大嫂家蹭饭，有时还带着狐朋狗友一块去。时间一长，大嫂不高兴了。一日，刘邦和他的朋友刚进门，大嫂就故意用勺子把锅底刮得噌噌响，意思是没饭了！可刘邦上前一看，锅里明明还有很多粥。大嫂此举，可谓让刘邦颜面尽失。刘邦登基称帝后，几乎将自己的亲眷封了个遍，唯独不愿封大嫂的儿子刘信，后来经过刘太公的一再劝说，才不情不愿地给侄儿封了一个侯爵，并赐名"羹颉侯"以示羞辱，算是报了当年嫂子不给饭吃之仇！从这则故事可见，粥食是当时平民百姓家的常见主食。

"粥"篆书

粥羹类食品取材范围很广。粟、麦、稻、豆等均可做粥。根据粥的浓度、材料又有羹、糜、粥之称。《释名》云："羹，汪也，汁汪郎也"；"糜，煮米使糜烂也"；"粥，濯于糜，粥粥然也"。由这些记载可知粥的质地最为浓稠。

古代先民在食用粟、稻、麦等谷物时，主要是用石磨盘脱壳后粒食，或是用臼春捣，脱壳后粒食。其烹饪方法大抵是烤、煮。所谓的"烤"就是指在石板上（加热）烤谷物，即所谓"石烹"。后来，随着陶器的出现，先民们开始用陶罐、陶釜、陶鬲等加水煮谷物，于是"粥"食就出现了。

"粥"的篆字："米"字下面一个鬲，两边的"弓"，表现的是水汽弯弯曲曲的形状。粥煮熟了，打开盖子，鬲里的高压水蒸气腾空而起。由于粥具有促消化的优势，尤其适合消化功能不足的老人和孩子。粥是普通百姓日常饮食的必备品。少数的官僚、贵族为示节俭，也以吃粥为荣。

分一杯羹

楚汉战争时，楚军曾攻取汉高祖刘邦的家乡沛县，刘太公在逃跑途中被楚军所俘，项羽威胁刘邦说："现在你不赶快投降，我就烹了你的父亲。"刘邦却说："我与你项羽曾经在楚怀王（此指楚怀王的孙子熊心，仍称怀王）面前约为兄弟。我的父亲便如同你的父亲一样，你一定要烹煮你我共同的父亲，到时请分给我一杯肉羹。"

羹是流质的肉汤，也是古代菜肴的前身。著名人类学家、考古学家张光直先生曾指出：由于羹的出现，"便有了狭义之食（谷类食物）与菜肴之对立"。中华饮食文化中饭、菜的对立格局由是形成。

传说羹是黄帝创造的，可能羹就是紧随着陶器的发明而出现。最早的羹，是"大羹"。《仪礼·士昏礼》记载，大羹要放在食器中温食，又说大羹温而不调和五味，即大羹是一种没有任何调味料的温肉汁。大羹被视为"食饮之本"，后世的祭祀活动也一直坚持使用大羹作为祭品，大概是为了让人们回忆起饮食的本始，同时也是为了以朴素之物奉献于神明，以期得到神明的欢心。招待宾客使用大羹，则是将大羹视为规格最高、极为尊贵的馔品，亦有"怀古"之意。

彭祖五味调羹

有了盐以后，人们开始在羹中施以"盐、梅"才使得羹有了些许味道。以五味调羹，据说是中国历史上最长寿的人——彭祖的创造。传说中，彭祖有两个身份：一是"养生达人"，二是尧帝的厨师。尧帝在位时期，中原地区洪水泛滥成灾。作为治水首领，尧帝由于长期操劳治水事宜，最终积劳成疾，卧病在床，生命垂危。就在这危急关头，彭祖根据自己的养生之道，以五味烹调出了雉（野鸡）羹，献于尧帝。此后尧帝每日必食此羹，身体愈发健壮，百病不生。彭祖五味调羹以后，羹的含义就成了五味之和。

羹的做法，一般是以各种肉或鱼为主料，再加入一点谷物或蔬菜。比如，羹在先秦时，写作"爨（cuàn）"，底部是鼎脚形，鼎内有碎米之象。《仪礼·公食大夫礼》中记录了肉羹与蔬菜的搭配方法：牛、羊、猪三种肉，牛羹宜配藿叶（豆叶），羊羹宜配苦菜，猪肉羹宜配薇菜。《礼记·内则》中还记有各种羹配各种饭食。如雉（野鸡肉）羹宜配菰米饭，脯（干肉）羹和鸡羹宜配麦饭，犬羹、兔羹宜配稻米饭。羹品主料、配料的搭配原则，是以凉性的菜调和温热的肉。羹与粮食的搭配，也是以调和为原则。

先秦时期，人们吃羹有各种讲究。如前所述，吃羹时边上要摆上盐、梅。虽然此时的羹已是调好滋味的，为了照顾客人的口味，必须将调味品摆放在羹汤之旁，以备拿取。调味品的摆取

彭祖

也有规矩，必须"执之以右，居之于左"，即一定要摆在羹的左边，要用右手拿。此外，喝羹也有禁忌。《礼记》规定："毋嚃（tā）羹。""嚃"是不慢慢咀嚼羹中的菜品而狼吞虎咽的意思。

汉代的羹品

在油炒方法没有推行的秦汉时期，人们享用的美味多半是由羹法得到的。羹，又称"臛"，是秦汉时期人们经常食用的菜肴之一。马王堆汉墓遣策记载的羹品有二十余种；东汉灵帝时太尉刘宽夫人在丈夫朝会前，"使侍婢奉肉羹"（《东观汉记》）；北朝贾思勰之《齐民要术》有专门的一篇"作羹臛"，其中记载的羹品也有二十余种。虽然《齐民要术》为南北朝时期的著作，但其所记载的制羹法与秦汉时期差异不大。

秦汉时期各种羹品从食材原料看，主要可以分为三大类：其一，不添加任何蔬菜的纯肉羹。传世和出土文献记载的纯肉羹种类十分丰富，如《盐铁论·散不足》载有"雁羹"；傅毅《七激》载有"凫鸿之羹"；王粲《七释》载有"鼋羹"，鼋是鳖类中最大的一种，其外形可参考中国国家博物馆馆藏的青铜器精品"作册般鼋"。马王堆汉墓出土的遣策记载有纯牛肉羹、纯羊肉羹、纯犬肉羹、纯猪肉羹、纯野鸭肉羹、纯鸭肉羹、纯鸡肉羹、纯鹿肉羹等。湖南沅陵虎溪山汉简《美食方》中则有"马肉羹"和"鹄羹"的记载。其二，肉与粮食混合熬制的羹。马王堆汉墓出土的遣策记载有"牛白羹"（牛肉与稻米熬制的羹品）、"鹿肉芋白羹"（鹿肉与芋、稻米熬制的羹品）、"小叔（菽）鹿荔（胁）白羹"（鹿肋骨与小豆、稻米熬制的羹品）、鰿白羹（鲫鱼与稻米熬制的羹）；《齐民要术》所记的羹臛法，基本也都要加谷米。其三，肉与蔬菜混合熬制的羹。马王堆遣策载有"狗巾羹""雁巾羹"等，此二羹品即为狗肉、雁分别与芹菜混合熬成的羹。另有"鰿禺（藕）肉巾羹"，即鲫鱼与藕片、芹菜混合熬制的羹。还有"牛封羹""豕逢羹""狗苦羹"等，"封"即为芜菁，"逢"大约是蒿类蔬菜，苦即苦菜，这三类羹品即是牛、猪、狗与芜菁、蒿类蔬菜和苦菜混合熬制的羹。

从上述对秦汉时期羹品的盘点中，可以发现这一时期的羹品所用的食材非常丰富，而且是黏稠的肉粥类，这与我们今天所喝的较稀的羹汤（尤其是纯菜汤）有本质不同。正如高成鸢先生所言，羹的发展是从纯肉一步步变成无肉。唐代诗人王建《新嫁娘》云："三日入厨下，洗手作羹汤。未谙姑食性，先遣小姑尝。"大意是新媳妇三朝下厨房，洗手亲自烹煮羹汤。因为摸不清婆婆的口味，所以做好后先给小姑子尝尝。羹、汤连用，说明唐朝的羹已经跟今日的汤羹在浓度上差不多了。

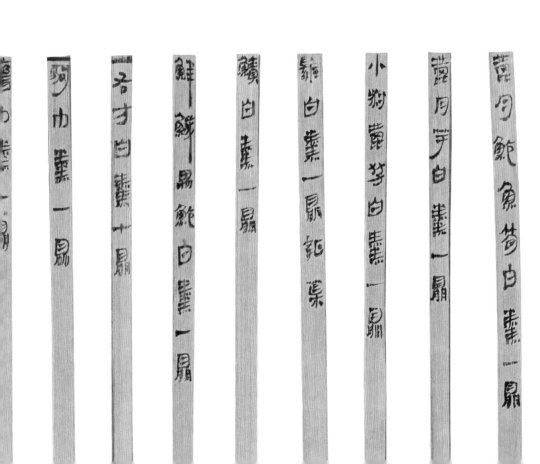

养老慰问品为何是"糜粥"

1959 年在甘肃武威磨咀子汉墓发现木简十枚,称为"王杖十简"。经整理研究,木简内容为西汉宣帝、成帝时关于"年七十受王杖"的两份诏书和受杖老人受辱之后裁决犯罪者的规定。简中记载了受王杖者虽无官爵,其地位亦相当于六百石官;其持王杖若天子使者持节,可出入官府,行走于驰道;殴辱杖主按大逆不道论罪;市场买卖,持杖者不缴纳税赋。

何为"王杖"?将鸠鸟作为杖首,即把鸠鸟形象雕刻于手杖的顶端,这样的手杖称为鸠杖,又称王杖。王杖是汉代政府授予年长者的官方凭证,以示尊老之礼,用以引导社会建立起尊老风尚。《风俗通》《论衡》《后汉书·礼仪志》等文献中都有关于汉廷赐鸠杖以示尊老的记载。

西汉铜鸠杖首,现藏于河北博物院

汉代鸠杖的出土实物多为铜质、木质，这些鸠杖的制作工艺存在身份等级差异。甘肃磨咀子、五坝山、旱滩坡等地出土有多件木鸠杖，大多为当时社会底层平民所有。汉代贵族阶层墓葬中随葬的鸠杖则为工艺更精湛、造型更优美的铜鸠杖，如河北中山靖王刘胜墓所出的铜鸠杖首。

汉画像石上的持鸠杖老人

《后汉书·礼仪志》载："仲秋之月，县道皆案户比民，年始七十者，授之以王杖，铺（bù，进食之意）之糜粥。八十九十，礼有加赐。王杖长九尺，端以鸠鸟为饰。鸠者，不噎之鸟也。欲老人不噎。"又据《后汉书·明帝纪》记载，皇帝在"养老之礼"上要亲自敬奉酒食，还要安排专人"祝哽在前，祝噎在后"。这两条文献的大意是：每年秋天的时候，朝廷都会进行人口普查，对符合年龄规定的老人进行授杖仪式（相当于今天的"老年证"）。至于为什么在王杖上端用铜鸠做装饰，据说是由于鸠鸟为"不噎之鸟"，嗓子眼大，吃饭总也噎不着。用它做装饰，祝愿老人吃饭时像鸠鸟一样不会噎到。《后汉书》中的其他记载更是表明当时老人吃饭噎着是常事，所以养老礼制才规定老人吃饭时，得有人专门陪伴左右，负责提醒别噎着。

至于"铺之糜粥"的规定，更是源于先秦时期的养老礼制。《礼记·月令》已有"仲秋之月……养衰老，授几杖，行糜粥食饮"的记述。古人们吃的"粒食"属于"干饭"，又粗又涩，不宜消化。尤其是老年人的唾液分泌得很少了，更不易下咽，这时就需要液体的羹来佐食。这也是为什么老周公要"一饭三哺"以及古代养老礼制中朝廷颁赐给天下老人的慰问品是"糜粥"的原因。

提起"糜粥"，更为耳熟能详的故事来自晋惠帝发出的来自灵魂的反问："何不食肉糜？"西晋太熙元年（公元290年），晋武帝司马炎去世，蠢笨无能近乎白痴的太子司马衷继位，是为晋惠帝。当政之后，又是地震，又是大疫，下属告诉他，民多饿死，他却反问道："为什么不吃肉糜？"可能这位白痴皇帝因为参与养老之礼而对"糜粥"很是熟悉，所以在他的认知中，平民百姓最低也能吃上肉粥吧，怎么可能会有饿死人的情况发生呢？

羹不仅是最佳的下饭食品，也是古代社会最没有"等级性"的食品，无论贵族和贫民都可食用，因为《礼记·内则》中规定"羹食自诸侯以下至于庶人，无等"。鉴于以上原因，羹备受古人青睐就不足为奇了。

清人所绘周公像

《齐民要术》中的"胡羹"

张骞通西域后，中亚饮食之法渐渐传入汉室之中，"胡羹"便是其中之一。北朝贾思勰所著《齐民要术》记载了"胡羹"的制作方法："用羊胁六斤，又肉四斤，水四升，煮；出胁，切之。葱头一斤，胡荽一两，安石榴汁数合，口调其味。"大意是用六斤羊排骨肉，又四斤肉，加四升水煮熟后，剔去排骨，切好。下一斤葱头，一两胡荽子，几合安石榴汁，尝过，调到合口味。

秦汉时期，由于中外关系和民族关系的日益紧密，使得中外之间、各民族之间的饮食文化交流呈现出空前的繁荣局面。张骞通西域后，西域的苜蓿、葡萄、安石榴、胡桃、胡豆、胡瓜、胡麻、胡蒜、胡荽、胡萝卜等特产，以及大宛、龟兹的葡萄酒，先后传入内地。如"胡羹"的制作以葱头、胡荽、安石榴为调料，这些调料都是西域出产，是地道的西域风味。朝鲜半岛的饮食方法也有传入我国的，东汉刘熙《释名》中有"韩羊、韩兔、韩鸡，本法出韩国所为也"的记载。

受到地理环境、气候物产等因素的影响，生活在我国南北方的汉族，形成了以粮食、蔬菜为主，肉食为辅的典型的农耕社会饮食结构。与汉族饮食习惯形成鲜明对比的是"逐水草迁徙"的北方游牧民族的"食畜肉，饮湩（dòng，乳汁）酪"的饮食习惯。在秦汉大一统时代，由于同处于统一的多民族国家之中，这为各民族之间饮食的相互交流与融合提供了便利。一方面，汉族不断向西域、周边少数民族输出中原的饮食文明。如《史记·匈奴列传》记载：汉文帝时，"初，匈奴好汉缯（zēng）絮食物"；《后汉书·南匈奴传》亦载，东汉光武帝时，南单于遣子入侍，光武帝诏赐单于饮食什

<table>
</table>

器、太官御食酱、橙、橘、龙眼、荔枝。这些记载表明汉族的食材及菜肴烹制技法为这些兄弟民族所喜爱和引进。另一方面，游牧民族的乳酪、胡饼、酸乳、干酪、漉酪等食品相继传入中原，丰富了中原人民的餐桌，少数民族的烹调术也被汉族中原饮食文化所吸收和借鉴。如东晋干宝著录的《搜神记》中有这样的记载："羌煮貊炙，翟之食也。自太始以来，中国尚之。"羌煮即发源于西北诸羌的涮羊肉，貊炙即来自东胡族群的烤全羊，这些食品从汉武帝太始年间开始，在中原地区也风行起来。

　　总之，秦汉时代的大一统政治格局，为各民族间饮食文化的交流与融合提供了前所未有的便利。然而，不同饮食文化的交流与融合并不是简单地照搬，而是结合本民族的饮食特点加以改造。如汉族接受兄弟民族饮食时，往往加入了汉族饮食文化的因素，如制作肉食时，以米、面为配料做糁，以姜、桂皮作香料去除膻腥以适合汉人的饮食习惯。兄弟民族引入汉族饮食时也非一一照搬，如他们喜爱寒具、环饼等汉族食品，为适合本民族的饮食习惯，寒具和环饼改用牛奶和羊奶和面，等等。

蒜三升麵三斤豉汁生薑橘皮□調之

作胡羹法用羊肠六斤又肉四斤水四升煮出肠切之

葱頭一斤胡荽一兩安石榴汁數合□調其味

作胡麻羹法用胡麻一斗擣煮令熟研取汁三升葱頭

二升米二合煮火上葱頭米熟得二升半在

作瓠葉羹法用瓠葉五斤羊肉三斤葱二升鹽蟻五合

□調其味

《齐民要术》中关于"胡羹"的记载

脍炙人口

　　战国时期，孝子曾参的父亲去世以后，为了哀悼父亲，曾子不忍心再吃羊枣（君迁子的果实，俗称羊矢枣）。后来孟子的弟子公孙丑向孟子问道："老师，脍炙和羊枣哪一种好吃？"孟子答道："当然是脍炙呀！"公孙丑又问："那么，曾子为什么吃脍炙而不吃羊枣呢？"孟子答道："脍炙是大家都喜欢吃的，羊枣只是个别人喜欢吃的。父母的名字应该避讳，而姓却不必避讳，因为姓是大家共有的，名却是他独自一个人的。因此，曾参吃脍炙而不吃羊枣。"从这个故事可以看出脍、炙是古人公认的美食。

南越王的烤乳猪

　　脍炙人口中的"炙"指的就是烤肉。直接在火上进行炙烤食物的习俗，由来已久。《礼记·礼运》曰："昔者先王……食草木之实，鸟兽之肉，……以炮以燔，以亨以炙。"烤肉的历史可以上溯至几百万年前的史前时期，原始先民发明用火后，最早享用的熟食应当就是烤肉。炙肉在《诗经》上也被反复吟诵，可见周人对烤肉有着特殊的偏好。以周天子专享菜肴"八珍"为例，其中的"炮豚、炮牂（zāng）"指的就是烤炖乳猪或羊羔。

秦汉时期的人更是无"炙"不欢。史籍记载：汉高祖刘邦吃过烤鹿肝、烤牛肝等；关羽刮骨疗毒，就是边吃烤肉边饮酒进行的。

如果把整只动物放在火上烧烤，然后切成块食用，称为貊烤。《释名·释饮食》云："貊炙，全体炙之，各自以刀割，出于胡貊之为也。"可知貊炙类似今之烤全羊和烤乳猪。1983年，考古学家在广州象岗山发掘了南越国第二代君主赵眜的墓葬，自赵眜的祖父赵佗自称南越武王建立南越国，南越历经五主，存在93年（公元前204年—前111年），对开拓岭南做出了一定的贡献。南越王墓的出土，使我们有幸看到了昔日帝王饮食的奢华场景，为深入了解古代岭南饮食文化提供了历史性的机遇。南越王墓共发现烤炉三件。出土时，炉上均配备多种供烤炙用的零件，有悬炉用的铁链，烤肉用的长叉（双叉、三叉都有）、铁扦、铁钩。图中烤炉的炉壁上有四只乳猪图案，猪嘴朝上，说明烤炉的主要用途应是烧烤乳猪。

西汉铜烤炉，现藏于南越王博物院

汉代烧烤原料十分丰富。马王堆遣策记载的烤肉原料有牛、犬、豕、鹿、鸡，牛肋、牛乘、犬肝，等等。除了一般常见肉类以外，还有很多特别的烧烤食物。如《异物志》记载："（鹧鸪）肉肥美宜炙，可以饮酒为诸膳也。"可见，炙鹧鸪也是时人眼中的佐酒美食。长沙砂子塘西汉墓葬中出土有"鹑"字样的封泥匣，"鹑"应即"鹌鹑"，可与《盐铁论》等传世文献中汉代人嗜食禽鸟的记载互证。此外，汉人喜好捕蝉食蝉，烤蝉也颇值得留意。陕西历史博物馆馆藏有一架绿釉陶烤炉，上面便有烤蝉的形象。

神仙也爱吃烤串

曾几何时，在路边烧烤摊撸串成为一种大家喜爱的消遣方式，约上三五好友，一人手持数串，谈天说地，岂不美哉！可您知道吗，早在两千多年前的秦汉时期，烤串便风靡一时，就连不食人间烟火的神仙也抵挡不住烤串的魅力！

山东嘉祥武梁祠石室刻有羽人向西王母献烤肉串的场景，一个身材修长

汉画像石上「羽人向西王母献烤肉串」的场景

东汉西王母宴乐图壁画，现藏于陕西省考古研究院

的羽人高举着一支烤肉串，正毕恭毕敬地献给高高在上的西王母。西王母是秦汉时期神话体系中与东王公并列的高阶神仙，就连地位至尊的她都忍不住大快朵颐，可见肉串之美妙滋味！

不惟神仙，烤肉串还是权贵阶层的常馔之一。《盐铁论》中有"今民间酒食，殽旅重叠，燔炙满案"的记载。燔、炙都指的是烧烤肉食，两者的区别或在于燔是直接放在火上烤，而炙是将肉食串起来烤。

汉晋画像砖石上有不少的"烤串""食串"场面。山东金乡画像石显示厨人左手持数枚穿好的肉串,右手摆扇驱风;四川长宁2号石棺的"杂技、庖厨、饮宴"画像中,厨人跪坐,旁挂鱼、肉各二,面前为炙烤的方形炉盘;成都新都出土的"宴饮"画像,三人围坐烧烤,中间为方形炉盘,左一人持烤串。山东诸城前凉台村发现的一方庖厨画像石上,可以清楚地看到"烤肉串"的制作方法,烤肉者有四人:一人将肉串在竹扦上;一人在方炉前烤肉,炉上放有五支肉串,烤肉者一手翻动肉串,一手扇着"便面";还有两人跪立炉前,似乎在焦急地等待着烤熟的肉串。这幅场景是不是像极了今日维吾尔族人烤肉串时的情形?因此,有学者认为新疆地区烤肉串的传统很可能承自汉代的中原地区,也许就是汉代时由丝绸之路传过去的,否则难以解释这种惊人的相似性。甘肃嘉峪关魏晋墓葬砖画中既有手拿肉串送食的"烤串人",也有手握肉串端坐在筵席上的"撸串者"。

魏晋画像砖上的烤肉者

汉代铜烤炉，现藏于中国国家博物馆

　　而出土的实物烤炉更是材质多样，有铁炉、铜炉以及陶炉。中国国家博物馆馆藏的汉代铜烤炉为方形，使用时，炉内放炭火，炉上放置肉串。陕西历史博物馆藏有一架绿釉陶烤炉，四个底足为熊饰，烤炉底有漏灰孔，烤炉口沿置两枚扦子，每个扦子分别串了四只蝉。

　　汉画像中烧烤用扦的样式，多为单股，如陕西绥德四十铺汉墓墓门画像可见单股扦。也有二至三股的，如广州南越王墓出土铁扦两件，一为两股，一为三股。孙机先生经过考证，分别将其命名为"两歧簇"和"三歧簇"。扦子的材质有铁质和竹质，如湖南长沙马王堆和宁夏中卫等汉墓均出土有竹扦肉串。

一则烤肉引发的案例

1983 年末至 1984 年初在湖北江陵张家山发掘的 247 号墓，出土了一批汉简，其中包括重要的古代法律文献，《奏谳书》即是其中之一。刑狱之事有疑上报称为"奏谳"，《奏谳书》即为一些议罪案例的汇集，案例的编排次序，大体是年代较晚的汉代案例在前，年代较早的汉代以前的案例居后。《奏谳书》中记录了先秦时期的一则案例：一名宰人（司膳食的职官）向君主进奉烤肉时，被发现烤肉上有一根三寸长的头发。于是，国君大怒，命令对宰人治罪。负责审理此案的大夫史猷（yóu）分析说："在厨房砧板上切肉的刀是新磨的，很锋利。用这样的利刀在砧板上切肥牛肉，筋皮都能切断。把肉切成了一寸见方的小块，而独有三寸长的头发没切断，这显然不是切肉人的过错。而烤肉所用的铁炉和桑炭都是上乘的，用这样的炊具烤出的肉外焦里嫩，然而一根三寸长的头发却没烤焦，这又不像是烤肉者的责任。"最后，大夫史猷做出了宰人无罪的公正判决。

无独有偶，上述这则案例与《韩非子·内储说》所载晋文公时"宰臣上炙而发绕之"以及晋平公时"少庶子进炙而发绕之"的史事极为相近。晋文公时，宰人端上烤肉，却有头发缠在肉上。晋文公召来宰人并怒斥他说："你想噎死我啊，为什么用头发缠肉？"宰人叩头拜了两次，请罪说："我有三条死罪：把刀磨得像干将宝剑一样锋利，切肉时，肉被切断了，但头发却没断，这是我的第一条罪状；拿起木棒穿肉片却没看见头发，这是我的第二条罪状；烧得很旺的烤炉，炭火都烧得通红，肉熟了而头发却没被烧掉，这是我的第三条罪状。难道您堂下的侍从中没有暗中嫉恨我的人吗？"晋文公听罢，深以为然，召来堂下的侍从责问他们，情况果如宰人所料，于是处罚了诬陷之人。

故事的另一版本为：晋平公请客喝酒，一个年轻的侍从端来烤肉，却有头发缠在肉上，晋平公立即命人去处死厨人。厨人大叫道："啊呀！我有三条罪状，死了也不知道犯了哪一条啊！"晋平公忙问缘故。厨人回答说："我的刀很锋利，能斩断骨头，头发却没被斩断，这是我的第一条死罪；用火力很旺的桑树烧成的木炭烤肉，肉烤熟了，精肉发红、肥肉发白，头发却没被烧焦，这是我的第二条死罪；肉烤熟后，眯着眼睛细看也没有发现头发缠在烤肉上，这是我的第三条死罪。我猜想您堂下的侍从中可能有暗恨我的人吧，您杀我是不是太早了些！"

　　以上三则关于烤肉绕发案的记载几乎如出一辙，说明这一史事的文本流传极为久远，以致在韩非著书时已不清楚此事到底发生在晋文公还是晋平公时期；到了汉代的案例汇编中，这个故事的发生年代更不可考。对于烤肉案，我们的关注点在于其所反映出的古人烧烤风俗。由烤肉案可见，铁质烤炉是烤炉中的上品，以桑炭烧烤的方式为时人所美，权贵之家烧烤肉食已开始使用考究的木炭而非一般薪柴。

　　河北满城汉墓出土有长方形的铁烤炉实物。长方形，外折沿，口大底小，近底部折收犹如二层台，四蹄形足。四壁及底部均有长方形镂孔，两场壁各有两纽，应为提拿方便而设。汉代，随着中原地区冶铁技术的成熟，以及铁质农具、日常器物价格的市场化，铁质炊具逐渐替代原来的铜质、陶质炊具。特别是铁质烤炉具有更好的热量利用率和延展性，使得"或燔或炙"的烧烤食俗在社会上流行开来。

　　烤肉的燃料多采用木炭。木炭保留了木材原来的构造和孔内残留的焦油，故着火早，升温快，且不易受潮，是比薪材和萑苇更高级的燃料。木炭在饮食生活中多用于烤制食品，所以汉代人对木炭的需求量甚大。《汉书·外戚传》记载，西汉前期，窦广国"为其主人入山作炭，暮卧岸下百余人"，百余人集体制炭的宏大场面委实令人震惊。汉代诸侯王的厨房柴室中均有大量木炭堆积，反映出木炭在墓主生前饮食生活中的重要地位。烤肉所用的木炭中，又以桑木炭为个中上品。桑木坚硬、味辛，不仅可耐久烧而且还能大大增加烤肉的香味，所以《奏谳书》中才有"桑炭甚美"的评价。从烤肉炊具及燃料的逐渐考究化，可以窥得中国古代烹饪文化日益朝着精细化方向发展的趋势。

生鱼片自古有之

"脍"在汉代指代生食，《汉书·东方朔传》所谓"生肉为脍，干肉为脯"。《说文解字》曰，"脍，细切肉也"，意即"脍"就是把肉类细切生吃。《论语·乡党》曰，"脍不厌细"，即指此而言。马王堆汉墓遣策中有牛脍、羊脍、鹿脍、鱼脍等多个品种，但脍法常见于治鱼，也作鲙。

史籍中记载了很多与鱼脍有关的故事。《后汉书·列女传》记载，东汉人姜诗及其妻庞氏事母极孝，姜母喜欢喝江水，庞氏就常去挑江水供养。姜母还爱鱼脍，姜诗夫妇就常常向姜母进奉鱼脍。由于夫妇二人的孝行昭著，感动了神明，所以姜家房屋的旁边忽然涌出泉水来，味道与江水一样，泉中还每天跳出两条鲤鱼来，姜诗每天就可以就近取水、取鱼制脍来供奉母亲了。《太平御览》引谢承《后汉书》记载，东汉南阳郡太守羊续的一位下属知道其"好啖生鱼"，于是送来一条当地特产的鲤鱼。羊续拒收，推让再三未果。下属走后，羊续便将这条大鲤鱼挂在屋外的柱子上，风吹日晒，鲜鱼变成了鱼干。后来，这位下属又送来一条更大的鲤鱼。羊续引他到屋外的柱子前，指着柱上悬挂的鱼干说："你上次送的鱼还挂着，已成了鱼干，请你一起都拿回去吧。"这位下属十分惭愧，便默默地把鱼取走了。此事传开后，再无人敢给羊续送礼了，南阳百姓莫不交口称赞，敬称羊续为"悬鱼太守"。这则故事表明鲤鱼是时人治脍的上等鱼品。古代文献中屡屡提及的"鱼脍"很多指的都是鲤鱼，如《诗经·小雅·六月》中有"炰鳖脍鲤"之句，枚乘《七发》中载有"鲜鲤之脍"，等等。

《后汉书·华佗传》记载，一次，广陵太守陈登忽然感到胸闷难忍，便请华佗诊治。华佗诊脉之后，认为陈登胸闷难受的原因在于其胃部有鱼腥之物引致的小虫，于是，开了二升汤药给陈登服用。不一会儿，陈登果然吐出三升多的虫子。这些虫子通体红色且还在蠕动，虫子周围还伴有生鱼脍的残留。这则记载表明汉代上流社会食脍之风是很盛行的，否则羊续下属也不会两次进献鱼脍食材，而陈登也不会因为吃鱼脍太多而患上寄生虫病。

秦汉时期，有两种鱼脍名气最大。据《周礼·天官》郑玄注："燕人脍鱼，方寸切其腴，以啖所贵。"燕地的人用来招待贵客的鱼脍用的是"腴"，即鱼腹部的肥肉，以此为脍，别有一番风味。另一种鱼脍传为曹操属下左慈用松江之鲈鱼制作的，《后汉书》记载"今日高会，珍羞略备，所少吴松江鲈鱼耳"，可见松江鲈鱼是时人眼中的上品。

鱼脍的吃法与今日的生鱼片相类。人们将生鱼切成薄片，食用时佐以姜汁等辛味调料。1983 年，广州象岗南越王墓出土的姜礤就是一件制作姜汁的神器。上半部礤槽为方形凹槽，用以礤磨生姜，然后在漏孔处挤出姜汁。槽端有挂环，柄背有四短足，使槽在磨姜时可平放受力。在食脍时，先民们早已懂得用姜来去腥膻。

西汉姜礤，现藏于
南越王博物院

脍法一直沿用至后世。中国国家博物馆馆藏的可能为河南偃师酒流沟宋墓出土的宋代厨娘斫（zhuó）鲙图砖中，一位挽起衣袖的厨娘正在准备的家宴主菜即为斫鲙（亦作"斫脍"）。那案上几条活鱼，便是斫鲙的食材。我国东南沿海和日本至今仍流行这种吃法。

宋代斫鲙砖，现藏于中国国家博物馆

鲙飞金盘白雪高。 母隽楠绘

具染而啖

《吕氏春秋》记载了这样一则故事：齐国两个武士，一次偶然相遇于路上，饮酒无肉，于是相约彼此割对方身上的肉下酒，"于是具染而已，因抽刀而相啖，至死而止"。这里的"染"指的是调味品。汉代的调味品包括盐、豉、酱、醯（酢）、糖等。

汉代小火锅

中国人吃火锅有着悠久的历史，考古资料表明火锅的食用可追溯至西周时期。西周贵族饮食中使用的高十多厘米的鼎就是很标准的火锅，鼎的下面可以烧火，上面可以涮肉、煮肉。中国国家博物馆馆藏的"清河食官铜染炉"即为西汉时期的"火锅用具"。这件铜染炉为青铜铸成，构造分为三部分，主体为炭炉，下面有承接炭灰的盘，上置盛器耳杯。铜染炉多见于西汉，东汉很少见，其在湖南、江西、河南、陕西、山西、山东、江苏、四川等地都有出土，说明它使用的地域范围很广，是西汉人常用的食具。有些地方出土的铜染炉造型比国家博物馆馆藏的这件更加复杂和精美，如河北南和左村出土过饰龙首和浅盘装轮子的染炉，江苏徐州黑头山刘慎墓出土过带提梁的染炉，河南淅川李沟汉墓出土过镂刻"人"字纹和卷云纹图案的染炉，山西浑源毕村汉墓、陕西咸阳马泉汉墓出土过镂刻四神形象的铜染炉，等等。

关于铜染炉的用途，学界曾有温酒、熏香、染丝帛等争论。孙机先生根据上述"具染相唉"故事的记载，推断出染炉为食具，用来加热染杯中的酱汁等调味品。汉代人食肉时常将酱、盐等调味品放在染杯中，把肉煮到可食的程度，再蘸调料加味。由于习用较烫的调料，所以需用染炉不断地给调料加温。染炉的设计也反映出汉代的分餐制饮食，宴饮时是一人一炉，随涮随吃，有点类似现代人使用的小型火锅。

西汉清河食官铜染炉，现藏于中国国家博物馆

味中领将

  酱是汉代人餐桌上必备的调味品。唐人颜师古注汉代《急就篇》时说道，酱在汉代饮食中如同领军之将，"酱之为言将也，食之有酱，如军之须将"，这个解释颇为贴切。《汉书·货殖传》记载汉时卖酱与卖貂裘等物资一样能致富成为"千乘之家"，说明酱的畅销以及巨大的社会需求量。出土材料也能证明酱在汉代人饮食中的重要地位。马王堆1号汉墓、江陵凤凰山167号汉墓、云梦大坟头1号墓等墓葬出土的遣策中都有"酱梧（bēi，同杯）"若干的记载；张家山汉简《二年律令》中的《传食律》和《赐律》对各级吏员伙食标准中酱等重要调味品的供给有详细的规定；悬泉汉简中也有悬泉置招待外国使者时消耗酱等调味品的费用记录。

  关于酱的创制，有各种传说。其中一个传说是：西王母下凡间会见汉武帝，并告诉武帝说神药上有"连珠云酱""玉津金酱"，还有"玄灵之酱"。于是就有了制酱法是西王母传到人间的说法。西王母下凡赐制酱法，当然不足为信。

酱，出自明代宫廷写本《食物本草》

另一传说则是说酱乃周公所创。周公就是姬旦，周武王的弟弟，曾助武王灭商。但《周礼》中已有"百酱"之说，所以酱的制作发明，应该在周之前。不过，周代的"酱"包含的范围比较广，是醢和以酸味为主的醯两大类发酵食品的总称。

春秋以降，"酱"的含义发生变化：由传统的咸味的醢和酸味的醯两大系列调味料，逐渐独立并发展为主要指咸味的非肉料调味品，并终于在汉代确立了以大豆为主要原料的特征。汉代的酱主要指"豆酱"。由于酱经过了一段发酵期，所以它的味道较盐更为厚重。东汉王充所撰《论衡·四讳》记述了"作豆酱恶闻雷"的风俗，可知制作豆酱是汉代家庭生活的重要内容。

东汉时期，豆酱油也已经产生。北朝《齐民要术》载："崔寔曰正月可作诸酱，肉酱、清酱，四月立夏后鲷鱼酱，五月可为酱，上旬䴵豆中庹，煮之，以碎豆作末都，至六七月之交，分以藏瓜可作鱼酱。"这里的"清酱"指的就是现在所称的酱油，这是酱油在文献中的首次记载。《齐民要术》为我们留下了一份自汉以来至公元6世纪北方民众的美味酱单：豆酱、干酱、稀酱、大酱、清酱、麦酱、榆子酱；以牛、羊、獐、鹿、兔等为原料的肉酱；以鲤、鲭、鳢、鲚、鲐等原料制成的鱼酱等。许多肉、鱼酱也都有一定比例的豆酱成分。

齐盐鲁豉

陕西历史博物馆馆藏一件长方形双圆口陶罐，一边写着"齐盐"，一边写着"鲁豉"。可见，齐地的食盐和鲁地的豆豉都是当时的"名牌"调味品。

《后汉书·朱晖传》载："盐，食之急者，虽贵，人不得不须。"迄今为止，人类所认识和利用的所有调味料中，没有哪一种比盐更重要。无论是从被认识和利用的时间，还是应用范围，抑或是受倚重程度来看，盐的地位都远非其他调味料可以比拟。明代彭大翼《山堂肆考》载："黄帝时，有诸侯夙沙氏，始以海水煮乳，煎成盐。"夙沙是传说中的人物，是否就是盐的首位开发者，我们不得而知，但这段记载说明中国最早的盐应该是用海水煮出来的。秦汉时期盐的来源主要有：从海中提取的海盐（主要分布在沿海地区），从含盐量高的湖中提取的湖盐（主要在西北地区）以及从含盐量较高的井中提取的井盐（主要在巴蜀地区）。

初期盐的制作方法是直接安炉灶，架铁锅，燃火煮。这种原始的煮盐法耗工时，费燃料，产量少，造价高。汉时，制盐技术有了大幅提高。中国国家博物馆收藏的一块出土于四川成都扬子山的盐场画像砖生动地再现了东汉时蜀地的自然生态和井盐生产的繁忙景象：画面上群山耸立，植被繁茂，其间栖息着禽类和哺乳动物，山间是猎人追射的场面。左下角盐井上高矗着井架，架分两层，每层有二人正用滑车和吊桶汲卤；右下角放置一灶，下有四根管排列，灶上有釜五口，灶前一人正烧火熬盐；井架和灶间架有枧（jiǎn）筒，盐卤经枧筒至灶上的大锅内；山麓有两个运盐者背负盐包行进。汉代蜀地的井盐闻名全国，魏晋左思《三都赋·蜀都赋》中称当地"家有盐泉之井，户有橘柚之园"。当时的盐场都坐落在重峦叠嶂、树木丛生、野兽出没的山峪里；盐井都较深，井上有高大的井架，并采用了比较先进省力的定滑轮装置，可上下拉动绳索取卤；采盐和熬盐煮卤的地方相距不远，通过竹枧将两个地方结合起来，使取卤和煮盐的两道工序紧密相连。

豆豉是大豆煮熟后经发酵工艺制成的调味品。同酱一样，豉也是从远古的菹和醢的工艺发展而来的，并且同样有咸、淡两大类别，其中咸味豉便

汉代盐场画像砖，现藏于中国国家博物馆

属于咸味调味品。中国发明豉的时间不晚于春秋时代。早在战国时，豉就已成为楚地的风味美食了。《释名·释饮食》："豉，嗜也，五味调和须之而成，乃可甘嗜也。故齐人谓豉声如嗜也。"汉代时，豉已与盐、醯、酱等并列，成为人们日常必需的调味品，《史记·货殖列传》有"盐豉千荅"的描述。居延汉简中记载西北边疆吏卒每人每月可以领取一定数量的豉。洛阳五女冢新莽墓出土过盛放豉的陶壶。豉在汉代的生产量很大，史籍记载，西汉后期长安樊少翁等人通过经营豉成为高门富户。

相较于酱来说，豉更能充分体现调味作用。而且，豉拥有比酱更便于贮藏与携带的特点，所以同酱一样，豉也很早就走出了国门。据学者考证，作为中华饮食文化的使者，豉传入日本的时间不会晚于隋唐，传到朝鲜半岛则更早。

豆豉，出自明代宫廷写本《食物本草》

若作和羹，尔惟盐梅

醋在中国烹饪史上诞生得晚一些，但酸味很早就被列为调味中的五味之一，一直与咸味并称为中华民族的两大食味。在醋诞生之前，古人先用梅作为调味之酸。《尚书》云："若作和羹，尔惟盐梅。"梅，是我国栽培历史悠久的特产果品。早在距今三千多年以前，梅已经作为栽培植物见于各类文学作品中，如《诗经》即有多处言梅。据研究，《诗经》所述的三处"梅"，即为酸果之梅。梅果清酸爽口，能生津解渴，著名的曹操令士兵"望梅止渴"的故事，就将梅子甘酸解渴的特征描绘得颇为生动。将梅掺入羹中作为酸味调料，显然是先民们在长久的生活实践中总结出的经验。直至今日，梅的这种调味作用仍然在不少地区为人们所沿用。梅子捣碎后取其汁，做成梅浆，称为"醷（yì）"。《礼记·内则》："浆水醷滥。"在制作梅浆以后，人们发现粟米也可制成酸浆。"在制成酸浆的基础上，又加上曲，做成苦酒。利用曲使黍米发酵，实际上已是早期的醋。从文献记载来看，战国时期醋的食用已较普遍，所以，食醋起源于周代，是可信的。

至迟在秦汉时期，人们已经使用粮食发酵法大规模制醋。当时的"醋"被称为"醯"，又称"酢"。《齐民要术》开列专篇记有"大酢""秫米神酢""粟米曲作酢""大麦酢""烧饼作酢""回酒酢""糟糠酢""酒糟酢"等二十余种名目的"酢"的做法。自汉以后，以粮食为原料制"酢"渐为定式。

魏晋画像砖上的酿醋图

含饴弄孙

　　"含饴弄孙"的典故和东汉时期的明德皇后马氏有关。马皇后是中国历史上一位有名的"布衣皇后",她知书达理,在汉明帝、汉章帝时期的国家治理方面发挥了非常重要的作用。《后汉书·皇后纪》记载,公元75年,汉明帝去世。马皇后被尊为皇太后,继续辅佐汉章帝。新帝登基,朝中许多大臣认为应当沿袭之前的制度,给几位亲贵封侯,汉章帝也希望给几位舅舅封侯,但深明大义的马皇后却坚决反对。马皇后说道:"我们马氏家族对国家并没有太大功劳,封赏侯爵之事一来会引起百姓的不满,二来国家正值困难时期,大肆封赏无疑会令国家财政雪上加霜,动摇汉朝的根基。等到国家安定、百姓富足之时,我必然会支持皇帝按自己的志向行事,而那时我也将含饴弄孙,颐养天年,不再过问朝政。"含饴弄孙的意思是含着饴糖,逗弄孙儿。此后,人们就用

饴糖,出自明代宫廷写本《食物本草》

"含饴弄孙"来形容晚年生活的乐趣。

甜味,是人类最早感知的味型之一,也是最具愉悦感的味型。在古代烹饪调味品中,"糖"字的出现比较晚,甲骨文、金文、小篆均无"糖"字。汉代《方言》中才第一次出现"糖"字。汉代的"糖",称为"饴",就是原始的麦芽糖。传说"饴"是由公刘创造。公刘是周部族的祖先,传说是后稷的曾孙。《诗经·大雅·绵》云,"周原膴膴(wǔ),堇荼如饴",就是形容周原土地肥沃,苦菜都甜得如同饴饧(táng)。说明当时制饧已相当普遍。按照东汉刘熙《释名》所说:"饧,洋也,煮米消烂,洋洋然也。饴,小弱于饧,形怡怡也。"饧是坚硬的糖块,类似"糖膏"。饴由于煎熬时间较短,浓缩程度较差,因而尚保留较多的水分,质地比较柔薄,类似"糖稀"。"含饴弄孙"之"含"字表明饴是可以含服的。

除了食用饧、饴外,秦汉人也食蜂蜜。陈寿所著的《三国志》有这样的记载:东汉末年,割据军阀袁术(袁绍的弟弟)在称帝后,遭众军阀征讨,导致惨败,他在投奔袁绍的路上被刘备击败,在逃亡途中,差人找蜂蜜而未果,大叫道:"我袁术已经到了这步田地了吗?"于是吐血身亡。袁术想吃蜂蜜而不得,吐血斗余而死,可见天下爱蜂蜜者,无人能出其右了。国人食用蜂蜜的历史也很早。如东汉赵晔所撰《吴越春秋》云"葛布十万,甘蜜九瓮",《楚辞·招魂》中也有"粔籹蜜饵,有餦餭些"的记载,说明春秋时人已食蜂蜜。据东晋成汉常璩(qú)所撰《华阳国志》载,巴人向西周王朝上贡的物品中也有蜜。大约汉魏时,已开始人工养蜂采蜜。西晋《博物志》记载了当时的养蜂技术。

蔗糖也是甜味家族的重要成员。早在战国时期,人们就已开始种植甘蔗。《楚辞·招魂》云:"腼鳖炮羔,有柘浆些……"这里的"柘浆"就是甘蔗汁。汉代的文献记载了岭南地区的蔗糖生产。杨孚《异物志》："甘蔗远近皆有，交趾所产甘蔗特醇好，本末无薄厚，其味至均，围数寸，长丈余，颇似竹，斩而食之既甘，迮取汁如饴饧，名之曰糖，益复珍也。又煎而曝之，既凝而冰，破如砖，其食之入口消释，时人谓之石蜜者也。"长期以来甘蔗成为进贡中原的珍贵食品。三国时吴国的蔗糖仍由交趾进贡就是一个例证，《太平御览》记："《江表传》曰，吴孙亮使黄门以银碗并盖，就中藏吏取交州所献甘饧。"尽管对甘蔗的记载可以上溯到战国，但人工栽培却是在秦汉之际才广泛推行的。

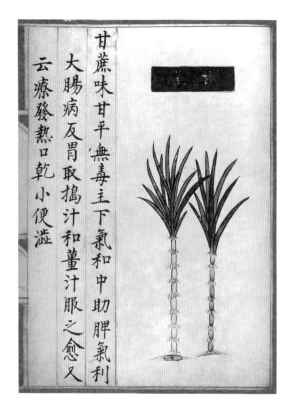

甘蔗，出自明代宫廷写本《食物本草》

五味调和

　　"五味调和"是中华饮食文化的一项重要原则。据考古学者王仁湘先生分析：五味调和的饮食时代，可能发端于原始农耕文化。谷物食用时更需要佐餐食物，多变的滋味能使进食过程变得更加顺利。相反，狩猎游牧时代的肉食，本身可以提供较为丰富的滋味，不大容易使人产生变味的动机。五味中，至少酸、苦、辣、咸本来是不能列为美味的，可在适度使用后，却能变为受欢迎的滋味。人类味感的多重性、多变性与兼容性，在五味使用的初期形成了。

　　《吕氏春秋》是战国末秦相吕不韦集门客共同编写的杂家代表著作。《吕氏春秋·本味》保留了古代的烹饪理论，具有较强的实用性。例如其中关于调味的论述中，强调了五味调和及准确掌握放置调料的次序、用量的重要性。秦汉时期，"五味调和"的饮食观念已经深入人心。这一点在岭南地区出土的陶五联罐上表现得尤为明显。联罐是典型的越式饮食器具之一，有双联罐、四联罐和五联罐等形制，有些联罐出土时，内有果核，所以联罐应是用于盛放果品的。也有学者认为五联罐是用于盛放酸、甜、苦、咸、辛五种调味料，这与"五味调和"的饮食观念相应，不仅标志着汉代岭南普通民众的饮食生活有了重大的进步，也充分体现了中华饮食文化中"和"的思想。

蒸煮有道

　　考古发现表明，我们的祖先在旧石器时代使用的主要烹饪方法已有烧烤、炮、石炙、石烹等。烤肉在远古时期就已经有了，只是在盐出现之前，人们尚不知如何调味；用泥巴包裹、然后放在火上烤制肉类，就是三国时期蜀汉学者谯周所撰《古史考》中所谓的"炮"；在烧得极烫的石板上烤肉称为"石炙"；所谓"石烹"，具体做法各地不一。北方地区为：在木头或树皮制的容器中盛上水和食物，同时把一些石块烧红，接着把烧得滚烫的石块投入水中，使水沸腾，从而把食物煮熟。南方地区为：将牛皮垫在坑里，盛满水，放好肉，然后将烧红的石块丢在水中，使水沸腾，从而把肉煮熟。其实，"石烹"即为水煮法，即煮法早在陶器发明前就已经存在，这是以水作为传热媒介而带来的古代烹饪技术的第一次变革。

　　盆、罐、釜、鼎和鬲等陶器是中国古代先民使用的第一批成型食器。上述陶质食器扩大了古代先民的食物范围，对改变他们的饮食习惯和食物结构起到了巨大作用。有了这些陶器后，先民们才可能使用炖、煮、熬等烹饪技法烹制出羹、藿、饭、粥等多种食品，同时为酿酒、制醋、制醢、制菹提供便利。

不久，人们在生活实践中又发明了甑、甗（yǎn）等蒸器。蒸器的发明使用，创造了一种全新的烹饪方式，丰富了人们的食物品种，提高了人们的生活质量。根据考古发现，仰韶文化的先民们就已经开始用甑、甗蒸饭了。甑、甗等炊具的出现，表明人们已经找到了第二种主要的传热媒介物质——汽，懂得以水蒸气作为导热媒介进行烹食的科学道理，从而开创了后代蒸制食品的先河，成为烹饪史上一个新的里程碑。

蒸蒸日上

成语"蒸蒸日上"多指生活和生意一天天地向上发展，形容发展速度"蒸蒸日上"的"蒸蒸"原作"烝烝"，见于《诗经·鲁颂·泮水》中"烝烝皇皇，不吴不扬"的表述。"烝烝"即为兴盛发展的意思。蒸食法在中国烹饪中有悠久的历史，这个历史至少可以上溯到史前时代。《周书》曰："黄帝烹谷为粥，蒸谷为饭。"《古史考》曰："黄帝始造釜甑。"将烹谷为饭和发明饭甑的功劳全部归于黄帝，显然只是神话传说，并不足信，但从大量考古发现可以推断出蒸饭出现的时间应为距今八千多年前。

我国的蒸法发展到先秦时期已达到相当高的水平。1976年在河南安阳殷墟妇好墓出土的分体甗，是分体甗中最早的一件青铜蒸食器。它由一个长方形的承甑器和并列的三个甑组成，宛如一座多眼烧灶。承甑器面有三个侈领圈口，恰好套入三甑，腹部中空可以盛水，下足便于设火。这种联体甗的实用功能远超一般的甗，它能同时蒸制三种相同或不同的食物，颇适合王室的大型祭祀或宴飨的需要。

商代妇好三联甑，现藏于中国国家博物馆

　　秦汉时期，煮与蒸法既可用于主食（稀粥、干饭）制作，又可用于烹饪菜肴。王充《论衡》云："谷之始熟曰粟，舂之于臼，簸其秕糠，蒸之于甑，爨之以火，成熟为饭。"谷子成熟后称为"粟"，用杵臼舂粟米，用簸箕去除秕谷和米糠，然后用甑蒸熟为粟饭。小麦在汉代时逐渐普及到人们的饮食生活中，起初人们食用麦的方法也像食用粟、稻等其他谷物一样，采用蒸制麦饭的粒食法。后来，由于面粉磨制技术的成熟，面粉也使用蒸法食用了。汉代新涌现的主食制作工具以蒸笼为典型代表。河南密县打虎亭东汉墓画像石中可见汉代蒸笼的图像。这是一个由十层矮屉叠合而成的大蒸笼。蒸笼的出现，使得蒸这一重要的烹饪技法继续发扬光大。总之，汉代的面食蒸制技术促进了后世面食糕点的大放异彩。人们利用甑、甗、蒸笼等各种蒸器，充分发挥想象力和创作力，烹制出蒸饼、馒头、包子、花卷、糕点等多样化面点品种，形成了千姿百态、风味无穷的面点食品系列，极大地丰富了中国古代烹饪文化内涵。

用蒸法烹制的菜肴，具有原汁原味、味鲜汤清、香气浓醇、清淡不腻的特点，深受秦汉时期人们的喜爱。如马王堆汉墓出土的遣策中有"烝秋"（蒸泥鳅）的简文，《盐铁论·散不足》中有"蒸豚"（蒸乳猪）的记载。拥有"湘菜第一菜谱"美誉的沅陵虎溪山汉简《美食方》记载的菜肴烹制技法绝大多数为"蒸法"。秦汉以后，经后世发扬光大，清蒸法就成为延续至今的一种流行的食物烹饪技法。此外，在蒸器中同时蒸菜和蒸饭，既节省燃料，又节省烹饪时间。现在在广大农村地区仍保留着饭、菜同蒸的烹饪习俗。

沅陵虎溪山汉简《美食方》中的「蒸法」

煎熬有别

"煎熬"本指古代两种烹饪方法，后来引申为内心遭受折磨而感到焦灼痛苦。如《楚辞》中即有"我心兮煎熬"之语。枚乘《七发》云："于是使伊尹煎熬，易牙调和。"伊尹是商朝最著名的宰相，他出身厨师，因为善于制作雁羹和鱼酱，而被后世推为烹调之圣。易牙是春秋时期齐桓公宠幸的近臣，是第一个运用调和之道进行烹饪的庖厨。为了取悦桓公，易牙竟不惜杀害亲子以食桓公。"煎熬"和"调和"是中国古代烹饪文化中两个极为重要的元素。

现代烹饪中提及"煎"主要指的是油煎，在先秦秦汉时期，"煎"则多为水煎，指的是将水分收干，引申为用水熬煮。如《方言》云："凡有汁而干谓之煎。"可见，煎法系将食物与水和调料一同熬煮，至汁干肉烂即可。从《说文解字》"煎，熬也"的记载可知，熬法与煎法是比较接近的烹饪技

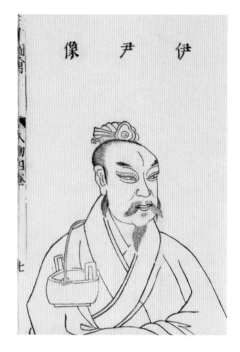

伊尹像，出自明代王圻、王思义撰辑《三才图会》

法，但是两者仍有区别：煎法为干煎不留汤汁，而熬法则保留汤汁。谢承《后汉书》记载汉桓帝诏中有因"火炽汤尽"而导致镬中之鱼烧焦的说法，可见，熬法注重汤量，不可令汁熬干。马王堆汉墓遣策中有"熬鸡""熬豚""熬鹌鹑""熬兔""熬雁""熬雀"的简文。熬法与煮法则是一法二名。汉代传世和出土文献均有"煮鹤"的记载，这道"煮鹤"是贵族专享的佳肴。《淮南子·说山训》："鸡知将旦，鹤知夜半，而不免于鼎俎。"马王堆汉墓遣策中有"熬鹤"的记载，长沙砂子塘西汉墓葬中出土了带有"熬鹤"字样的封泥匣。大致从唐代起，"煮鹤"被士人认为是以极粗暴之形式反文化的代名词。

鼎鼎大名

在中国古代饮食文化史上，鼎曾居于显赫地位。相传禹铸九鼎以象九州，作为传国之宝，并成为国家权力的象征。周灭商后，移九鼎于洛邑，并举行了隆重的"定鼎"仪式。此后朝廷铸礼仪鼎，往往把仪礼制度、法律条文铸于鼎上。作为王权之器，"鼎"字也被赋予"显赫""尊贵""盛大"等引申意义，如鼎鼎大名、一言九鼎、鼎盛时期、鼎力相助等等。

作为中国烹饪技法的两大基础，煮法和蒸法的实现都需要用到鼎、鬲、甗等三足炊具。王仁湘先生曾指出：在我国饮食史上，可划出一个鼎食时代来，从新石器时代裴李岗文化开始，一直到汉代以前为止，大约有六千年。这一时代的特点是鼎、鬲、甗等大量的三足炊具的应用。

陶鼎功能相当于釜和灶二者的结合，是新石器时代先民们最早发明使用的重要炊具之一。陶鼎一般由耐火烤、不易破裂的夹砂陶制成，早期鼎的形状特征是：圆形鼓腹、实心三柱足、无耳。在炉灶尚未普遍使用以前，鼎的造型是很实用很科学的：鼓腹能容纳较多的水和食物原料；三足支撑鼎身，以便鼎下置火燃烧。中国国家博物馆馆藏的一件新石器时代良渚文化的扁足陶鼎，鼎下的三足呈鱼鳍状，且外侧向外弧出，这种鼎足增加了鼎的稳定性，且能使鼎腹内炊煮的食物不易溢出。

青铜器出现以后，铜鼎成为商周时期烹煮熟肉的主要炊煮、盛食器之一。为了增加受热面积，提高热效能，鼎的腹部从早期的锅底形演变为下腹微外鼓；器型上也出现了方形鼎和马蹄形四足，结构更加美观和稳定；鼎的立耳变成了附耳，既便于搬动也便于加盖，加盖可以加速食物的熟化，使食物保持色香味美、口感鲜嫩的特

新石器时代扁足陶鼎，现藏于中国国家博物馆

色。商周时期青铜鼎不仅有烹饪、盛食等功能，还因其形制庄重、纹饰精美而成为商周时期标志贵族身份和权力最重要的一种礼器，专供统治阶层在祭祀和宴会场合享用。至于周代，已经形成了一套严格的用鼎制度。一般是士用一鼎或三鼎，大夫用五鼎，卿用七鼎，国君用九鼎。盛肉食的鼎同时需要搭配一定数目的簋（guǐ，盛饭食之器），如四簋与五鼎相配，六簋与七鼎相配，八簋与九鼎相配。

秦汉时期，周代的用鼎制度已趋向消亡，鼎的实用功能大大增加，祭祀礼仪功能明显减弱，但王侯贵族还会通过用鼎数量来标识其身份。与商周时期庄严凝重、浑厚瑰丽的鼎的风格完全不同，汉代的鼎显得简单朴素。考古资料显示，汉代同墓出土的鼎形制、纹饰多不一致，明显属于拼凑而成。江西南昌海昏侯墓的墓主刘贺是汉武帝之孙，昌邑哀王刘髆之子，曾于汉昭帝元平元年（公元前74年）被霍光迎立为皇帝，在位仅二十七天即被废黜。海昏侯墓共出土九件青铜鼎，从形制、装饰纹饰看不属于成套列鼎，从鼎的尺寸看，属于盛食器，而非炊煮器。鼎一般与匕相配，将煮熟之肉盛于鼎，再用匕自鼎中取肉置于俎，切割以备进享。

考古发现所见的汉鼎有铜质、陶质、漆木质、铁质之分，其造型多呈椭球形，腹为圜底，盖为圜顶，两者以子母口相扣合，腹下多用三蹄足。

河北满城中山靖王刘胜墓中曾出土过一件造型比较奇特的鼎，该鼎器身与一般汉鼎没有多大区别，只是用熊足代替蹄足。然而其鼎盖和鼎耳的设计比较奇特：鼎的腹侧有两长方形耳，耳上有轴，轴上穿一伏兽。鼎盖上另有四个等距小立兽。合盖后，将耳上伏兽翻向盖上，再旋转鼎盖，将伏兽卡在小立兽的颌下，鼎盖遂锁闭，其原理类似现在的高压锅。除了铜鼎外，满城汉墓还出土了大量精美的彩绘陶鼎。这些陶鼎的器盖以褐色涂地，再用红、蓝、黄、白等色绘出蜷曲蟠绕的变形夔龙纹，中心朱绘圆圈或圆点纹，空间或点缀以云气纹。出土有二十七件，大小相同，彩绘纹饰有差异。这些彩绘陶鼎应是仿青铜鼎而制作的陪葬明器。

广州南越王博物院所藏的"长乐宫"陶鼎因肩部有"长乐宫器"印文得名。长乐宫原是西汉王朝著名的宫殿，位于汉长安城的东南部，与西边的未央宫并列，是汉朝太后的居所。从此类带有"长乐宫"铭文的遗存来

海昏侯墓出土的青铜鼎

西汉熊足陶鼎，现藏于河北博物院

看，南越国曾经参照西汉中央王朝的形式建立宫殿并加以命名。这个陶鼎应为南越国"长乐宫"所用之实用炊具。

随着西周以来漆器工艺的发展，至汉代，漆食器逐渐取代青铜食器，成为贵族的主要食器。湖南长沙马王堆汉墓共出土完整漆器五百余件，种类丰富，包括食器、水器及日常生活用具和摆设等，特别是成组漆质饮食礼器的发现，在我国考古史上还是首次。马王堆辛追墓中共出土造型、尺寸相同的云纹漆鼎七件，其中一件鼎出土时内盛放有汤和莲藕片，浸泡在汤中 2100多年的莲藕片仍清晰可辨。

长沙马王堆汉墓出土的云纹漆鼎

继陶质炊具、青铜质炊具之后，秦汉时期，铁质炊具已用于烹饪。考古发现表明汉代时已有铁鼎、铁釜。山东济南魏家庄汉墓曾出土大量铁器，其中包括十余件铁鼎。这说明在汉代时，济南一带的冶铁业，已经处于山东地区乃至全国的前列。汉代以后，由于铁锅（釜）和炉灶的发展普及，鼎才逐渐退出烹饪舞台。但是，作为我国早期的主要食器之一，它形成了我国以煮、熬为主要特征的饮食习俗，对后世的影响十分巨大。

破釜沉舟

秦二世三年（公元前 207 年）十月，秦兵围困赵国巨鹿，项羽率楚兵前去解救。在渡过漳河后，项羽下令砸破饭锅，凿沉船只，士兵只留三天的口粮，充分表现了勇往直前、誓死不退的决心。后来项羽所率楚兵在军事上大获全胜，项羽也从此威震诸侯。后人就用"破釜沉舟"这个成语，来比喻下了最大的决心，不留退路，一拼到底。

"破釜沉舟"中的"釜"指的就是现在的"锅"。从古至今，"釜"都是一种使用范围最广泛的蒸煮炊器。江西万年仙人洞遗址出土的距今一万年前的残夹砂红陶罐，依其所存下半腹部形状"微向内收""似为圜底"来看，应该视为陶釜的前身。早期的陶釜小口、浅腹，较晚的陶釜大口、深腹。中国国家博物馆馆藏有一件新石器时代河姆渡文化的陶釜精品：以手工贴塑而成，广口，鼓腹，圜底，翻唇下折，颈腹连接处有肩脊相隔，腹部饰绳纹。胎质为夹炭黑陶，质地疏松，重量较轻，吸水性强。在制作陶釜时，河姆渡人有意在陶泥中掺入稻壳及稻的茎、叶碎末，以此减少黏土的黏性，避免因黏土干燥收缩而导致开裂。陶釜在使用时需要用陶支脚支撑起来，支撑以后，釜底的空间可以放上柴薪点火烧饭。成语"釜底抽薪"的语义正是源于此种情境。陶釜在单独

清人所绘项羽像

使用时比较适于煮食。后来人们在有些釜的上部放置一个底部带许多孔眼的甑，相当于我们现在的笼屉，釜就兼具蒸食的作用了。

商周时期，青铜釜开始出现，陶釜与青铜釜并用。春秋战国时期，已大量出现圜底、圆腹、敛口、外折沿的陶釜。釜之所以被做成敛口，是为了便于和甑相连接。但由于其口沿外折，故与甑相接时，只能将甑的圈足插在釜口里面，这样，一部分蒸汽便会从甑足外的隙缝涌出。秦汉时期，陶釜与青铜釜继续使用，并出现了铁釜。南越国宫署遗址出土的秦陶釜底部有烟灰痕，应为实用器。从陶质、纹饰、造型等因素分析，该陶釜为楚地生产的陶器，秦统一岭南时，秦军将其作为炊器携带入南越。考古发现的铜釜有两种形制，一为有耳釜，一为无耳釜。广东沙河蟠龙岗汉墓出土的陶釜有两竖耳，可从两耳部穿绳悬挂于火焰之上，适合户外烹饪。中国国家博物馆馆藏的铜釜则是无耳釜，原应架于炉灶之上。

新石器时代陶釜，现藏于中国国家博物馆

釜可单独使用，也可釜甑配套使用。釜甑配套，主要用于蒸饭。单独使用的釜多用于烹煮肉食。由甑、釜、盆组成的铺首衔环铜甗在秦汉时期非常流行。中国国家博物馆馆藏的青铜甗由甑底作箅，箅孔呈细长条形，底中为井字排列，四周呈放射状。腹侧饰衔环铺首一对，上腹有宽带凸弦纹一周，甑足插入釜内，釜上有一对衔环铺首，颈下有宽带纹一周。盆与甑相似，底饰乳突状三足，腹内壁等距排列三乳钉。出土时釜底、盆底均有烟熏痕迹，应为实用器。整器腹部的衔环既有装饰功能，也使器物更方便移动。

汉代铜釜，现藏于中国国家博物馆

汉代铺首衔环铜甗，现藏于中国国家博物馆

鍪（móu）与釜外形近似，实际是釜的一种变体，圜底釜的口部缩小并加长成脖颈，便成了鍪。汉代的鍪则大多单独使用。鍪最早见于战国中期四川一带的蜀人墓葬中，按其形态分单环耳、对称双环耳两种。广州南越王墓曾出土过大小相若、排列有序的十一件铜鍪。

汉代以来，随着冶铁业的发展，出现了以铁釜为代表的铁质炊具。中国国家博物馆馆藏的铁釜陶甑就是其中的代表。这种腹部鼓圆的铁釜具有烹饪火力强、耐火导热性能好的特性，用其烹饪出的各种高火候食品能保持鲜嫩的色泽和丰富的营养成分，所以铁釜很快取代了青铜鼎的位置，成为最重要的炊具。历史上有一则著名的三国故事，典故出自南朝刘义庆的《世说新语》，讲的是魏文帝曹丕与曹植兄弟阋（xì）墙之事。曹丕因嫉妒文才比他优胜的弟弟曹植，逼曹植在七步之内作出一首诗来，否则就杀掉他。曹植在七步之内作出了"煮豆燃豆萁，豆在釜中泣。本是同根生，相煎何太急"的千古名句。此诗句也说明了"釜"这种炊具在当时的普及情况。

西汉青铜鍪，现藏于南越王博物院

火光翻转

中国古代有关烹饪的技法如烧、烤、煎、炙、爆、焙、炒、熏、烙、烹、煮、涮、脍、蒸、煨、熬等达数十种之多，可谓世界之最。其中，蒸跟炒，都是中国人的独创。近代西方人有了蒸汽锅炉以后，也利用蒸汽来蒸熟食物。但是炒法，至今仍为中国人所独有。

炒是中国传统烹调艺术中最突出的基本技法，与煮、炖、蒸、羹、烹、炮等烹饪法相比，炒菜速度更快，更能节省能源，炒制的菜肴味道更鲜，色泽更艳，维生素等营养物质可保存得更多，做法也更灵活。

"炒"自何时有

关于炒法的出现时间，一直在学界存在很大争议，主要有商代说、春秋战国说、汉代说、魏晋说等。

主商代说的学者认为殷墟曾出土青铜锅、青铜铲和很多能切薄肉的青铜刀，可见殷代已盛行炒菜。主春秋战国说的学者认为中国国家博物馆馆藏的春秋时期的"王子婴次炉"就是一种专作煎炒之用的炊具,而且《楚辞·招魂》《楚辞·大招》等篇章中,列举的菜肴"煎鸿鸧""煎鳛臇雀"等就多次提及"煎"。有了煎法,炒法同时出现自是必然的。主汉代说的学者认为在汉代的一些墓葬中出土了很多"与现代炒锅相近的炊具",如江苏扬州邗江姚庄西汉墓出土的铜灶一侧火眼上放着的"有双耳的小锅",湖南资兴东汉墓出土的"颇具炒功"的双耳釜,这些考古发现的古代"炒锅"就是汉代已有炒法的明证。主魏晋说的学者认为从反映饮食生活的汉晋画像石中可见,当时尚未出现使用高温油炒、炸或者用油炒后再加工成食品的技术。这样的烹饪技术,必须等到铁质炊具在一般民众中普及以后,才能逐渐形成。《齐民要术》成书的北朝时期刚刚见到它的萌芽。

春秋时代王子婴次炉,现藏于中国国家博物馆

主炒法始自商代说缺乏证据支持，青铜锅、青铜铲和青铜刀的出现，并不一定导致"炒法"的出现。此外，张光直先生指出：在周代文献里，最主要的烹饪方法是煮、蒸、烤、炖、腌和晒干等。现在烹饪术中最重要的方法——炒，在当时是没有的。那么，"炒菜"始自商代自然不大可能。以周天子专享菜肴"八珍"为例，并没有发现"炒菜"的记载。

周"八珍"烹饪方法

种类	做法
淳熬	稻米肉酱盖浇饭
淳母	黍米肉酱盖浇饭
炮豚、炮牂	烤炖乳猪或羊羔，包括了酿肚、炮烧、挂糊、油炸、慢炖等多道工序
捣珍	取牛、羊、鹿的里脊肉，经捶打、去筋腱后，煎至嫩熟，再调以香料、酱、醋等食用
渍	将鲜牛、羊肉切薄片，用香酒浸渍，佐以酱醋、梅酱等食用
熬	加香料烘烤而成的肉脯
糁	将牛、羊、猪等鲜肉切粒，调味，再和稻米混合烙熟食用
肝膋（liáo）	烤网油包狗肝

主炒法始自春秋战国说的学者主要论据是中国国家博物馆馆藏的春秋时期的"王子婴次炉"。该炉整体呈长方盘形，敞口，方唇；四壁斜直下收，两长壁外壁中央各有一环耳，两短壁外则各有一个吊链；器底残缺，只余一周二十三个残短柱。四壁饰细密的斜方格谷粒纹。内壁有铭文七字："王子婴次之燎炉。"仔细观察此炉的形制，可以发现此炉与河北满城中山靖王墓以及江苏邳州九女墩出土的方炉十分相似。而这两地出土的方炉据考均是用

于取暖的。如果"王子婴次炉"是炒盘，那么其盘底必须有火提供热量，但从该炉的形制来看，显然无法在底下烧火。因此，关于此炉的用途，学术界多认为是燃炭以取暖的燎炉，而并非炊具。此外，春秋战国时期的各类食单中也不见"炒菜"的身影。战国时期，屈原所著《楚辞·招魂》中提到了许多饮食，原文节选如下：

> 室家遂宗，食多方些。稻粢穱麦，挐黄粱些；大苦咸酸，辛
> 甘行些。肥牛之腱，臑若芳些；和酸若苦，陈吴羹些；腼鳖炮羔，
> 有柘浆些；鹄酸臇凫，煎鸿鸧些；露鸡臛蠵，厉而不爽些。粔籹
> 蜜饵，有餦餭些；瑶浆蜜勺，实羽觞些；挫糟冻饮，酎（zhòu）清
> 凉些；华酌既陈，有琼浆些。归来反故室，敬而无妨些。

《楚辞·招魂》中的"菜单"

研究先秦史及中国饮食文化的林乃燊（shēn）先生将这段文字翻译为："家里的餐厅舒适堂皇，饭菜多种多样。大米、小米、二麦、黄粱，随便你选用；酸、甜、苦、辣、浓香、鲜淡，尽会如意侍奉。牛腿筋闪着黄油，软滑又芳香；吴厨师的拿手酸辣羹，真叫人口水直流；红烧甲鱼、挂炉羊肉，蘸上清甜的蔗糖；炸烹天鹅，红焖野鸭，铁扒肥雁和大鹤，喝着解腻的酸浆；卤汁油鸡、清炖大龟，你再饱也想多吃几口。油炸蛋馓，蜜沾粱粑，豆馅煎饼，又黏又酥香；蜜渍果浆，满盏闪翠，真够你陶醉；冰镇糯米酒，透着橙黄，味酸又清凉；为了解酒，还有玉浆的酸梅羹。归来吧！老家不会使你失望。"《招魂》一般认为是屈原深痛楚怀王被拘禁、客死他乡而作，诗中备陈楚国宫室、食物之美以招怀王之魂，它体现了荆楚饮食文化风格。从这份食单看，并没有炒制法烹调的菜肴。

主炒法始自汉代说的学者论据主要是考古发现中的"双耳釜"，即"鍪"。汉时，随着炉灶的普及，三足器如鼎在炊煮用具中逐渐衰退。釜取代鼎成为汉代以后最主要的炊具。釜类器中大口者称镬，形似后世的大锅，为烹煮用器。小口者可称甑，用以蒸食。鍪与釜外形近似，一般把有耳的称鍪，无耳的称为釜。釜、鍪的主要功能是烹煮，而非炒菜炊具。考古发现中最有名的秦汉时期的"鍪"当数广州象岗山南越王墓所出的十一件铜鍪，它们大小相若，排列有序。铜鍪外底部有烟炱痕，有的还黏附着铁三足架的圆箍，旁边叠放铁三足架九个，说明鍪是置放在铁三足架上用于炊煮的。从鍪内发现青蚶、龟足等海产品推定，铜鍪主要用于烹煮介壳类食物。由此可见，"鍪"并不能作为汉代出现"炒菜"的直接证据。

另外，汉代传世和出土文献中也没有"炒菜"的记载。《盐铁论·散不足》记载，汉代的都市里"今熟食遍列，肴施成市，作业堕怠，食必趣时。

杨豚韭卵，狗臡（zhé）马朘，煎鱼切肝，羊淹鸡寒，蜩马酪日（注者多改动文字，如历史学家王利器先生作：挏马酪酒），塞捕庸脯，胹羔豆赐，鶂䐑（fèn）雁羹，自鲍甘瓠，熟粱和炙"。大意是说：现在熟食到处陈列，食品摆满市场，生产懈怠荒废，饮食必赶时令。烤小猪，韭菜鸡蛋，狗肉片，马鞭，干煎鱼，肝切片，腌羊肉，冷酱鸡，马奶制酒，驴脯胃干，炖羊羔，制豆豉，雏鸡块，雁肉羹，臭鲍鱼，甜瓠瓜，精熟的米饭，味美的烤肉。这则记载中并没有炒制的菜肴。1999 年 5 月，考古工作者在沅陵虎溪山 1 号汉墓（墓主人为长沙王吴臣之子，汉初所封沅陵侯吴阳）中发掘出竹简千余枚，计三万余字，其中有三百多枚关于饮食之简，有"为中粲饭方""为中黄饭主""为稻黍方""为狗茖苴酸羔方"等等，被命名为《美食方》，人称"湘菜第一食谱"。《美食方》中的美馔佳肴名称有近百种，仅仅羹品就有三十余种，如牛白羹、鸡白羹、鹿肉芋白羹等。此外，还有干煎兔、清蒸仔鸡等，如此众多美馔佳肴大多是以炙、煎、熬等方式烹制，并没有发现"炒制"的痕迹。同样的，马王堆汉墓遣策记载的美味食单显示的烹饪方法有羹、炙、脯、腊、濯、煎、熬等，唯独没有"炒"。

综上所述，种种证据表明秦汉时期的人们尚无口福吃上炒菜。那么，"炒法"出现的必要条件是什么呢？

烹炒三要件

据研究敦煌饮食文化的高启安先生分析，"烹炒"方法的出现需要满足三个条件：第一是烹炒工具，如锅铲；第二是炒锅，不同于烹煮的器具，须稍浅而敞口，腹部向下逐渐收缩；第三，须有烹调油脂。也有学者提出其他条件，如切菜刀具的薄和锋利，利于将蔬菜斩切薄细；铁质烹饪器具的出现，利于快速传热等。下面我们分别来看看这三个条件。

第一个条件是锅铲。在河西汉魏时期墓葬中出土的明器陶灶上已经出现了用来炒菜的锅铲。此条件非必要，因为在没有铲的情况下，也可用筷子拨、搅、翻动。

第二个条件是需有平底或圜底，浅腹、阔口的炊具，以利锅铲等炒具烹炒翻动。高启安先生举出的例子是广州南越王墓出土的煎炉，认为这个煎炉是向烹炒炊具过渡的炊具。这件铜煎炉分上下两层，皆作浅盘形，底有四短足，两盘间有四根断面呈曲尺形片条相连，与炉身同铸成，上层炉盘的底面有烟炱，或表明下层炉盘放置燃料，上层炉盘放置兽肉。

笔者认为这种说法有待商榷。因为煎和炒是两种完全不同的烹饪方法，煎炉未必就是炒具的过渡炊具。《说文解字》云："煎，熬也。""熬，干煎也。"干煎的方法类似于煮，所不同的是前者要熬到汁干为止，后者则保留汤汁。《中国烹饪百科全书》中对"炒"的解释为：以少油旺火快速翻炒小型原料成菜的方法。它适用于各类烹饪原料，因其成熟快，原料要求形体小，大块者要改刀成薄、细、小的丝、片、丁、条、末或花刀块，以利于均匀成熟或入味。炒制时油量要少，锅先烧热，滑锅，旺火热油投料，翻炒手法要快而匀。成菜特点是汁或芡较少，并紧包原料，菜品鲜嫩，或滑脆，或干香。一个是干煎，一个是快炒，烹饪技法迥然不同。

再看第三个条件油脂。汉简中有很多"脂""膏"及其价格的记录，居延新简中有"出钱百八买脂六斤"的记载。高启安先生认为汉简中出现的"脂"即动物脂肪，这种"脂"应是通过高温提炼后去除渣滓的纯脂肪。汉简中数量不菲的"脂"应该是用于烹饪，说明此时的菜肴烹饪之油，主要是动物性脂肪。笔者认为动物性脂肪在秦汉之前就有，当是下层民众补充肉食资源不足的无奈之举。这与秦汉时期普通民众喜食动物下水——心、肝、胃、肾、肠等，道理相同。因为无法负担纯肉的高额价格，价格相对低廉的"脂肪"和"下水"自然就成为下层民众乐于食用的"荤味"。而且，动物油脂并非必然用于炒菜，文献表明，很多动物油脂是应用于烹饪调味和面食制作的。汉代在烹制食物时，常以动物油为佐料。常见的动物油包括猪油、羊油、牛油、鸡油和犬油，统称为"脂"或"膏"。

早在先秦时期，人们就已经了解不同的动物脂肪有其独特的气味，他们针对不同的季节、不同的原料，使用不同的脂肪来给菜肴调味。《周礼·天官·庖人》曰："凡用禽献，春行羔豚，膳膏香；夏行腒鱐，膳膏臊；秋行犊麛，膳膏腥；冬行鲜羽，膳膏膻。"大意是供献王者的禽类，春天用小羊、小猪，以牛油来调味；夏天用干雉和干鱼，用犬膏来调味；秋天用小牛、小麋鹿，用猪油来调味；冬天用鲜鱼及雁，用羊脂来调味。

动物油脂还应用于面点制作上。比如，《齐民要术·饼法》载有汉代截饼的制作方法为：用蜜调水来溲和面粉。如果没有蜜，可以煮好的红枣汁来代替；牛油、羊油也可以用；用牛奶、羊奶也好，能使饼的味道脆美。这里就提到了牛油和羊油。此外，《齐民要术》还记载了秦汉时期流行的点心"粔籹"的制法：用蜜和秫米粉捏成环状，而后用猪油煎熟。这里用到的是猪油。

综上所述，笔者认为炒菜汉代说的论据并不充分。其一，诚如高启安先生所言，秦汉时期虽已有锅铲，但此非炒菜出现的必要条件，因为在没有铲的情况下，也可用其他炊具如勺子、筷子等完成拨、搅、翻动等烹饪动作；其二，煎和炒是两种完全不同的烹饪方法，煎炉未必就是炒具的过渡炊具；其三，汉简中出现的"脂""膏"（动物脂肪）并非必然用于炒菜，可能用于菜肴的调味或面食制作。此外，选择食用动物油脂也可能是平民百姓在肉食资源紧缺情形下的无奈之举。总之，正如彭卫先生所言：除去炒法外，中国传统烹饪方法在秦汉时期都已出现。炒法尚未出现的原因，可能与当时的食具特点（如釜、甑等只适合煮熬食物）以及植物类油料还没有进入饮食生活有关。

梁武帝倡素食

唐代诗人杜牧所写的一首七绝《江南春》云："千里莺啼绿映红，水村山郭酒旗风。南朝四百八十寺，多少楼台烟雨中。"诗中"南朝四百八十寺，多少楼台烟雨中"描写的正是南朝，特别是梁朝过度发展佛教的史实。佛寺的广泛修建，极大地耗费了国家财政，导致国家国力的急剧衰退，最终这些一度香火鼎盛的寺庙也消失在历史的烟雨中。中国历史上如果要挑选出一位最信佛的皇帝，那么一定非梁武帝萧衍莫属了。

梁武帝是南北朝时期梁朝的建立者，当政前期，他勤于政务，改革弊政，选贤与能，颇有政绩。但是到了统治后期，他开始笃信佛法，在其大力支持下，当时的佛教发展达到了鼎盛，梁朝的京城建康城内，最多时佛寺有五百多座，僧人十万有余，庙产丰厚。梁武帝一心发展佛教，先后四次"舍身"为僧，每次都由大臣耗费重金将其"赎回"。巨额赎金自然是用于大肆兴建佛寺，并为佛寺大量捐钱。而王侯大臣也上行下效，进而影响了整个梁朝的社会风气，梁朝上自王公贵族，下至平民百姓，都过度沉迷于佛教，这在很大程度上影响了经济的发展。到了梁武帝晚年，他又引狼入室，接受了侯景的归降，最终酿成了"侯景之乱"，这位中国历史上最虔诚的皇帝最终落得在皇宫内被活活饿死的悲惨结局。梁朝也就此衰败，

梁武帝萧衍像，出自明代王圻、王思义撰辑《三才图会》

没过多久就被陈朝取代。

梁武帝大起大落的人生轨迹确实令人唏嘘。但您知道吗，这位笃信佛法的皇帝其实与烹饪中"炒法"的出现有着密切的关系。

有学者认为，炒蔬菜的出现是炒法成熟的标志，其时间与南朝梁代的素食流行相当。两汉之际，佛教传入中国。当时的佛教戒律中并没有不许吃肉这一条。僧徒托钵化缘，沿门求食，遇肉吃肉，遇素吃素，只要吃的是"三净肉"即可。所谓"三净肉"指的是不自己杀生、不叫他人杀生和未亲眼看见杀生的肉。

魏晋南北朝时期，汉族僧人信奉的主要是大乘佛教，而大乘佛教教义中有反对食肉、饮酒、吃五辛的条文。这种"种善因""戒杀放生""素食清净"的思想与儒家倡导的"仁""孝"思想不谋而合，所以深得统治者的推崇。笃信佛法的梁武帝萧衍认为断禁肉荤是佛家必须遵从的良善之举，他身体力行，以帝王之尊崇奉佛教，在他的影响之下，中国汉传佛教开始形成断酒禁肉的素食戒律。自此，素食开始流行起来。素菜以擅烹蔬菽、清鲜淡雅为特点，其制作日益精美，成为中华饮食文化不可分割的一个重要组成部分。

植物油的出现，是"炒法"出现的必要条件之一，魏晋时期植物油榨取技术的出现，丰富了食品制作的加热技术。据《齐民要术》记载，我国最早使用的食用植物油应该是荏子油，"收子压取油，可以煮饼"。此外，还有麻油。有学者认为中国历史上最早的一道炒菜可能是南北朝时期的"炒鸡蛋"。《齐民要术》记载的"炒鸡子法"云："打破铜铛中，搅令黄白相杂，细擘葱白，下盐米、浑豉。麻油炒之，甚香矣。"大意是：打破鸡蛋，下在铜锅里，搅打，将蛋黄和蛋白和匀。加入擘细了的葱白、盐花、整粒的豆豉，用大麻油炒熟，很香很好吃。植物油脂的出现，是加工技术的一大进步，也昭示着"炒法"的即将诞生。

此外，铁质炊具的广泛普及，客观上也促进了炒法的发明。秦汉时期以后，青铜质的炊事用具几乎成了贵重的礼器，代之而起的是铁质炊具的盛行。铁质炊具的传热性能明显优于青铜质炊具，且冶铁业技术的发展，导致铁制品的价格下降，这使普通民众也能用得起金属炊具。铁质炊具——铁锅的普遍使用，再加上植物油脂的成功提取，两者共同推动了"炒法"的诞生与普及。

《齐民要术》中记载的"炒鸡子法"

炒与中国文化

中国菜之所以能征服世界，是与中国多种多样独特的烹饪方法密切相关的，其中炒的方法就是中国人的独创。而至今外国厨师尚不会或不善于使用炒法。炒是中国乃至世界烹饪史上的大事。近代以来，中餐日渐传遍世界，受到外国友人的欢迎。作为中餐的代表，"炒"俨然已经成了中国烹饪的金字名片，这种火光翻转，宛如导弹爆炸一样的神奇烹饪方法让外国友人瞠目结舌，感叹中华饮食文化之博大精深。

"炒法"出现以后，在漫长的历史进程中，其与国人日常生活的联系越发紧密，很多现代词汇中都包含"炒"字，如"解雇"被称为"炒鱿鱼"。"炒鱿鱼"本来是粤菜中的经典菜品，为什么会成为"解雇"的代名词呢？原来，所谓"炒鱿鱼"，指的是炒鱿鱼片，当鱿鱼片被炒熟时，会自动卷成圆圈状，正好像被开除的员工将自己的铺盖卷起一束时的模样，故此，"炒鱿鱼"就成为"卷铺盖走人"的同义词。又如现在的流行词汇"炒车""炒房""炒股票""炒基金""炒 CP"等等，指的是通过买卖转手或是大肆宣传达到资产增值或持续的媒体关注度，用炒菜做比喻，非常形象生动。

生养之本

"灶"字从火、从土，在词典中有两个解释：其一，用砖石砌成的生火做饭的设备，如锅灶、炉灶。其二，指"灶君"（中国民间在锅灶附近供奉的神明），如祭灶。《太平御览》引李尤《灶铭》谓："燧人造火，灶能以兴。"原始先民发明用火、进行火食之后，必须有一定的炊事场所进行饮食原料加工，这类炊事场所也是进食的地方。

史前的炊事设施有一个大致的发展过程：篝火——火塘——灶。最初阶段为篝火，仅仅生一堆篝火，人们围火而食。但平地起篝火，火极易熄灭。后来便出现了一种人工修砌的生火设施——火塘。这是一种圆形或其他形状的生火设施，特点是敞口，并配以石三脚和陶支子，进行炊事活动。但火塘这种敞开式无遮挡的炊事设施存在很大的不足，如火势比较分散，燃料消耗大，浓烟多，甚至容易失火。通过长期的实践，原始先民终于发现了解决火塘缺陷的方法，那就是将三脚架空当围起来，留下灶口和上部出烟口，既能防火控火，又能使火势集中。这样，原始的灶就出现了。

中国国家博物馆馆藏的新石器时代仰韶文化釜灶由釜和灶两种器具组合而成。上部为釜，广口圜底，有明显的折肩，肩部装饰弦纹。下部为灶，

新石器时代陶釜灶，
现藏于中国国家博物馆

圆口平底，底部有低矮的足钉。侧壁开一个上窄下宽的方形口，直通灶的内部。灶口处按压出波浪状花边装饰。釜灶兼具炊器与烧灶的功能，烹饪时可以直接在灶内生火，于釜内烹煮。由于体积不大、便于移动，使用起来很方便。

灶者，造也

从考古资料来看，春秋战国出土的灶具相对较少，而秦汉时期则出土了大量的灶具。究其原因，春秋战国时期仍然盛行鼎、鬲等三足炊具，进入秦汉以后，绝大多数炊具（如无足炊器釜）必须与灶相结合，才能进行烹饪活动，灶因此成为烹饪活动的中心。《释名·释宫室》云："灶，造也，造创食物也。"就是说"灶"能给人们提供食物的加工方法，创造新的饮食内容。湖南长沙市阿弥岭出土的滑石灶，在灶屋侧壁方形孔的活动滑造板上就刻有"造"字，充分印证了灶具的造食功能。

考古发现中，无论是画像砖石、壁画等图像资料，还是厨房组合明器，均将灶放在突出的位置，足见汉代人对"灶"的重视。西汉中期以后，随着厚葬之风的盛行，与人们生活紧密相关的陶灶明器在随葬品中的分量变得越来越重，灶乃生养之本的观念深入人心。

汉代的灶不仅讲究实用性，也逐渐注重其外在的美观。西汉初期，灶的外形往往比较质朴。西汉中期之后，人们在灶的表面装饰各种花纹和图饰，兼具实用性与审美性。从出土的陶灶模型和画像砖、画像石上的图案来看，灶面有圆形、椭圆形、方形和船形等几种形状，灶门有方形、长方形和券形等形式，灶面上一般有一个大火眼和两个或两个以上的小火眼。西汉早期的灶面往往只有一个大灶眼，西汉中晚期至东汉时期，灶面面积逐渐增大，有的灶眼扩大到三至五个，灶面上模印出各种食品和炊事用具的造型，如鱼、龟、肉、馒头、瓢、铲、钩、削、刷、箅、勺等多种庖厨物品和用具，这是人们日常饮食生活的真实写照。从这些造型中，不仅可以看到当时的炊事用具，还能了解时人食物的主要构成。为了增强生活气息，有的陶灶灶面还模印有猫和鼠造型，非常生动。

东汉陶灶，现藏于中国国家博物馆

中国国家博物馆馆藏的广东广州先烈路出土的陶灶是南方灶具的典型代表：此陶灶似船形，一端上翘，灶面上有三个火眼，上置釜形炊具，灶身两侧附汤缶，灶门口堆塑狗、猫等动物。当时，南方各地流行船形灶，至东汉晚期，船形灶后部拢合上翘。除放置北方常见的釜甑外，南方陶灶上往往在前面的火眼上置双耳锅。广东广州地区出土的陶灶还常在灶台两侧附装汤缶，生动地反映了当地"宁可食无菜，不可食无汤"的饮食习俗。此外，南方的灶通常在灶前塑造出庖人及猫、狗的形象，而不似北方灶在灶面上模印或刻画厨具和食品等纹饰，这反映了地方饮食习惯和风俗的差异。

曲突徙薪

战国晚期以后，随着无足炊器——釜在人们生活中的大量使用，新的炊火设施已经出现，这就是有封闭燃烧室和固定烟道的灶。汉代桓谭的《新论》记载了这样的故事：有客人发现主人家里火灶的烟囱是直的，火灶旁边还放着一堆柴火，就建议主人"更为曲突，远徙其薪"（把烟囱改成弯的，把柴火堆挪远一些），以免发生火灾。主人默然不应，没有采纳这位客人的意见。不久，主人家里真的失火了，邻居们都跑来救火，好不容易才把火扑灭了。为了酬谢邻里，主人"杀牛置酒"招待大家。席间有宾客批评主人没有邀请提出"改造烟囱、挪走柴火"建议的客人，主人听了，醒悟到自己的做法不当，赶忙把规劝过自己的那位客人也请来赴宴。这种"曲突"灶不仅安全，且通风助燃，火苗旺，温度高，是理想的灶具类型。

"曲突徙薪"的"薪"指的是烧灶的燃料，即今天所谓的木材。秦汉时期，烧灶的燃料主要有薪、苇、草、炭等。其中，薪的使用最为普遍。传世文献和考古资料表明汉代人所伐及使用的薪材多为树木上的旁枝或较小的树木。平民百姓所用薪材自然是自己所伐，《四民月令》规定每年五月应储备薪、炭等燃料，"以备道路陷淖不通"。贵族官僚所用薪材来自朝廷的分发，如《汉书·淮南王传》记载，淮南王刘长被废，朝廷"给薪菜盐炊食器席蓐"，这里记载的朝廷分发的饮食物品中，薪占据首位。在家庭中，准备薪材的工作通常由晚辈、仆役、女性承担，如山东诸城前凉台画像砖显示的画面中，有专门的仆役负责劈柴烧火；《后汉书·王良传》记载，以俭朴著称的东汉大司徒王良之妻常常"布裙曳柴"。边地戍卒的一项重要任务就是伐薪，居延汉简和青海大通上孙家寨汉简中均有"取薪材"的记载，说明边地戍卒通常就山取薪。汉简中对于薪材有"大积薪"和"小积薪"之分，可能是根据体量对薪材进行的分类。社会上也有以卖薪为业者。《汉书》记载，西汉朱买臣落魄时，"刈（yì）薪樵出卖，以给食"；《三国志》记载，东汉时马腾"少贫无产业，常从鄣山中斫材木，负贩诣城市，以自供给"。

萑苇（芦苇）的火力虽不及薪材，但胜在取用方便，尤其是对居住在水草丛生地区的居民来说，它是比薪材更易取用的燃料。史籍记载，汉武帝时期东郡地区曾因大量以苇草为薪，而出现过"薪柴少"的情形。木炭着火早、升温快、不易受潮，是比薪材和萑苇更高级的燃料。汉代人对木炭的需求量很大，前文述及烤肉时曾提到过西汉时期权贵之家动用百余人集体制炭的宏大场面。除了上述燃料外，秦汉时期，人们还使用牛粪作燃料，但文献对此记载极少，应该并不普遍。

有了燃料，烧灶还需取火工具，这一时期，主要的取火用具有阳燧、木燧、燔石等。阳燧和木燧是秦汉时期的重要取火工具。清代顾炎武《日知录》中说："明火以阳燧取之于日，近于天也，故卜与祭用之；国火取之五行之木，近于人也，故烹饪用之。"用阳燧取火，称作"明火"；用木燧取火，称作"国火"。《淮南子·天文训》曰："阳燧见日，则燃而为火。"但由于阳燧的工艺制作过程较为复杂，所以秦汉时期一般人家亦用刀剑等金属器物向日取火。用于钻木取火的工具称为木燧，《淮南子·原道训》谓"两木相摩而然（燃）"。在西北地区曾经发现很多疑似木燧的长方形木棒，这些木棒一端削成握柄，两侧均有未穿透的圆孔，与阳燧不同，木燧不受自然条件影响，使用范围更广。取火不仅用于烹饪，木燧的考古发现多集中在西北地区，表明这些木燧还可能与边塞军事活动有关。如居延新简中有一则重要的简册，名为《塞上烽火品约》，这是汉代边地烽火台临敌报警发布烽火信号的条例。该简册中规定：如果遇敌人来犯，长城沿线的防守人员就要报警。 按照要求，夜里点的火叫"烽"，白天烧的烟叫"燧"。 当时在长城沿线驻防的部队将敌情根据不同的目的和数量划分为五个级别：敌人十人以下在塞外者称为一品，情况不十分紧急；敌人十人以上五百人以下者称为二品，情况稍急；敌人有千人以上且入塞者称为三品，情况更为紧急；敌人千人以上且攻打亭鄣者分称为四品、五品，情况最为紧急。 该简册对研究汉代的烽燧制度以及边塞防御系统是十分重要的资料。

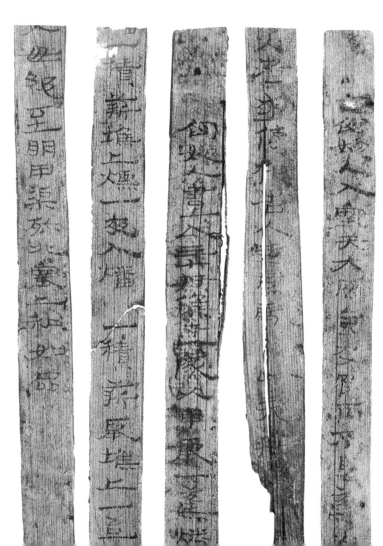

居延新简《塞上烽火品约》

灶神崇拜

秦汉时期的人们对"灶"极为重视,认为灶乃"生养之本"。在时人看来,祭祀灶神不仅可以给自己带来好运,也能为家族带来福祉。《后汉书》中记载了这样一则故事:西汉宣帝时,有一个名叫阴子方的人,他事亲至孝,为人忠厚仁慈,尤其喜欢祭祀灶神。有一年腊日(腊月初八),阴子方早晨起来做饭,竟然遇见了灶神显灵,而且灶神竟然要祝贺他!阴子方很恭敬地对灶神拜了又拜,接着把家中的黄羊杀掉奉祀。此后,阴子方暴富,其三世女阴丽华当上了东汉光武帝皇后,阴氏家族还有四人封侯。相反,如果作为家庭象征的"灶"出现问题,则是不祥之兆。《汉书》记载,西汉中期,霍氏家族被诛灭前,霍光夫人显梦"灶居树上",做这样的梦,在时人看来可是家破人亡的预兆。

尽管秦汉时期灶神的地位较高,但在先秦时期,灶神则是地位相对低下的小神,这一点可从《战国策》《韩非子》等文献收录的"侏儒梦灶"的故事中看出来。春秋时期,卫灵公宠爱奸臣弥子瑕,朝中大臣皆敢怒不敢言。一日,宫中的一个侏儒对卫灵公说:"我的梦应验了!"卫灵公忙问他:"你做了什么梦?"这个侏儒回答道:"我梦见灶神了,知道今天能见到大王。"卫灵公听了,非常生气地说:"我听说将要见到君主的人会梦见太阳神,你为什么见到我之前会梦见灶神?"侏儒回答道:"太阳普照天下,任何一件东西也遮挡不住,君主犹如太阳普照整个国家,任何一个人也遮挡不住,所以将要见到君主的人会梦见太阳神。火灶呢,一个人在灶头烧火,后面的人就看不见火光了。如今也许是有人遮蔽了您的光芒吧,那么,我梦见灶神不是很自然的事情吗?"在这则故事中,聪明的侏儒用一个人烧火而遮住了光亮，来比喻小人擅权，蒙蔽了国君的视听，成功地向卫灵公提出了谏言。这则故事还有一点值得关注，那就是在卫灵公看来，灶神的地位根本无法和太阳神相比，侏儒把自己与灶神联系在一起是"耻辱"，因此卫灵公才勃然大怒。

由此可见，先秦时期的灶神应是难登大雅之堂的低等小神。到了秦汉时期，灶神的地位逐渐上升，"祀灶"活动日趋普遍。汉代史籍中多有祀灶的记载。除了前述"阴子方祀灶"的故事外，《汉书·息夫躬传》中记载，西汉末期，佞臣息夫躬"祀灶"；《太平御览》引《后汉书》载，东汉官员张忠署孙宾为主簿，"遂祭灶请比邻"。

我们现在所见的灶神（又名"灶君"）是男性形象，但在秦汉时期，灶神的形象却有男女两种。一种是女性神"先炊"。《礼记·礼器》云："奥（注疏曰，奥为爨字之误，或作灶）者，老妇之祭也。"这种说法显然与女性在厨事活动中的作用有关。灶神为女性的观念，起源于上古时期母系社会中对掌管炊事的年长、有威望的妇女的崇拜，先秦文献中称其为"先炊之人""老妇之祭"，其形象为"赤衣，状如美女"。汉代陶灶前壁、火门的两侧部位往往有人物组合造型。在这些人物组合中，有一种女性的形象非常突出：身材高大，手持拨火棍，并采取跽跪姿势。有学者认为这种头戴高冠的女性与一般普通的烧火或者炊煮人形象在构图和衣着方面有着显著差异，表现的应该就是灶神的形象。

还有一种说法，即灶神是男性火神炎帝。汉代最早将火神视为灶神的是《淮南子》。《淮南子·氾论训》载，"炎帝于火，死而为灶"，高诱注曰："炎帝神农以火德王天下，死托祀于灶神。"王充《论衡·祭意》云："炎帝作火，死而为灶。"高诱和王充均生活于东汉时期，这说明将火神炎帝视为灶神，是东汉时期人们的通识。可能是男性的火神形象更具有威慑力量，秦汉时期的人们更多地接受了灶神为火神炎帝这一说法。这一传统延续至今，所以我们现在所见的灶神像就是男性的形象。

另起炉灶

在中国古代社会，当儿子长大成人以后，娶了妻子，从父母的家庭分出去而另外组成一个新的家庭之时，就需要"另起炉灶"了。"灶"对中国人而言，有着极为重要的象征意义，一个家庭只能一个炉灶，出现两个炉灶，就意味着"分家"。中国人这种对灶极度重视的意识从秦汉时期就打下了深刻的烙印。

灶作为厨房最基本的设备，没有灶就等于没有厨房，没有灶也相当于没有家。所以秦汉时期的占书有"卖灶，利少无谋，难以得家"的说法。在人们的意识中，灶神主宰着一家的祸福吉凶，是家家户户必不可少的神灵。古代社会围绕着灶神形成了各种风俗和祭社礼仪，影响一直延续至今。比如，现代人依然延续祭灶的古老传统。祭灶时间北方在腊月二十三，南方在腊月二十四。祭灶前夕，要把旧年的灶神像取下来，晒干，以利祭灶上天时焚烧。同时要准备祭品。祭品以甜食为主，以便封住灶神的嘴，请他上天言好事。

第三编　天之美禄

顾左右兮和颜，酌羽觞兮销忧

　　"顾左右兮和颜，酌羽觞兮销忧"，这句辞赋出自西汉著名才女、《汉书》作者班固之祖姑——班婕妤。班婕妤曾是汉成帝宠幸的后宫妃子，也是西汉著名的女辞赋家，史称她善诗赋，厚美德。古代才貌双全的女子数不胜数，班婕妤的特别之处不仅在于出众的才华，更在于通达的人生态度。在她得宠的时候，她并没有表现出傲慢与放纵，而是遵从礼节，行事端正。一次，汉成帝命人制作了一辆大辇（niǎn）车，想要跟班婕妤同车出游，但是被班婕妤拒绝了，她说："臣妾喜欢读史书，经常看到书中只有那些昏庸、亡国之君才让妃嫔陪伴出行。如果臣妾现在真的和陛下一同坐在这辇车之上，那我们岂不是和那些亡国之君及其妃嫔一样了？"这样一番清晰的说辞震惊了全场，也让汉成帝心悦诚服，放弃了同她一起游玩的念头。当汉成帝迷恋赵飞燕姐妹，逐渐疏远她以后，班婕妤也没有表现出妒忌的心理，而是选择了明哲保身，急流勇退，主动提出侍奉太后的请求。在长信宫服侍皇太后之时，班婕妤创作了《捣素赋》《怨歌赋》《自悼赋》等作品，抒发自己在宫中的苦闷之情。"顾左右兮和颜，酌羽觞兮销忧"正是出自《自悼赋》，意思是看看左右两边一张张和悦的面孔，也只好举起精美的酒杯借酒消愁啊！

　　上述班婕妤的故事，一方面表明在汉代时，人们已有饮酒能解忧的意识；另一

北魏司马金龙墓出土的画漆屏风《班姬辞辇图》

方面说明汉代女性饮酒也为平常之事。

　　酒是体现人类社会文明进步的重要发明。酒在怡养身心、谐调生活、娱乐休闲、活跃社交等社会生活史的诸多层面都表现出重要的作用。汉代人称酒为"天之美禄"，说它是上天赐予人类的礼物，既可合欢，又能浇愁，味之美，意之浓，无可比拟。

　　酒的出现不是人类的发明，而是天工的造化。最早的酒应是落地野果自然发

明人画作《千秋绝艳图》中的班婕妤

酵而成的。水果果浆中含有大量葡萄糖，果实尤其是浆果的表面繁殖着酵母，在适合的温度条件下，果浆就发酵成酒。果酒之外，乳酒出现的时间也较早。动物乳汁中含有乳糖，也易发酵成酒，古代先民们很可能在狩猎过程中意外地从留存的乳汁中获得乳酒。无论是果酒或乳酒，它们都属于单发酵酒类，由原料产生的天然酵母菌使糖直接发酵成酒，无须人为干预。

而谷物酿酒才是人工酿酒的开端，现有证据表明中国人工酿酒的历史可以追溯至新石器时代。西汉刘向《淮南子·说林训》云："清醠（àng）之美，始于耒耜。"粮食生产的初步发展为酿酒提供了原料上的准备。当种植的谷物出现剩余，人们才有了规模性酿酒的基础条件。进而，古人又将蘖（niè，谷芽）和曲（酒母）用于酿酒。《尚书》所述"若作酒醴，尔惟曲蘖"，就是对曲蘖酿酒这项新技术的真实描述。

秦汉时期，酿酒技术有了很大进步，表现在制曲技术的提高、滤酒方式的改进、酒的度数提高、九酝酒法等酿造工艺的创新等。秦汉以后，至于唐宋，酿酒皆是以谷物蒸煮，加曲发酵，压榨成酒。元代出现了蒸馏酒，而后逐步普及。

中华酒文化的内涵极为丰富，不仅包括高超的酿造技艺，还有琳琅满目的精美酒具以及不同地域和民族的酒礼酒俗。古人讲究"美食美器"，造型优雅的琳琅酒具也是酒文化的重要物质载体。秦汉时期，青铜酒器和漆质酒器并重，也有少量金银、玉、玻璃质酒器，这些精美酒具大大丰富了古代酒文化的内涵。无论是高贵的云纹玉高足杯、栩栩如生的错金银云纹青铜犀樽，还是运用虹吸原理的青铜鸟柄汲酒器、形似新月的羽觞耳杯，都仿佛能将人带回到两千多年前那些觥筹交错、气氛热烈的酒宴之上。

酒的味道甘美芳香，既是豪情壮士宣泄情感的媒介，又是文人雅士激发创作灵感的催化剂。但酒又对人具有极强的诱惑力，易使人沉湎其中而导致祸事。鸿门宴上的危机四伏，慷慨激昂的《大风歌》，"高阳酒徒"郦食其，佯装乐酒好内以避灾祸的刘胜，嗜酒如命、演出"拔辖投井"闹剧的陈遵，酗酒任性而引致边疆政局动荡的辛汤……秦汉四百多年的历史舞台上演着一幕幕精彩的酒徒故事。

酒令是中国特有的酒文化之精华，两千余年盛行不衰。酒令产生之初，并非用来娱酒助兴，而是用以辅助酒礼。春秋以后，随着礼坏乐崩，酒令便丧失了其原有的"礼"的底色，成为宴饮娱乐的助兴游戏。秦汉时期，酒令、令骰、投壶、六博频繁出现在各类酒宴上，此后更是发展出了数百种雅俗共赏的酒令形式。

除忧欢伯

　　酒作为一种最独特的饮品，具有水之形、火之性，它既与几千年来中国历史的发展有着千丝万缕的联系，又流淌、渗透、融汇在古往今来人们的精神情感领域。它见证了人们的欢庆喜悦、亲朋相会，见证了英雄勇士的功败垂成，使多少昏庸君主沉湎享乐，又使多少文人墨客灵感迸发、落笔成珍？酒的功过，从其诞生之日起，就与中国人的精神生活有着不解之缘。

　　我们的祖先出于对酒的特别情缘，对此杯中之物赋予了许多雅号、美称。《诗经·大雅·江汉》，"釐尔圭瓒，秬鬯（chàng）一卣"；又《诗经·豳风·七月》，"十月获稻，为此春酒，以介眉寿"。《汉书·食货志》云，"酒者，天之美禄，帝王所以颐养天下，享祀祈福，扶衰养疾"；西汉焦延寿《易林·坎之兑》云，"酒为欢伯，除忧来乐"。东汉刘熙在《释名·释饮食》中说道："泛齐（jì），浮蚁在上，泛泛然也。"酿酒过程中，浮糟如蚁，故名。陶渊明《责子》云："天运苟如此，且进杯中物。"

　　据彭卫先生考证，秦汉时期的酒类有多种命名方式：第一，按照酿酒的原料命名，如黍酒、稻酒、柏酒、椒酒等；第二，按照酿酒的时间和方法命名，如酎酒、酝酒等；第三，按照酒的色味命名，如白酒、旨酒、青酒等；

第四，按照酒的等级命名，有上尊、中尊、下尊等。笔者根据出版人徐海荣先生主编的《中国饮食史（卷二）》一书内容将秦汉时期的十七种美酒的特征及出处制成下表。

秦汉时期的美酒种类

酒名	特征	出处
酎酒	多次复酿的醇酒，质量最高的酒	《礼记》
酏酒	反复酿制的酒	马王堆汉墓遣策、张衡《南都赋》
助酒	沥去酒渣的酒	马王堆汉墓遣策
醪（醴）	米酒	《周礼》《释名》等
盎酒	白酒	《周礼》、马王堆汉墓遣策
黍酒	黍米酿制	满城汉墓酒缸书文
稻酒	稻米酿制	满城汉墓酒缸书文
稗米酒	稗米酿制	《氾胜之书》
金浆	甘蔗汁酿制	《西京杂记》
青酒	缥酒，因酒色呈淡青色而得名	枚乘《柳赋》、曹植《酒赋》
菊花酒	菊花所制，保健酒	《西京杂记》
桂酒	桂皮泡制	《汉书》
百末旨酒	甜酒	《汉书》
椒酒	花椒酿制	《汉书》《四民月令》
柏叶酒	柏叶酿制	《汉官仪》
马酒	马酪酿制	《汉书》
葡萄酒	来自西域的果酒	《后汉书》

古代美酒实物在考古工作中也偶有发现。2018 年，考古工作者在陕西西咸新区空港新城岩村秦人墓葬出土的铜壶中发现约 300 毫升透明纯净的乳白色液体，经科学检测，人们发现液体中含有较高的羟脯氨酸、谷氨酸等氨基酸，属于酒类物质。其实，这并不是古代美酒实物的首次考古发现。1977 年，考古工作者在河南平山县战国中山王墓中发现了两个有酒液残存的铜壶，壶内酒液一种青翠透明，类似现在的竹叶青，另一种则呈黛绿色，启封时酒香扑鼻。2003 年，陕西省西安市未央区枣园汉墓出土了一件西汉时期的镏金凤鸟铜钟。这件盛酒器不仅造型精致，最令人称奇的是，它出土时里面还盛放着 26 公斤翠色清澈的西汉美酒。这些美酒实物的出土，仿佛让我们回到两千多年前那个觥筹交错、酒酣歌起的繁华时代。

西汉镏金凤鸟铜钟，
现藏于西安博物院

仪狄、杜康造酒？

关于这种天赐美物的起源，古人较通行的说法是"仪狄造酒"与"杜康造酒"。据《战国策·魏策》记载，仪狄是大禹手下的一名臣子。帝女令他造出美酒，献给大禹。大禹一喝，味道甘甜醇美，意识到"后世必有以酒亡其国者"，所以从此"疏仪狄，绝旨酒"。从这段传说中"仪狄作酒而美"的记载可知仪狄只是改进了酿酒的技术，造出了味道甘美的酒，言外之意是在仪狄之前，已经有人工酿酒了。

从《战国策》的记载看，"仪狄"似乎为男性，但先秦文字则隐晦地表示出了"仪狄"的女性身份。明周淑禧《杜康庙》云："最怜苦相身为女，千载曾无仪狄祠。"让这位女诗人感慨的是人们对于仪狄和杜康这两大"酒神"的区别对待。研究中国饮食文化的赵荣光先生认为对女性酒神"仪狄"的不公正对待恰恰源于秦汉时期历史文化上的"性"变革。因为先秦文献记载中仪狄有女性的嫌疑，因此她的中华"酒神"角色就被没有女性色彩的杜康取代了。由生殖崇拜导致的女性月事、乳汁迷信与劳动的社会分工等原因，决定了史前时期的酿酒事务由女性来承担。因此，仪狄作为中华文明史上最早见于文字记载的署名酿酒师，应当是已经生育过的女人。

《周礼》记载的食官中有关发酵的具体事务也均由女性承担。秦汉时期，女性从事酿酒、沽酒之事也不乏记载。史籍记载，汉高祖刘邦微时经常去王家和武家两家酒馆喝酒，两家酒馆的老板均为女性；卓文君和司马相如携手私奔后重返卓家所在的临邛（qióng），买一酒店，文君在店堂卖酒，相如和雇工酒保一起洗涤酒器；四川彭县（今彭州市）出土的东汉酿酒画像砖上还有女性搅拌酒糟的图像，这些现象应是受到从远古时代流传下来的女性事酒食遗风的影响。此外，近现代的一些少数民族也保留着由女性"嚼米为酒"的风俗。"嚼米法"的运用是因为这些少数民族尚未掌握造曲技术，故只能沿袭远古以来的口嚼做曲法，即利用唾液酶充当酒曲以促发酵，将被咀嚼过的"米"储存于器皿内，假以时日，酒即酿成。以上种种资料表明，女性在早期酒文化史上占有重要的地位。

除了"仪狄造酒"说外，流传更为广泛的是"杜康造酒"说，《说文解字》云："古者少康初作箕帚、秫酒（指高粱酒）。"这句话的意思是古时候，少康开发出一系列关于高粱的产品：用高粱秸制作畚（běn）箕，用脱粒后的空高粱穗制作扫帚，用高粱酿制美酒。据史籍记载，少康是夏朝第五代君王夏后相的儿子。乱臣寒浞（zhuó）逼死了夏后相，已有身孕的相妻缗幸逃过追杀，投奔娘家有仍氏（今山东济宁一带），在那里诞下一个遗腹子，名为少康。后来，少康做了有仍国的牧正（掌管放牧事务的职官），为躲避浇的追杀，他又逃到了有虞国（今河南虞城一带），在那里他担任了管理膳食的庖正并深得有虞国国君的赏识。有虞国国君不仅把自己的两个女儿嫁给少康，还赠予他土地和人丁。由于少康以德待人，终于灭浇复夏，成为夏朝的第六代君王，实现了国家的中兴，史称"少康中兴"。

许慎在《说文解字》"少康作秫酒"的说法之后又补充道："少康，杜康也。"意思是少康的别名为杜康。杜康作为中国酿酒始祖的说法虽晚于仪狄造酒说，但其流传范围较后者更为广泛。中国历史名酒——杜康酒即因杜康始造而得名，有"贡酒""仙酒"之誉。魏武帝曹操曾赋诗云："慨当以慷，忧思难忘；何以解忧，唯有杜康。"然而，先秦史籍中谈及少康时均不见载其造秫酒之事，更看不出少康即杜康；南朝梁萧统在《文选》中又云杜康为黄帝时宰人；此外，还有杜康是周代人或汉代人的说法。众说纷纭，莫衷一是。

总之，文献记载中的"仪狄造酒"和"杜康造酒"均存在很多疑点，种种证据表明，早在人们掌握谷物酿酒技术之前就已经品尝到美酒的滋味了，最早的酒应该是自然发酵的果酒。

自然的恩赐

唐人李肇所撰《国史补》中记载了一种十分有趣的醉酒捉猴法。居于深山野林中的猿猴非常聪明伶俐，如何能够捕获它们呢？通过长期的观察，人们发现并掌握了猿猴的一个致命弱点——嗜酒。于是，人们就在猿猴出没的地方做出饮酒的动作，饮毕后又作醉卧状。猿猴们闻到酒香，纷至沓来，仿效人的样子饮酒不止，最后醉到不省人事，终被捕获。猿猴是灵长类动物中智商较高的一种，和人一样嗜好甜味和酒香。所以，人们就利用猿猴嗜酒的弱点设计将其捕获，不仅在中国，东南亚、非洲等地的人们也用类似方法捉猴。

其实，中国古代还有很多关于"猿猴"与"酒"的故事，甚至还有"猿猴酿酒"的说法。明人李日华在其著作《蓬栊夜话》中说："黄山多猿猱（náo，猴），春夏采杂花果于石洼中，酝酿成酒，香气溢发，闻数百步。野樵深入者或得偷饮之。"意思是黄山的猿猴在春夏之际采摘很多花果放在洞穴内，后来花果发酵成酒，香味四溢，数百步外就能闻到香气。上山砍柴者偶尔也会偷饮此酒。又清代陆祚蕃《粤西偶记》曰："平乐等府，深山中猿猴极多，善采百花酿酒，樵子入山，得其巢穴者，其酒多至数石，饮之，香美异常，名'猿酒'。"意思是今天广西东部等地的山区有很多猿猴，它们擅长采集百花酿成美酒，上山的樵夫如果偶然找到猿猴藏酒的洞穴，最多的时候可获得数石的酒液，这些酒液甘甜味美，被称为"猿酒"。"猿猴善采百花酿酒"说诚不足信，但猿猴将大量水果储存于洞穴内却可信度极高。水果果浆中含有大量葡萄糖，果实尤其是浆果的表面繁殖着酵母，在适合的温度条件下，果浆就发酵成酒，无须人为干预。"猿猴嗜酒"和"猿猴酿酒"故事说明了人和猿猴一样都通过观察自然发现了"酒"的秘密，那就是堆积在一起的高糖分浆果为酵母菌的繁衍滋长提供了优渥的环境，在这种环境中，浆果内的糖被酵母菌分解而发酵，酒液就自然出现了。因此，远古先民们最早品尝到的酒类不是谷物酒，而是果酒。

果酒之外，乳酒出现的时间也较早。动物乳汁中含有乳糖，也易发酵成酒，以狩猎为生的先民们也有可能意外地从留存的乳汁中得到乳酒。果酒和乳酒均属单发酵酒类，即无须人为干预，由原料产生的天然酵母菌可使糖直接发酵成酒。即便后来有了人工谷物酿酒，水果酒在史籍中也不乏记载。宋人周密《癸辛杂识》曾记载贮藏在陶缸中的山梨意外变成了梨酒的事情，而元人元好问的《蒲桃酒赋》中也谈及了堆积在缸中的蒲桃自然变成葡萄酒的记载。可以想见，先民们偶然嗅到落地腐烂的果实散发出的阵阵酒香，浆果自然霉变的气味与味道一定深深吸引并启发了他们有意识地酿制这美味的"杯中物"。所以，汉代人称酒为"天之美禄"，诚然如是。酒是源于自然界的恩赐，是人类从自然中获得的最丰厚的礼物之一。

葡萄美酒夜光杯

　　"葡萄美酒夜光杯，欲饮琵琶马上催。醉卧沙场君莫笑，古来征战几人回？"唐人王翰的《凉州词》渲染了出征前盛大华贵的酒筵以及战士们痛快豪饮的场面，表现了战士们将生死置之度外的悲壮和豪迈。诗中的"葡萄美酒夜光杯"更是千古名句。在中国古代各种美酒中，葡萄酒占有特殊的席位，它是古代相当珍贵的饮宴佳品，当之无愧的"果酒之王"！

　　葡萄酒色调红柔，味道醇香，是一种既美味而又健康的饮料。在众多水果中，葡萄是最适合用来酿酒的，它含有天然糖分、酸、单宁、色素、矿物质、维生素，甚至葡萄皮上还有野生酵母。由于不需要再加入水或糖，所以要评选出最佳的水果酿酒原料，那么葡萄绝对是不二之选。

　　中国本土有野生的葡萄，从《诗经》的记载来看，殷商时代的人们就已经知道采集并食用各种野葡萄了。据学者统计，原产于我国的野生葡萄有三十多种，《诗经》中记载的"葛藟（lěi）""蘡薁"等都是野葡萄的品种。

　　周朝时，人们已经懂得如何贮藏葡萄，且葡萄是王室果园中的珍异果品。《周礼·地官》记载："场人，掌国之场圃，而树之果蓏（luǒ，瓜类植物果实）、珍异之

葡萄酒、菊花酒，出自明代宫廷写本《食物本草》

物，以时敛而藏之。"郑玄注："果，枣李之属。蓏，瓜瓠之属。珍异，蒲桃、枇杷之属。"这段记载的大意是：场人是掌管国家园圃的职官，负责种植瓜果以及葡萄、枇杷等珍异物种，按时摘取存放。

关于"葡萄"两个字的来历，《本草纲目》注解："时珍曰，葡萄，《汉书》作蒲桃，可以造酒，人酺（pú）饮之，则酶（táo）然而醉，故有是名。""酺"即聚饮，古代法律多禁止三人以上的无故群饮，但每逢国家有喜庆之事，皇帝都会赐大酺（特赐臣民聚会饮酒），"酶"是大醉的样子。这句话的意思是：葡萄之所以称为葡萄，是因为这种水果酿成的酒能使人饮后酶然而醉，遂借"酺"与"酶"两字，命名"葡萄"。

我们现在所称的"葡萄"，其品种原产于西亚和北非。多数学者认为波斯（以今伊朗为中心的古代国家）是最早酿造葡萄酒的国家。尽管先民们很早就开始食用野生葡萄，但在张骞出使西域之前，尚未有以野生葡萄酿酒之事。《史记·大宛列传》记载：大宛"以蒲陶为酒，富人藏酒至万余石，久者数十岁不败"。这个认识来自张骞出使西域之后，也是现存汉代文献对葡萄酒的最早记录，但张骞等人未必是最早品尝外来葡萄酒的汉人。新疆葡萄从中亚细亚传入时间更早。《汉书·西域传》记载，且末国"有蒲陶诸果"，又难兜国"种五谷、蒲陶诸果"。且末、难兜皆在今新疆境内，说明张骞出使西域之前，新疆地区已有葡萄种植。新疆葡萄所酿的美酒，从两千余年前至今，一直是最具传奇色彩的诗意饮品。《史记·大宛列传》记载，汉武帝时，"及天马多，外国使来众，则离宫别观旁尽种蒲萄、苜蓿极望"。张骞带回的葡萄种子被汉武帝下令种在肥饶的土地上，随着汉王朝与西域各地交往的频繁，一望无边的葡萄、苜蓿构成了汉代长安的一大奇观。也就在这个时候，汉武帝还招来西域的酿酒艺人，在长安酿造葡萄酒。由是，自西汉中期欧亚种葡萄引进中原后不久，中国人便掌握了葡萄酒的西方制法。

时人对葡萄及葡萄酒的认识也很深入，东汉时系统整理成书的《神农本草经》云："葡萄，味甘平，主筋骨湿痹，益气倍力，强志，令人肥健，耐饥，忍风寒，久食轻身，不老延年，可作酒。"其实，葡萄酿酒技术并不复杂，至迟在东汉末年，中国已经可以自行酿制葡萄酒。但是，此时葡萄酒还是极为稀少和珍贵的饮品。如《三辅决录》记载，东汉末期，扶风郡人孟佗曾以一斗葡萄酒为代价巴结宦官张让，换来凉州刺史之官职，可见当时葡萄酒的罕有和贵重。另据《太平御览》载，魏文帝曹丕喜食葡萄，他认为葡萄酒的优点是"甘而不饴，酸而不脆，冷而不寒，味长汁多"，并给予葡萄酒"道之固以流涎咽唾，况亲食之耶"的盛赞。从汉代开始，葡萄酒就一直是历代宫廷王族宴饮场合的首选饮品。

挏马酒之谜

如前所述，远古先民最早品尝到的酒类不是谷物酒，而是果酒。果酒之外，最早的酒类还有乳酒。远古时期，人类将喝不完的牛奶、马奶、羊奶装入羊皮袋中，经过撞击振荡，自然发酵成了酸奶酒。酿制奶酒应该是原始的畜牧业从原始的采集业中分离出来以后才出现的。奶类酒的发明虽然不如果类酒早，但仍然早于谷物酒的发明。文献中关于奶酒的最早记载出自《礼记》。《礼记》中提到的"醴酪"就是用乳汁酿成的酒。但奶酒的发明人是谁，至今还是未解之谜。

1977年，河北平山县三汲乡战国中山王墓出土的扁壶和圆壶内均有酒液残存。经化验分析，两壶内的酒精含量低且不含酒石酸盐，故而并非蒸馏酒和果酒。其含氮量较高，有乳酸、丁酸存在，即可能为乳酒，如果确系乳酒，距今已有2200余年了。现有证据表明，春秋战国时期，占据北方广袤草原的两大游牧部族——东胡和匈奴已经熟练掌握酿制乳酒的技术。北方气候寒冷，恶劣的自然环境以及游牧生活习惯使得游牧民族多喜欢饮酒，因为饮酒能使人血液循环加快，起到抵御严寒的作用。此外，在酒精的刺激下，这些生活在马背上的嗜酒之徒纵马驰骋在辽阔草原上，更增添了几分勇猛与豪情。所以，马背上的民族在战场上的英勇善战和酒这种拥有火之烈性的饮品不无关系。《史记·匈奴列传》在讲述匈奴人的生活情景时，云："其攻战，斩首虏赐一卮酒。"可见，酒常常作为匈奴首领奖励战功的赏赐物品。又《汉书·匈奴传》记载，汉文帝时，汉将中行说（yuè）投降匈奴，向匈奴单于献计，要他拒绝和摒弃汉王朝送的酒食，"得汉食物皆去之，以示不如湩酪之便美也"。"湩酪"即乳酒和其他乳制品。除了匈奴外，秦汉时期，乌桓、鲜卑等游牧民族也以乳酒作为日常生活中的主要饮料。如《后汉书·乌桓鲜卑列传》载，乌桓人"食肉饮酪"，鲜卑人"其言语习俗与乌桓同"。

秦汉时期，北方游牧民族与中原王朝时战时和，双方在文化、风俗、习惯等方面的交流与融合愈发紧密。游牧民族饮用乳酒的风习逐渐传入中原地区。《汉书·百官公卿表》载："武帝太初元年更名家马为挏马。"东汉应劭注曰："主乳马，取其汁挏治之，味酢可饮。"《汉书·礼乐志》云："其七十二人给大官挏马酒。"三国李奇注曰："以马乳为酒，撞挏乃成也。""挏马酒"是何物？有学者认为挏马酒并非酒类，而是用马奶制成的酸酪。但秦汉史专家王子今和彭卫两位先生经过考证，认为"挏马酒"就是以马乳为酒。汉皇宫中竟有七十二人专职负责制作挏马酒，从中可以窥见皇帝后宫对此酒的需求。宫廷高层以马乳为酒的饮食生活表明中原饮食文化对草原游牧民族饮食文化的接受和吸纳。

不惟如此，农耕地区普通民众的饮食传统也受到游牧民族饮食文化的影响。随着民族交往的日益繁荣，农耕地区的普通民众也逐渐了解到牛、羊、马等动物乳汁的营养价值。《释名·释饮食》："酪，泽也，乳作汁所使人肥泽也。"马王堆汉墓帛书《十问》："饮走兽泉英，可以却老复壮。"这里所谓的"走兽泉英"指的就是动物乳汁。陕西横山孙家园子出土的汉代墓室壁组合画像之中，可以看到挤牛奶和挤羊奶的画面。据研究者介绍，图像内容为：一牛一羊，两人跪于牛、羊身后，地置一盆，手伸于牛、羊腹下，正在挤奶。这是目前所见的十分明确的汉代挤奶图像。东汉中期以前，普通民众饮用乳和乳制品的情形尚不普遍，但东汉中期以后，随着"胡食"大量涌入中土，且"天子爱胡食"带来的上行下效，乳和乳制品在百姓日常饮食生活中的地位明显上升了。

曲蘗之功

晋人江统《酒诰》云："酒之所兴，肇自上皇；或云仪狄，一曰杜康。有饭不尽，委余空桑；郁积成味，久蓄气芳；本出于此，不由奇方。"这段话的大意是：酒既不是仪狄、杜康发明的，也没有什么神秘的酿造之方，只不过是人们吃剩下的饭食放的时间久了，便自然散发出酒香，人们也由此掌握了酒的酿造方法。关于中国酿酒的起源，江统所言应该是所有历史记载中科学性较强的。所谓"有饭不尽，委余空桑"，既是酒产生的直接原因，又是酒产生的必需条件。只有在谷物十分充足的情形下，才会产生"有饭不尽"的情况。如果粮食匮乏到尚不足以果腹，那何谈酿酒呢？如何才能让先民们收获的谷物变得充足呢？当然是农业的产生和发展。

清醴之美，始于蘖秬

酒的初酿成功，可能起因于谷物保管不善而发芽发霉，这种谷物烹熟后食之不尽，存放一段时间就会自然酿成酒，这便是谷芽酒。为了品尝到不同于果酒的另一番滋味，先民们开始了有目的、有意识的酿造活动。谷物酿造是我国酿酒历史的开端。谷物酿酒远不如果酒来得容易，因为谷物不能直接与酵母菌发生作用而生出酒来，淀粉必须经水解变成麦芽糖或葡萄糖后，也就是先经糖化以后，才可能酒化，生出美酒来。目前来看，中国谷物酿酒的历史，至少可以追溯到农业有了初步发展的新石器时代中晚期，距今六千年左右。粮食生产的发展为酿酒提供了原料上的准备。西汉刘向《淮南子·说林训》记载"清醴之美，始于耒耜"。从采集狩猎经济向农业生产发展以后，谷物种植得到持续的发展，成为先民的主要食物。而当种植的谷物出现剩余，人们才有了规模性酿酒的基础条件。

有了充足的谷物和酿造容器后，古人将谷芽——蘖用于酿酒。甲骨文中记有蘖粟、蘖米。蘖米即麦芽，它含有丰富的淀粉酶。将麦芽与谷物一同浸水，可使淀粉糖化、酒化，再过滤而得醴酒。不过醴酒是一种酒精度数很低的甜酒。随后，人们在蒸煮过（已糊化）的谷物上培养出能产生酶的真菌——曲霉，制出酒母，就是"曲"。有了曲，谷物酒遂正式问世。《尚书·说命》所述"若作酒醴，尔惟曲蘖"，就是对这项新技术的真实描述。谷物酒不仅打破了自然发酵的果酒之季节性限制，而且味道比原始的果酒和醴酒更加醇厚。

有关先秦时期酿酒技术的记载不是很多。据《礼记》记载，周王室有专门的酿酒机构和管理人员，《礼记·月令》中有一段在仲冬进行酿酒活动的记载："乃命大酋，秫稻必齐，曲蘖必时，湛炽必洁，水泉必香，陶器必良，火齐必得，兼用六物，大酋监之，毋有差贷。"大酋为酒官之长，周代称为"酒人"；秫稻指的是黏谷子和稻米；湛炽亦作"湛渍"，指酿酒时浸渍、蒸煮米曲之事。这段话的大意是：初冬是酿制发酵酒的最佳季节，此时谷物收成了，气温也适宜酿酒，于是王室下令掌管酿酒的官员开酿。酿酒技术和工艺要求如下：其一，酿酒原料须是优质的成熟谷物，不得有杂质掺入；其二，制曲要在温度、湿度等条件最适合的时间进行（限于当时的科学技术水平，这一点非常重要）；其三，原料的浸泡、蒸煮等环节要始终保持洁净；其四，酿造的水质必须纯正（后世酿酒工艺也多强调这一点，所以《齐民要术》在谈及酿酒用水时，才会有"河水佳也"之语）；其五，酿酒器具必须完好（时人已经认识到烧结完成、无渗透现象的高品质发酵酿造容器在酿酒中的重要性）；其六，酿造时火候必须适当，既不能不足，也不能过火。如果掌管酿酒的官员严格依照此六条标准执行，那么就不会发生失误，从而能确保酒品的质量上乘。上述六项酿酒技术元素，被后世尊称为"古六法"，可以说这是世界上最早的酿酒工艺规程，它不仅反映了先秦时期酿酒技术的最高水平，且对后世产生了极为重要的影响，近代一些著名国酒品牌仍将"古六法"奉为行业圭臬。

汉代酿酒图

秦汉时期的酿酒技术在继承先秦时期酿酒技术的基础上又有了创新和发展。酿酒技术的进步主要体现在以下三个方面。

其一，饼曲酿酒方法的运用。西汉扬雄《方言》和东汉许慎《说文解字》等史籍中，记载了许多种曲的名称。《汉书·食货志》载："一酿用粗米二斛，曲一斛，得成酒六斛六斗。"这条关于"曲"的文献记载非常重要，它不仅是我国酿酒单独用曲这一酿酒特色的最早记载，而且也是关于酿酒原料与成品比例的最早记载，反映出当时酿酒生产的规范化。饼曲酿酒法也被称作"复式发酵法"，从散曲发展到饼曲的重要意义并不限于曲形态上的变化。饼曲含有大量酵母菌和霉菌，具有糖化和酒化两种作用，可使酿化和发酵这两个主要过程同时进行，其糖化力和发酵力均远超散曲。饼曲的出现可谓是酒曲技术发展史上的又一次飞跃。

其二，滤酒方式的改进。众所周知，以粮食作原料酿酒，在酿造过程完结后，酒醅（pēi）中含有许多酒糟和泛滓，必须进行过滤，才好饮用。秦汉时期，已采用槽床、带孔陶瓮、毛袋等多种器具沥酒，使得酒液品相更好，纯净度更佳。山东、四川等地出土的汉画像砖石以及内蒙古托克托汉闵氏墓壁画等图像资料中均发现了对"沥酒"场景的描绘。另外，河南洛阳烧沟等西汉墓出土的底部挖孔陶瓮，应是沥酒所用的实用器具。用这种办法沥酒，滤得较细致，酒液较纯净。

其三，新的酿酒工艺，如"九酘之法"的出现，使成酒度数有所提高。九酘法是连续投料的酿酒操作法，分批投料的次数可达九次，甚至更多，这是控制发酵动态、促进发酵酒化的先进方法。用"九酘之法"酿出的酒度数更高，口感更好。

值得一提的是，尽管汉代酿酒技术已经取得了重大进步，但汉代人尚无口福喝上蒸馏酒。"2015 年中国十大考古新发现"之一的江西南昌海昏侯墓出土的青铜蒸煮器由天锅、地锅和锅盖三部分组成，天锅状如圆桶，有双层腹壁，底部为菱形镂空箅子，并有两根龙首形"流"，出土时里面装满板栗、荸荠、菱角等果实，还有保存完好的五谷杂粮。该器物出土后，曾引发了热烈的争论，不少学者认为该蒸煮器是汉代酿酒所用的蒸馏器，此器可将我国的白酒酿造史从元代提早到汉代。绝大多数学者认为将此器定为"蒸馏器"的证据尚不充分，现有证据表明汉代并没有蒸馏酒，蒸馏酒直到元代才出现。

先秦时期的酿酒流程只能依靠文献记载的一鳞半爪，但汉代画像砖却为我们了解当时的酿酒过程提供了生动的图像资料。

河南密县打虎亭汉墓东耳室出土的画像石生动地还原了当时的酿酒场面。据孙机先生考证，此画像石的构图分上、中、下三栏。最下一栏表现的是酿酒过程中的几个主要步骤，即酘米、下曲、搅拌和榨压。第一部分是"初酘米"。《齐民要术》记载了"造神曲黍米酒"方，云："细挫曲，燥曝之。曲一斗，水九斗，米三石。须多作者，率以此加之。其瓮大小任人耳。"所谓米，指的是蒸过的饭。初酘的米大约放入画面最左边的大瓮里。第二部分的人面前置一圆台子，台上放一盆。盆中盛的大约是已经挫细了的曲，他正舀出来准备倒入大瓮中。第三部分也是酘米，不过这是追酘的米。初酘时，黍米饭下在和了曲的水中，米消之后，瓮里的水已发酵成醪，因这时主发酵期尚处在旺盛阶段，遂在发酵醪中再酘米。曲势壮，就多酘几次，直到发酵停止酒熟为止。第四部

海昏侯墓出土的青铜蒸煮器

分主要表现酘米后的搅拌。搅拌不仅能使发酵醪的品温上下均匀一致，而且使空气流通，促进益菌繁殖。现代酿造黄酒仍重视这道工序，称为"开耙"。最后，第五部分则是将成熟的醪入糟床榨酒。漉下的酒被承接在壶内。此壶体量不大，也许熟醪入榨前已将易收之酒筛漉保存，在糟床中进行榨压可能只是留收余沥。传世文献中未见对糟床的详细记载，而此图像却为我们提供了糟床及其操作方法的珍贵资料。

　　中国国家博物馆馆藏的四川地区出土的东汉酿酒画像砖反映了汉代小型酒肆酿酒和销售的情景。画面正中是一妇人正在大釜旁操作，其右一人似在协助。灶前有酒炉一座，内有三坛，坛上有螺旋圆圈，连一直管通至炉上。这可能是酒曲发酵，淀粉融化后输入瓮内的冷管。画面左侧残缺，根据四川新都所出同一内容的画像砖可知，左侧上部是一推独轮车者，车上置酒，其下一人挑着酒正朝店外走去。

酘米　　　　　　　下曲　　追酘　　　　　　　　　　搅拌　　　　压榨

河南密县打虎亭汉墓酿酒场景线图，出自孙机著《从历史中醒来》

东汉酿酒画像砖，现藏于中国国家博物馆

　　成都曾家包汉墓出土画像石生动地刻画了豪强地主
田庄内的酿酒情景，画面下方正中有五个排列整齐的大
陶缸，中间一口缸前站立一人，此人左手握有一搅拌用
的短棒，右手握有一圆形器皿，正俯身向缸内下曲。右
边一人赶车前来送粮食，以备酿酒之用。

除了上述几幅经典的酿酒场面外，反映汉代酿酒活动的图像资料还有很多，如山东嘉祥洪山汉墓、江苏徐州铜山利国汉墓、内蒙古和林格尔汉墓、陕西绥德辛店汉墓等均有酿酒画像砖石的出土。从汉代酿酒画像砖石可见，汉代的酿酒流程如下：先将谷物煮熟，待冷却后再掺入酒曲，后将处理好的谷物密封并恒温贮藏于陶瓮内，待其发酵。当谷物、酒曲发酵好之后，再进行过滤，以去除酒糟和泛滓，即所谓的"沥酒"。经过以上程序就可获得美酒佳酿了。

曾家包汉墓出土的画像石上有关酿酒、织造等劳作的场景

令人咋舌的古人酒量

在现代酒席宴会上，若有人能喝上一斤左右的高度酒或两三斤低度酒已经足以震惊全场，获得"海量"的美誉了。但当我们翻开先秦秦汉的史籍，往往会被古人的惊人酒量震惊。

战国时齐国政治家淳于髡（kūn）颇有酒量，一次，齐威王为其设宴庆功，询问其饮多少酒才醉，淳于髡回答道："我饮一斗能醉，饮一石也能醉，这要看场合。如果是朝廷赐酒，我战战兢兢，那么一斗也就醉了；正规的宾客应酬，两斗就醉了；如果男女同席，不拘礼节，我心情大悦时，饮酒一石都没问题。"秦汉时期，动辄饮酒至石的人也不乏记载。《汉书》记载，西汉宣帝时期，韩延寿遭御史大夫萧望之弹劾，被判死刑。临刑前，"吏民数千人送至渭城，老小扶持车毂，争奏酒炙，延寿不忍拒逆，人人为饮，计饮酒石余"。官至丞相的于定国"食酒至数石不乱，冬月治请谳，饮酒益精明"，在大量饮酒的情形下，还能不影响工作能力和执行效率，说明于定国酒量着实惊人。

曾经有很多人认为先秦秦汉史籍记载的饮酒量——"石"指的是衡数，一石"百二十斤"，相当于今天的近60斤。莫说一个人一次饮酒60斤，就是一次饮水60斤，也是不太可能的。对此，宋人沈括在《梦溪笔谈》中早有质疑。那么，史籍中的"石"指的并非衡数，而应是容量，汉一石等于一斛，相当于今天的近20升，换算成重量则为30多斤。即便饮酒一石指的是30多斤，这个数字也是让人难以置信的。唯一的解释是古人所饮之酒酒精度数真的很低。

传世文献中很多记载都表明秦汉以前的酒真的很难"醉人"。《论语》中记载了很多孔子的饮食思想，如主张饮食简朴、讲究饮食卫生、追求饮食艺术、注重饮食礼仪等，其中还有一条记载颇值得玩味。那就是孔子说："唯酒无量，不及乱。"意思是饮酒是没有限制的，喝多少都可以，不要喝醉闹事就行。素以重礼著称的孔子为何对饮酒有如此高的宽容度呢？原因在于当时的酒确实喝再多也不容易醉。又如，中国历史上有"水酒"之说，表明"酒"和"水"是差不多的物质，由于古酒的酒精含量低，所以古人才有"水酒"之说。2003 年，陕西省西安市未央区枣园汉墓出土的重达 52 斤的酒液，经考古工作者检测，其酒精含量只有 0.1%。这充分说明沈括所言"若如汉法，则粗有酒气而已"并非虚言。

曹操的"献媚"奏疏

《礼记·明堂位》云："夏后氏尚明水，殷尚醴，周尚酒。"这句话表明随着酿酒技术的提高和酿酒业的发展，人们的口味向着提高纯度方面变化。秦汉酿酒技术的一项重大进步就是成酒度数的提高，西汉以前的酿制酒酒精含量低而水分含量高。一方面，由于酒的度数较低，酒极易酸败变质，如西汉扬雄《法言》记载，"日昃（zè）不饮酒，酒必酸"；另一方面，酒精含量低容易导致多饮、豪饮，如前所述，文献记载饮酒过石的情形不在少数。到了东汉，酒的度数有了明显提高。王充《论衡》记载"美酒为毒，酒难多饮""过于三觞，醉酗生乱"就是当时成酒度数提高的佐证。难饮、易醉的原因，就在于酒的度数提高了，不似西汉以前的酒，动辄可饮石余。

汉代酿酒技术的进步离不开我们最熟悉的一个历史人物——曹操。"慨当以慷，忧思难忘；何以解忧，唯有杜康。"这是曹操赞美酒的千古名句。其实，曹操不仅善于品酒、饮酒，对酿酒的专业知识也是相当了解的。曹操确实是一个非常矛盾的政治人物，一方面，在他大权独揽后，为了统一战争的需要，曾力主实行"禁酒"（以避免酿酒造成的粮食耗费），甚至为了强力推行禁酒政策，不惜杀掉公开反对禁酒的北海太守孔融；另一方面，在他尚不得势时，为了讨汉献帝欢心，又曾以奏疏的形式向汉献帝推荐当时的先进酿酒新技术——"九酝春酒法"。明代张溥编选的《汉魏六朝百三家集》中收录了这份《上九酝酒法奏》，内容如下：

> 臣县故令南阳郭芝，有九酝春酒法。用曲三十斤，流水五石，腊月二日清曲。正月冻解，用好稻米，漉去曲滓便酿。法饮，日譬诸虫，虽久多完。三日一酿，满九石米止。臣得法，酿之常善。其上清，滓亦可饮。若以九酝苦，难饮，增为十酿，差甘易饮，不病。今谨上献。

"九酝"指的是将原料（饭）分九批加入，依次发酵，如此反复多次投料，能够把发酵中的醪液培养成优质美酒，并提高出酒率；"春酒"即指春酿酒，《四民月令》称正月所酿酒为"春酒"，十月所酿酒为"冬酒"；"渍曲"即将饼曲清理而后破碎，再用水浸泡，其目的是将酶浸出，以加速曲中

明人所绘曹操像

淀粉及蛋白质的分解，生成糖分及氨基酸。在腊月浸曲，可以防止杂菌增殖，待到正月解冻，气温回升，此时酵母已成为主要菌群，酒精发酵达到峰值，正是"投饭"的好时机。"若以九酝苦"中的"苦"，类似现在的干葡萄酒或干啤酒，由于酒中的糖分充分地被转化为乙醇，所以口感略苦，无甜味。如果再投一次米，其中淀粉被根霉分解为单糖，同时由于醪液已具有一定的酒精浓度，酵母菌的发酵活力受到限制，新产生的糖分终使酒液具有甜味。

九酝酿酒法堪称当时最先进的酿酒方法了。其一，发酵过程中使用的酒曲属于高效率的"神曲"，用曲量只有原料米的3%，不仅用曲量少，而且只加了五石水，用水量也是很少的；其二，九酝法中的浸曲技术并不是简单将饼曲破碎，加以渍浸，而是在浸出糖化酶、酵母菌后，不断利用它进行扩大培养。这项工艺奠定了我国酒母培养法的基础，在中国古代酿酒史上具有重大意义。

大羹玄酒

　　《新唐书·骆宾王传》云："韩休之文如大羹玄酒，有典则，薄滋味。"大羹指的是不加调味料的肉汁，玄酒指古代当酒用的水。因两者滋味寡淡，故用以比喻诗文风格淡雅古朴。

　　"大羹"与"玄酒"都是古代祭祀中的必备之物。《史记·礼书》云："大飨上玄尊，俎上腥鱼，先大羹，贵食饮之本也。"意思是说在举行祭祀祖先的盛大活动时，酒樽里要盛满清水，鼎内要放置不加调味料的煮肉汁。用大羹和玄酒作为祭品，本意是以质朴之物交于神明，以讨得神明的欢心。历代王朝的祭祀也多是吃最原始的食物，饮最薄的酒，目的是提醒子孙后代：饮水思源，居安思危。

　　古人认为酒是一种有灵性的"天之美禄"，能够实现人与神灵之间的沟通。当人饮酒到了一定的程度，在酒精的迷幻作用下，就易产生幻觉。张光直先生认为：或许酒精能使人昏迷，巫师便可在迷幻之中作想象的飞升，所以古代的祭祀活动中，巫师的饮酒环节是必不可少的。此外，远古时期的生产力低下，谷物极为匮乏，用谷物所酿制之酒数量少之又少，是非常珍贵的饮品，平时人们肯定不舍得自行饮用，只有在祭祀这种重大场合中，人们

明代仇英画作《南都繁会图卷》上的"天之美禄"

才恭敬地将这种"人间圣水"作为祭品来表达对神灵和祖先的敬意。

古以水色黑，谓之"玄"。太古无酒，以水为饮，酒酿成功后，水就有了玄酒之名。周礼用清水作为祭品，表现了当时对无酒时代以水作饮料的一种追忆，并且以此表明不忘饮食本源。

酒为灵媒

由于很早就了解到酒精具有致幻作用，所以人类最初对酒的认知与早期使用，主要是为了献祭沟通鬼神的灵媒。在远古先民的信仰世界中，"魂""魄""灵""鬼""神"都是极为重要的存在。《说文解字》"鬼部"释"魂"为"阳气也"，释"魄"为"阴神也"，释"鬼"为"人所归为鬼"，这里的"鬼"指的是去世的亲人，即祖先。"鬼"还有更宽泛的含义，指的是万物的精灵，既包括去世的祖先，也包括万物有灵的"神"。王充《论衡》云："鬼者，物也，与人无异。天地之间，有鬼之物，常在四边之外，时往来中国，与人杂则。"大意是鬼的外形与人相似，他们生活在域外非常遥远的地方，时常来到人世间与人们相混杂。

古人相信，鬼是无所不在、无所不能的，他们潜伏在人群中，默默地关注着后世子孙的言行举止。为了避凶趋吉和获得福佑与指导，人们需要认真维系与鬼（祖先）和神（灵）之间的关系，随时保持与鬼神的沟通联系。承担与鬼神沟通重任的主要是巫觋（xí），其中女巫为巫，男巫为觋，他们在醉酒后能够进入异度空间与"鬼神"进行沟通，获得所谓的"启示"。对神灵的信任和畏惧，都使人们分外离不开酒这种特殊的饮品。

饮惟祀

"饮惟祀"出自《尚书·酒诰》，意思是只有在祭祀的时候才能饮酒。这也说明酒的最初社会功用是祭祀。据《史记·封禅书》记载，帝舜、大禹时代的先民们就已经开始祭祀天地、山川和百神了，他们在祭祀中一定用上了酒这种神秘的饮品。相较于其他祭品，气味芳香的美酒一定更易被万物之灵所接受。先秦典籍中关于以酒祭祀祖先和神灵的记载俯拾即是。

我国最早的一部诗歌总集《诗经》便收有不少记述丰收后酿酒祭祀先祖以求福佑的诗篇。如《诗经·周颂·丰年》云："丰年多黍多稌，亦有高廪，万亿及秭。为酒为醴，烝畀祖妣（bǐ），以洽百礼。降福孔皆。"《尔雅》："历、秭、算，数也。"晋代郭璞注："今以十亿为秭。"醴即一种甜酒；烝同"蒸"，热气上升，古代冬天祭祀时，热气上行，烝即指祭祀中的进献；畀即给予；祖妣指的是男女祖先；百礼指的是用酒合祭上帝百神的各种仪式；孔即很、甚；皆为普遍之意。这段话的意思是：丰年收获了许多小米和稻谷，在仓廪中堆得高高的，多到千亿万亿，数也数不清。有了这么多的粮食，便可以用来酿成醇酒和甜醪，进献给祖先，完成祭祀的种种礼仪，让神明普降福佑给大家。

《诗经·大雅·凫鹥》云："凫鹥在泾，公尸来燕来宁。尔酒既清，尔肴既馨。公尸燕饮，福禄来成。"凫即野鸭。鹥指鸥鸟。泾指水向前直流，这里指河水。公尸指神主，古人在祭祀时，一定要选一个人装作祖先的形象接受祭祀，这个祖先的代表（或称受祭人）被称作"尸"，这个角色通常由死者的臣下或后代担任。如果祖先身份为君主，那么尸就称为"公尸"。尔指主人周王。馨为香气。成指帮助。这是周王祭祀祖先的第二天，为酬谢公尸请其赴宴（称为"宾尸"）时所唱的诗歌。这句话的意思是：河里野鸭野鸥成群，神主赴宴安慰主人，您的酒是那么清冽，您的菜肴是那么香气四溢。神主光临来赴宴，尽情地享用美酒佳肴，福禄一定会降临到你们身上的。

《礼记·礼运》云："夫礼之初，始诸饮食。其燔黍捭（bǎi）豚，汙（wū）尊而抔（póu）饮，蒉（kuì）桴（fú）而土鼓，犹若可以致其敬于鬼神。"燔即炙、烤；捭指撕开；豚，此处泛指兽肉；汙同"污"，这里指小水坑；抔即用手捧起；蒉桴即用草和土抟成的鼓槌。这段话的意思是：最初的礼仪规范来源于饮食。远古时期，尚未有釜、甑、樽、杯等饮食器具，所以人们在准备祭品时，只能在烧石上加热粟粒，用火来烤熟兽肉，挖土坑盛酒，用手掬饮，再用草槌敲地奏乐，虽然条件异常简陋，但先民们仍用原始、朴素的方式虔诚地祭祀鬼神，表示对祖先和神灵的崇拜和祈祷。

"酒人"与"酒正"

《左传》曰："国之大事，在祀与戎。"意思是说国家大事不外乎祭祀与战争。古代统治者认为，拥有祭祀的特权以及强大的军事实力才能使国家立于不败之地。《礼记·郊特牲》曰："万物本乎天，人本乎祖。"祭祀主要是为拜祭祖先和神灵。商代贵族多用鬯酒祭神祀先。鬯是用黍酿制的酒，在商代属于高档酒，为统治阶级所专享，用于重要礼仪场合。鬯又有秬鬯、郁鬯之分，前者用黑黍米酿制而成，后者在前者基础上加入郁金香草的汁液，更为芳香。作为祭品，祭祀用酒要倾洒于地，称为"祼（guàn）礼"。祼

商代青铜爵，现藏于中国国家博物馆

是古代的一种祭名，祭祀时把奉献的酒浇在地上。殷商时期，以酒祭祀，需用到卣、觚、爵等一整套礼器。其中，卣以盛酒，觚以斟酒，爵以酹（lèi）酒。酹酒就是把酒浇洒在地上，表示祭奠。

周人发扬光大了酒祭。酒的酿造和管理上升到国家事务的高度。周王室设有专门管理祭祀用酒的"酒正"和"酒人"。酒正负责掌管制酒的政令和方法，统领中士四人、下士八人，他们都是酿酒事务中的管理人员。酒人则掌管实际操作，统领着三十位通晓酿酒工艺的女奴，这些人被称作"女酒"。女酒又指挥着三百名被称作"奚"的女奴。至于为什么先秦时期掌管酿酒事务的多为女性，可能还是沿袭史前时代的遗风。

周王室的祭祀用酒种类众多，《周礼·天官·酒正》称："凡祭祀，以法共五齐三酒，以实八尊。"可见，"五齐三酒"是周王室祭祀用酒的总称。"五齐"即泛齐、醴齐、盎齐、醍齐、沉齐,没有进行过滤,故汁滓混杂,酒味淡薄;"三酒"指事酒、昔酒、清酒,经过滤后去除渣滓,酒味较为醇厚。后来,祭祀礼节逐渐趋于简化,祭祀活动中的用酒分类也不再如此繁琐,但是无论繁简,祭祀过程中均离不开酒。

从"酎酒"到"酎金"

众所周知,西汉时期,中央集权和地方势力之间的尖锐矛盾是汉王朝面临的主要国内危机。汉景帝时,强硬地"削藩"酿成了"七国之乱"的严重后果,而景帝的继任者、雄才大略的汉武帝则采用了相对温和的手段较好地解决了中央与地方的矛盾。武帝的"削藩"政策非常灵活,对于较大的诸侯王国,他采用的是"推恩之法",即一国的诸侯王死了,该王有几个儿子就将其领土划分几份,分封给几个儿子。这样在王国内部避免了争立的矛盾,对中央政府而言,地方王国愈分愈小,再不会对中央构成威胁。

而对于较小的诸侯国,武帝则采用"酎金夺侯法"。所谓"酎金夺侯",就是以诸侯上缴的宗庙祭祀金成色不好或斤两不足为借口,削去他们的爵位。史籍记载,当时因酎金问题被夺去爵位者占到列侯总数的一半。至此,汉武帝彻底解决了困扰中央政府百余年的诸侯割据问题,为中央集权的大一统时代打下了坚实的基础。江西南昌海昏侯刘贺墓出土了高达115公斤的黄金,其中很多黄金都是用作"酎金"的,如一枚金饼上写着"南藩海昏侯臣贺元康三年酎金一斤"字样的墨书。刘贺墓中出土的奏牍也有"酎黄金"等字样。

海昏侯墓出土的酎金

　　"酎金"的得名源于酎酒。所谓酎酒，是先秦时代就已经出现的一种精酿酒。《左传·襄公二十二年》中有诸侯"尝酎"的记载，又《楚辞·招魂》云"挫糟冻饮，酎清凉些"。《说文解字》释"酎"为"三重醇酒也。从酉，从时省"。《礼记·月令》郑玄注："酎之言醇也，谓重酿之酒。"多次复酿而成的酎酒，味醇可口，完全没有口涩的感觉。

　　酎酒是先秦秦汉时期品质最高的酒类，为上层社会专享。除了供帝王、权贵阶层饮用外，酎酒主要用于祭祀。《西京杂记》记载，根据汉朝的定例，每年八月在宗庙进行祭祀大典时所用的酒是九酝酒。这种酒在正月初一开始酿制，八月酿成，称为"酎酒"。"酎"的本义是反复酿造的醇酒，后因这种酒成为专用于宗庙祭祀的献酒，故将这种祭祀活动也命名为"酎"。《汉书·景帝纪》有"高庙酎……孝惠庙酎"，《汉书·赵广汉传》有"丞相奉斋酎入庙祠"，又《汉书·儒林传》提到梁丘贺时有"会八月饮酎，行祠孝昭庙"之语，这些记载表明"酎"为汉皇室在长安宗庙举行的一套祭祀礼仪。

除了以酒祭祀祖先外，还有以酒祭祀神灵的习俗。里耶秦简记载："卅二年三月丁丑朔丙申，仓是、佐狗杂出祠先农余彻酒一斗。"《西汉会要》记载："哀帝建平四年……其夏，京师郡国民聚会里巷阡陌，设祭，张博具，歌舞，祠西王母。"居延汉简中有"祭酒"的记载，由于简文残断，尚不清楚这里的"祭酒"是否官职名，不过即便是指职任称谓，也反映出"酒"在祭祀礼仪中的作用。

除了酎酒外，秦汉传世和出土文献中记载的其他祭祀用酒还有以下几种。

清酒。"清酒"多见于传世文献记载，如西汉董仲舒《春秋繁露·求雨》："……其神玄冥，祭之以黑狗子六，玄酒，具清酒、脯脯。祝斋三日，衣黑衣，祝礼如春。"大意是（冬季）供奉玄冥神，用六条黑狗子和玄酒祭祀，同时备好清酒、肉脯。这里的"玄酒"并非真酒，实际上是水。古代祭祀用水当酒，名之"玄酒"。玄酒在祭祀场合中是最高等级的"酒"，更能显示礼仪规格和参礼者的身份。因此，玄酒总是占据比其他祭祀用酒更尊崇、更重要的位置。同书又说到"雨太多"时的"止雨"仪式，祝辞曰："今淫雨太多，五谷不和，敬进肥牲清酒，以请社灵，幸为止雨，除民所苦。"大意是现在雨水过多，使得五谷生长不和谐。人们恭敬地进献鲜肥祭牲和清酒，以请求神灵停止下雨，解除百姓因阴雨带来的愁苦。肩水金关汉简记载："不莤不莫得主君，闻微肥□□□乳、黍饭、清酒至主君所。"这枚简牍涉及对神灵"主君"的祈祝，结合同简"毋予皮毛疾""毋予胁疾"的记载判断，这可能是一则向神灵"主君"祈祝使马免除病疫的文书。从上述材料可知，"清酒"是重要仪礼程序中进献给神灵的饮品。

昔酒。睡虎地秦简《秦律十八种·厩苑律》中记有"壶酉（酒）束脯"，居延新简中有"肥猪社稷□□□□酒曰昔"的记载。这里的"昔酒"与前述周王室祭祀用酒"昔酒"相同，可见周朝祭祀传统在汉代的延续。此外，上述材料也表明在祭祀中，酒和肉食是不可分割的组合。

椒酒。椒酒应是用花椒制成的酒。《汉书·郊祀志》和《四民月令》均记载汉代人有用椒酒祭祀的习俗。《四民月令》载："正月之旦，是谓'正日'，躬率妻孥（nú），絜（jié）祀祖祢（mí）。前期三日，家长及执事，皆致齐焉。及祀日，进酒降神。"妻孥意即妻子和儿女；絜祀意即诚心祭祀；祖祢泛指祖先。这段记载的大意是：正旦日，宗族族长要带领家族成员祭拜祖先，在祭拜仪式举行的三天前，就要开始沐浴斋戒，待万事齐备，方可祭祀。至祭祀之日，敬献上食物和美酒把祖先的灵魂请出来。

祭祀结束后的家宴上，众人开始饮用椒酒。时人相信，用椒花浸泡的酒，能使人身体健康，延年益寿。当时还流传着年辈最小的家族成员先饮，年辈最高的家族长辈后饮的风俗。据说这样做的原因在于：小孩子过年又长了一岁，众人为了表达祝贺就让他先饮；老年人过年就意味着生命又少了一岁，所以晚些饮酒，似可拖缓一下老去的节奏。

百药之长

在古代，也许是由于酒与"神灵"关系十分密切，酒一度被认为是医治百病的灵药。用酒治病，特别是用药酒来防治疾病的现象十分普遍。成书于战国至西汉初期的我国现存最早的医书《黄帝内经》，辟有专章讨论酒的药理与医功。孙思邈《千金要方》云，"一人饮，一家无疫，一家饮，一里无疫"，可见药酒在古代预防疾病的重要性。《汉书·食货志》载："酒，百药之长，嘉会之好。""酒"和"曲"均能入药，不同的酒类具有不同的功效，比如米酒可以和血养气、暖胃辟寒；常饮春酒可以让人肤白体健；饮用蒸馏酒可以止水泄、治霍乱、利小便、坚大便等。可见，中国传统医药是无酒不可的。

其实，以酒入药，以酒助医，并非中华文化所独有，古希腊的每个药方中几乎都有酒的身影。一些医学研究表明，用酒浸药，可以在一定程度上将药物的有效成分溶解出来，更有助于人体吸收。

"医"源于"酒"

"医"篆书

　　"医"字的繁体可以形象地说明"医"源于"酒"。"醫"下边的"酉",就是酒坛子的象形。《说文解字》释"醫"时,云:"治病工也……得酒而使。从酉……酒所以治病也。""醫"字从酉,可见"酒"和"医"有着不解之缘。

　　如前所述,周王室中掌管酒品、饮料的"酒正"就是最早的保健医生了。《周礼·天官》曰:"酒正,掌酒之政令……辨五齐之名:一曰泛齐,二曰醴齐,三曰盎齐,四曰醍齐,五曰沉齐。辨三酒之物:一曰事酒,二曰昔酒,三曰清酒。辨四饮之物:一曰清,二曰医,三曰浆,四曰酏(yǐ)。掌其厚薄之齐,以共王之四饮三酒之馔,及后、世子之饮与其酒。"五齐实指五种清浊厚薄不同的酒:泛齐是一种糟滓浮在酒上的浊酒;醴齐是一种酿造一宿即成的混有糟滓的甜酒;盎齐是一种葱白色的浊酒;醍齐是一种赤红色的酒;沉齐是一种糟滓沉在下面的酒,因糟滓沉在酒下,故此酒又稍清。三酒指三种滤去糟滓的清酒:事酒是一种因有事需用酒而新酿的酒;昔酒是一种久酿而成的酒;清酒是一种比昔酒更久酿而成的酒。清是滤去糟滓的醴齐之名;医是一种用粥酿造的醴,颇类似至今南方人仍喜爱食用的"酒酿";浆为一种酸甜的饮料;酏是一种稀而清的粥。这段话的意思是酒正是掌管酿酒事务的官员,负责辨别五齐、三酒、四饮。负责辨别上述饮品的厚薄程度,提供君王所需用的四种饮料、三种酒品的陈设,以及供给王后、太子的饮料和酒品。又载:"浆人掌共王之六饮:水、浆、醴、凉、医、酏,入于酒府。"意思是浆人掌管供应王的六种饮料,并负责送到酒正那里。

以酒入药

秦汉传世和出土文献中常见酒为医疗之用的记载，马王堆汉墓帛书《五十二病方》记载，"一，取赢牛二七，雍一抈（栗），并以酒煮而欲之"；居延新简记载，"□□酒一杯，饮大如鸡子，已饮。傅衣□□""□一分，栝楼哉眯四分，麦丈句厚付各三分，皆合和，以方寸匕取药一，置杯酒中，饮之，出矢镞""□费药成，浚去宰，以酒饮"等。

汉代文献中还提到不少药用酒的品种，如多次出现的"苦酒"。《释名·释饮食》云："苦酒，淳毒甚者，酢苦也。"马王堆帛书《五十二病方》、《伤寒论》和《金匮要略》等汉代医书中也有"苦酒"入药疗疾的记载。有些清代学者一度将"苦酒"考证为"劣质的酒"，但彭卫先生认为这种说法并不合理。《太平御览》引晋朝陈寿的《魏名臣奏》：刘放上奏，"今官贩苦酒，与百姓争锥刀之末"。既然是"争利"，争的肯定不会是劣质产品，应该是事关民生的重要物资。否则，"利"就无从谈起。彭卫先生认为苦酒的特征——"淳毒"形容的是味道醇正厚重，这也正是醋的特点。此外，江陵凤凰山168号汉墓中墨书"苦酒"与墨书"盐""酱"的餐具同出，所以"苦酒"显然也有调味品的属性。因此，综合看来，"苦酒"是"醋"的可能性极大。

《齐民要术》引《博物志》，详述了制作"胡椒酒"的方法：

> 以好春酒五升，干姜一两，胡椒七十枚，皆捣末；好美安石榴五枚，押取汁，皆以尽。姜、椒末，及安石榴汁，悉内着酒中，火暖取温。亦可冷饮，亦可热饮。温中下气。若病酒，苦觉体中不调，饮之，能者四五升，不能者可二三升从意。若欲增姜、椒亦可；若嫌多，欲减亦可。欲多作者，当以此为率。若饮不尽，可停数日。此胡人所谓"荜拨酒"也。

《五十二病方》中的"醇酒"记载

这段记载中的"胡椒"和"安石榴"均为外来物品，用胡椒泡制的酒可能是当时的一种药酒。胡椒酒可能在汉末已出现。据史籍记载，汉代人所了解的胡椒原产地在天竺，或许胡椒酒的制作方法也是从域外传入的。

"醇酒"亦可药用，如周家台秦简《病方》云："温病不汗者，以淳（醇）酒渍布，歙（饮）之。"意思是患温病而不出汗，用高浓度的酒浸泡布条，并饮服酒。马王堆《五十二病方》："醇酒盈一衷（中）棓（杯），入药中……"又载："治之，爓（熬）盐令黄，取一斗，裹以布，卒（淬）醇酒中，入即出……"武威出土医简《引书》载："凡□□皆冶合，以淳酒和，饮一方寸匕，日三饮。"此外，"醇酒"还曾作为手工业原料出现，如居延汉简记载："漆一斤□胶一斤，醇酒财足消胶，胶消，内漆挠取沸。"古代制造器具，胶的使用很普遍，而醇酒似有"消胶"之功效。

补酒妙方

1968年，解放军在河北满城陵山施工时，意外发现了一座西汉时期的古墓。幸运的是，这座位于深山中的古墓在两千多年的岁月中竟然未被盗扰。墓中奢华的随葬品昭示了墓主的特殊身份——中山靖王刘胜及其妻窦绾。

中国国家博物馆馆藏的一件错金银鸟篆文铜壶就出自这座著名的满城汉墓。该铜壶共出土两件，另外一件现藏于河北博物院。乍看之下，这件铜壶与一般的汉代铜壶没有区别，然而细细观看，就会发现壶身表面用金银丝嵌出了勾绘流畅、纤巧精致的花纹。这些花纹其实是古代的艺术字——"鸟篆文"。鸟篆文由笔画复杂的篆书体演化而成，字体笔画的构成有的如鸟在腾跃，有的如鸟在回首，变化无穷。铜壶上的鸟篆文是一首朗朗上口的颂酒诗文，大意是饮酒有"充润肌肤，延年祛病"的功效，这是我国以酒为药、养生祛病食疗保健法的较早记录。

西汉错金银鸟篆文铜壶，
现藏于中国国家博物馆

被誉为"中华医圣"的张仲景在他的《伤寒论》和《金匮要略》两部不朽名著中记载了三个我国最早的补酒配方。

　　其一，炙甘草汤用酒七升，水八升；其二，当归四逆加吴茱萸生姜汤，酒、水各六升；其三，芎（xiōng）归胶艾汤，酒三升，水五升。甘草是中药的一种，具有补脾益气、清热解毒、祛痰止咳的功效；当归因能调气养血，使气血各有所归，故名当归；吴茱萸芳香浓郁，味辛辣，具有散寒温中之功效；川芎、当归、阿胶、艾叶均有益气和血、止血之功效。这是中医关于补酒（指有方有药）的最早记载。由此三个补酒配方可见，当时的补阳剂方中，用酒以通药性之迟滞，而补阴剂方中以酒破伏寒之凝结。此三方开创了中国传统的补酒保健祛疾的先河，在中医药发展史上具有重大意义。

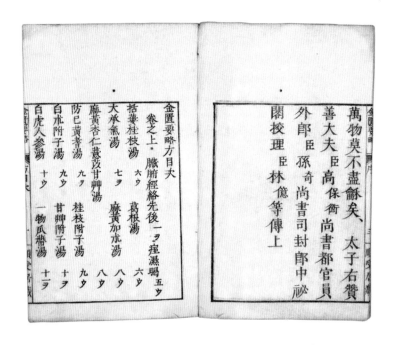

东汉张仲景《金匮要略》书影

百器之长

　　造型优雅的酒具被人比喻为唇边微笑的刻度器，也是酒文化的重要物质载体。秦汉人嗜酒，民间酒风极盛。社会上有"百礼之会，非酒不行"的说法，饮酒成风，酒具自然也是宴飨必备之物。

　　秦汉初期，承继战国遗风，青铜酒器和漆质酒器并重。汉代以后，青铜酒器逐渐衰微，色泽明快的漆质酒器则得到大力发展。少量金银、玉、玻璃质酒器，丰富了汉代酒文化的内涵。已经发掘的秦汉墓葬中，大多出土有酒器。按其形状和用途，大致可分为盛酒器和饮酒器两大类。汉画中酒具的一般组合是壶、樽、卮、勺及耳杯等。下文简要介绍几件著名的秦汉酒具。

高贵饮具

　　以玉作杯，始于战国。但战国玉杯造型仅见羽觞一式，即俗称的耳杯。西安博物院院藏的一件阿房宫遗址出土的高足杯，由杯身和杯座两部分粘接而成，杯身呈口大底小的桶形，杯座似豆形。此类玉高足杯在战国墓中从未见过，在西汉墓中有一定数量的出土，广东广州南越王墓、广西罗泊湾汉墓、江苏徐州狮子山楚王陵均出土有造型相似的玉高足杯。由于出土数量不多，造型异常精美，所以此类高足玉杯应是秦汉时期最为尊贵的饮具，可能应用于重要的场合。

汉代人笃信神仙道学，渴望通过人世间的修炼得以长寿、逝后成仙。因为同墓出土有硫黄、铅砂、朱砂、雄黄、紫水晶等五色药石，所以有学者推测南越王墓出土的青铜承盘高足玉杯可能是南越王生前用来服食药石的特殊用器。也有学者认为，这种高足杯虽然与圆形筒卮相比有了相当大的区别，可同汉代各种饮器相比较，这种杯仍宜称为卮。

秦代云纹玉高足杯，现藏于西安博物院

清白各异樽

汉乐府《陇西行》:"清白各异樽,酒上正华疏。酌酒持与客,客言主人持。"

这里的"樽"是汉代主要的盛酒器之一。汉代人非常喜欢饮酒,所以两汉时期尤其注重酒器的制作,制作精良的樽在当时是一种很贵重的酒器。中国国家博物馆馆藏的鎏金鸟兽纹铜樽呈筒形,盖上有环和三飞鸟,器身有一对铺首衔环,器底嵌银铭文,三熊形足。

在汉代,酒一般贮藏在瓮、榼或壶中,饮宴时先将酒倒在樽内,再用勺酌于耳杯中饮用。从出土文物可见,两汉的铜樽造型主要是盆形和筒形。筒形樽不但出土数量明显多于盆形樽,而且装饰也更为考究。筒形樽过去曾被称为卮。后来,根据出土器物铭文可知,筒形樽称为"温酒樽"。据孙机先生研究,在汉代,"温酒"即酊(古为"酝"字)酒,是反复重酿多次的酒。它用连续投料法酿造而成,酿造过程历时较长,淀粉的糖化和酒化较充分,是酒液清淳、酒味酽冽的美酒。所以汉代盛酊酒的筒形樽制作精美,在汉画像石中也多被置于案上,其地位远高于被置于地上的盛普通酒的盆形樽。

西汉镏金鸟兽纹铜樽，现藏于中国国家博物馆

美酒配灵犀

中国国家博物馆收藏的错金银云纹青铜犀樽呈昂首伫立犀牛形,犀樽身体肥硕,四腿短粗,皮厚而多皱,两角尖锐,双眼镶嵌黑色料珠。犀牛口右侧有一圆管状的"流"。樽背有椭圆形口,口上有盖。樽腹中空,用来盛酒。犀樽通体饰细如游丝的错金银云纹,工艺精湛,华美无比,是当之无愧的国之瑰宝。除了这件青铜犀樽外,另外一件著名的青铜犀樽是现藏美国旧金山亚洲艺术博物馆于清道光年间山东梁山出土的商代"小臣艅犀樽"。有专家认为,此两件犀樽呈现的都是典型的苏门答腊犀的形象。原因是在亚洲地区生活的三种犀牛中,只有苏门答腊犀同此两犀一样头上长有两只角,而印度犀和爪哇犀都只长有一只角。

犀牛在中国绝大部分地区现已绝迹,而在古代,中国华南和华北地区都产犀牛,而且数量很多。新石器时代遗址中已多次发现犀牛骨,殷商甲骨文中也有焚林猎犀的记载,有一条记载说,一次猎犀的数量可达71头,可见犀牛数量之多。商周时期,除了用犀角制兕觥(一种酒器)外,犀牛最主要的用途是用它的革制甲。在铁铠甲兴盛之前,犀甲是春秋战国时期各国武士趋之若鹜的战斗装备。特别是战国时代,出于军需目的肆意捕杀,使得生殖率本就很低的犀牛迅速减少。

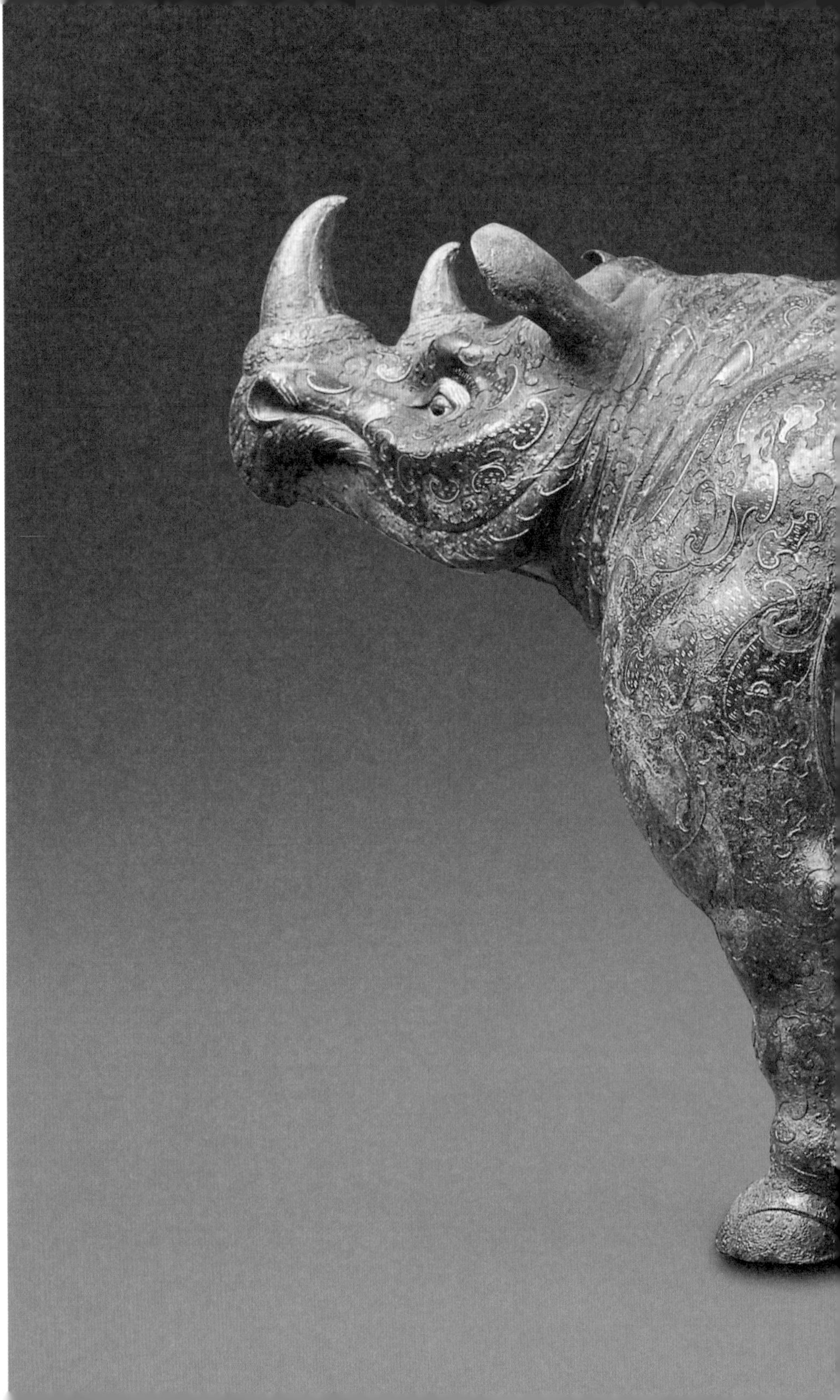

西汉错金银云纹青铜犀樽，现藏于中国国家博物馆

西汉时期，犀牛是皇家苑囿和诸侯王苑囿中驯养的动物。帝后及诸侯王死后，还以犀牛或犀牛形象之物随葬。薄太后汉南陵第 20 号丛葬坑内埋有一头爪哇独角犀牛，头部还放有一件陶罐。江苏盱眙江都王陵出土的鎏金青铜犀牛和驯犀俑应是江都王苑囿犀牛驯养的再现。由于犀牛的减少，大概自汉代开始已从国外进口犀牛，如王莽辅政时，曾用贵重的礼物来换取南海黄支国的活犀牛。

唐代诗歌中也有赞美犀牛灵性的诗句，如李商隐的"身无彩凤双飞翼，心有灵犀一点通"。据说，犀牛是灵兽，它的角中有白纹如线，贯通两端，感应灵异。"心有灵犀"即指双方心意相通，对于彼此的想法都心领神会。宋元明清时期，除社会上层和专业人士外，一般百姓对犀牛已无多少认识。一些医学家认为犀角具有药用价值，可以清热解毒、止血定惊。除了大部分供药用外，少部分的犀角用于制作工艺品。犀角制工艺品多为犀杯。犀杯制作的原因，一方面与当时的审美趣味相关，如李渔《闲情偶寄》中记载，"富贵之家，犀则不妨常设""美酒入犀杯，另是

一种香气"；另一方面与犀角的形态相关，天然犀角形若
倒扣的一朵牵牛花，依形制器，甚为讨巧。此外，中国
国家博物馆收藏的清仙人乘槎犀角杯和清教子升天犀角
杯，也是犀角杯中的两种经典造型。这两种犀角杯虽然
保留了酒杯的形制，但应都是案头赏玩之物，不是实用
之物。

精妙汲酒器

　　除了盛酒具和饮酒具之外，秦汉时期的汲酒具也颇值得关注。2010年，江苏盱眙大云山江都王陵中出土了一件异常精美的错金银嵌宝石青铜鸟柄汲酒器。

　　江都王陵的墓主名叫刘非，是汉景帝之子，汉武帝之庶兄。这位风评颇佳的西汉诸侯王，因参与平叛"七国之乱"以及出击匈奴的赫赫战功分别获得了父、兄两朝皇帝的赞赏和重用，成为西汉少数得以善终的诸侯王。

　　这件出自刘非墓中的汲酒器见证了墓主人金戈铁马的豪情人生，无论在做工的精美程度，还是精妙的人体工程学设计方面，都远超同类器物，充分体现了西汉时期高超的青铜制造水平。

　　这件汲酒器运用了虹吸的科学原理，使用时用手夹住鸟形首，将其浸入储酒器内，酒液从底部小孔进入器内，通过鸟背小孔将器内空气排出。

西汉错金银嵌宝石青铜鸟柄汲酒器，
现藏于南京博物院

当已经汲取所需酒量时，用拇指按住鸟背小孔提起整器，再通过对鸟背小孔的松、按，利用器内水压和器外气压的共同作用调节出酒量。同类型的汲酒器在山东临淄战国墓葬和河南三门峡汉墓等均有出土，说明这类汲酒器具是当时流行的酒器种类。它们的出现，使我们再次感叹古代工匠的聪明才智。

曲水流觞

公元 353 年三月初三，东晋大书法家王羲之和当时的名士谢安、孙绰等四十余人，在会稽山阴（今浙江绍兴）的兰亭，举行了一次别开生面的酒会。他们面前是一条弯弯曲曲的溪水，水面上漂着一个双耳椭圆形酒杯，酒杯顺着清清的溪水漂流而下，漂到谁面前，谁就拿起一饮而尽，并要借着酒兴吟诗咏怀。这种独特的饮酒习俗盛行于汉魏至南北朝时期，被称为"曲水流觞"。这里的"觞"为"羽觞"，是战国汉晋时期流行的一种饮酒器。

羽觞的形状呈椭圆形，两侧各附一耳，呈半月形，就像一双羽翼，故名"羽觞"；因饮时双手执耳，故又名"耳杯"。这是战国时期兴起的一种饮酒器，以漆耳杯最为流行，也有铜耳杯，但很少。杯字又作盃、桮、桮。此字来源于手掬之杯。《礼记·礼运》曾载"汙尊而抔饮"，郑玄注："抔饮，手掬之也。"后来抔为杯所取代，所以耳杯的平面近似双手合掬所形成的椭圆形，左右拇指则相当于杯耳。《楚辞·招魂》曰："瑶浆蜜勺，实羽觞些。"张衡《西京赋》曰："促中堂之狭坐，羽觞行而无算。"辞赋中的羽觞均应指耳杯。

西汉「君幸酒」漆耳杯，现藏于湖南省博物馆

明代许光祚画作《兰亭图并书序卷》

漆质耳杯在汉代特别流行，仅湖南长沙马王堆轪侯利苍墓中就出土了九十件漆耳杯，其中四十件上面题写"君幸酒"款识，五十件上面题写"君幸食"款识。"君幸酒"即"请君饮酒"。汉代漆器一般以木、竹、夹纻作胎骨，色彩艳丽，轻巧精致，既有如行云流水式的精美彩绘，也有隐隐约约的针刺锥画，还有豪华的金银箔贴敷纹样，更珍贵的则有金铜配饰，称为扣器。当时贵族官僚家中崇尚使用漆器，往往在器上书写其封爵或姓氏，作为标记。

"顾左右兮和颜，酌羽觞兮销忧"。漆耳杯作为一种酒器，于轻巧中透射出灵动秀逸之美。美酒盛放在这种轻巧的耳杯中，饮酒者不仅仅会借酒浇愁，更会如王羲之一般借酒咏怀了。

舶来玻璃杯

　　玻璃是人类最早发明的人造材料之一，它的发源地大概在距今四千多年的两河流域。我国的玻璃制造始于何时，存在着争议。有学者认为我国自制玻璃始于西周，也有人认为始于春秋战国时期。

　　汉代以前出现的玻璃制品大多是管、珠、剑饰、印章等小型制品，玻璃容器尚未发现。汉代出现了玻璃容器，这标志着当时的玻璃制造技术已发展到一定水平。出土的汉代自制玻璃容器主要有徐州北洞山西汉楚王墓出土的玻璃杯以及河北满城西汉中山靖王刘胜墓出土的玻璃盘及玻璃耳杯。北洞山墓共出土十六件玻璃杯，其中两件比较完整。杯身呈直筒形，平沿、直壁、平底。玻璃呈淡绿色，不透明，内含小气泡，铸造成型。经过化学成分测定，为铅钡玻璃，与战国时代的镶嵌玻璃珠、玻璃璧的成分基本一致，这些玻璃杯是迄今为止考古发掘出土的最早的自制玻璃容器。满城汉墓出土的玻璃盘和耳杯质料相同，都为翠绿色，微有光泽，呈半透明状，晶莹如玉。经光谱定性分析，主要成分为硅和铅，并含有钠和钡，应也是自制玻璃。

　　除了上述两墓出土的玻璃容器外，其余考古发现所出的玻璃容器绝大部分是"舶来品"。中国国家博物馆收藏的这件出自广西贵县汉墓的玻璃杯呈透明的淡绿色，

系模压成型，成型后又经过抛光，外壁饰有两道弦纹。通过对其进行成分检测，发现此杯为钠钙玻璃，与罗马玻璃成分相符，应为舶来品。

东汉玻璃杯，现藏于中国国家博物馆

两汉时期，除了陆上丝绸之路的开辟外，中国与外部世界的联系还通过海上交通来实现，即从东南沿海出发，经南海、印度洋、阿拉伯海、红海和地中海到达罗马的"海上丝绸之路"。根据《汉书·地理志》"粤地"条的记载，汉武帝以后船舶出海的路线如下：从日南（今越南广治）、徐闻、合浦出发，南行五个月至都元国（马来西亚半岛沿岸）。由此折向西北，行四个月到邑卢没国（缅甸勃生、勃固一带）。再向西北走二十余日到达谌离国（缅甸西海岸）。从此改陆地步行十余日可至夫甘都卢国（缅甸太公城）。如从谌离国仍乘船沿岸而行，两个多月后就抵达黄支国（今印度东海岸马德拉斯附近）。从黄支国向南是已程不国（斯里兰卡）。黄支国和已程不国都是中转交换站，汉船在这里与西方商船交换货物后，便原路返航。这条航路开辟后，中国便正式开始了中西海上交通和交流活动。

公元前 1 世纪，罗马征服了地中海沿岸各地区，与汉朝成为并峙西东、交相辉映的两大帝国。在汉代人开辟西行海上航线时，罗马人也在积极开辟东方海上交通航线，他们发现并利用季风，扬帆东行，到达印度，"与安息、天竺交市于海中"，远达缅甸，《后汉书》称"掸国西南通大秦"，他们的航行甚至到达了汉代中国南方的交趾一带。

魏晋间人鱼豢《魏略》"大秦国"条中说："大秦道既从海北陆通，又循海而南，与交趾七郡外夷，北又有水道通益州、永昌，故永昌出异物。前世但论有水道，不知有陆道。……自葱岭西，此国最大。"这里所说的"前世但论有水道"，说明汉与罗马之间的交通最早是从海路走通的。东汉安帝时，跟随掸国来华的大秦国幻人，就是先沿海路到达孟加拉湾，然后从滇缅入中国境；桓帝时，自称大秦王安敦的使者则是从海上取道安南而入境。

玻璃制品是罗马帝国出口最多的产品，帝国版图内有几大著名的玻璃制造中心：埃及的亚历山大、希腊的腓尼基、叙利亚海岸等。公元前 1 世纪，罗马玻璃制造工艺发生了革命性的创新，即吹制法的创造。这一革新极大地简化了制造流程，降低了成本，使玻璃器从原先的昂贵品变成了常见器物，其产品开始远销中国。由于玻璃器是经过辗转传递到中国的，汉代人常将这些玻璃器的来源地认定为中转的国家和地区，如晋郭义恭《广志》云："琉璃出黄支、斯调、大秦、日南诸国。"但考古发现证实汉代玻璃舶来品绝大部分为罗马制品。

1954 年，广州横枝岗汉墓出土了三件玻璃碗，从化学成分及制作工艺分析，与地中海南岸罗马玻璃中心公元前 1 世纪的产品相似，这是我国发现的最早的罗马玻璃器。1980 年，江苏邗江甘泉 2 号东汉墓出土的三块搅胎玻璃器残片，经复原后是带竖凸棱纹装饰的平底钵，学者认为这种类型的玻璃器在公元前 1 世纪最早出现在意大利。1987 年，洛阳东郊东汉墓出土了一件缠丝玻璃瓶，其器形和搅胎吹制的制作方法均呈现罗马风格。1990 年，广西合浦风门岭发现一件东汉年间的天蓝色罗马玻璃碗。

在中国饮食史上，玻璃质饮食器具的数量一直非常少，且始终是社会上层使用的奢侈品，远远没有发展为普通日常用品的程度。汉代的这些舶来玻璃器皿，不仅见证了汉代海上丝绸之路的繁荣，也丰富了当时人们的饮食生活。

杯酒人生

同样的自然物产或科学技艺会给不同的人带来不同的体验。从酒的诞生之日起，它的是非功过就与人类的命运紧紧相连。酒的"两面性"表现在它既能播撒浪漫与美丽，又能诱发贪婪和丑恶。小小的酒杯中荡漾的不仅是美酒佳酿，更是百味人生。

秦汉四百年，一幕幕与酒相关的人生故事轮番上演，有的人英勇不凡却陨落于杯盏之间，有的人佯狂醉酒终得避祸保全，有的人寄酒抒怀，尽显豪杰之气，有的人嗜酒如命行为乖张，有的人负气使酒而不得善终……总之，酒既能实现人们美好的想象，又能轻易改变一个人的命运。

大风歌起

汉代开国皇帝刘邦就是一个著名的酒徒。《史记·高祖本纪》记载：刘邦早年任泗水亭长时，无钱买酒，常到王媪、武负两位妇人经营的酒店里赊账喝酒，每到年底时他都欠账不还，两家酒店只好"折券弃责"，挂作死账

明人所绘刘邦像

任其白喝。吕雉的父亲吕公也是在一场酒宴上相中刘邦，并把自己的女儿吕雉嫁与刘邦为妻。而刘邦反秦行为的起点，也有酒醉情节：当时刘邦以亭长的身份押送郦山徒，在押送路途中，他一直在饮酒，到了丰西泽这个地方，他把剩下未逃的郦山徒全部放走，但也有十余人因仰慕刘邦而自愿追随他。刘邦等一行人夜行泽中，委派一人先行探路。先行者回报："前有大蛇挡路，不能通行。"刘邦醉曰："壮士行，有什么可畏惧的！"于是上前，斩杀了白蛇。随后，这个事情就演变成"赤帝子斩杀白帝子"的神异故事。

关于高祖刘邦最著名的饮酒故事当数"大风歌起"了。刘邦在战胜项羽后，成了汉朝的开国皇帝。他兴奋、欢乐、踌躇满志，但内心深处却隐藏着深深的恐惧与不安。他能战胜项羽是依靠多支部队的协同作战。这些部队，有的是他的盟军，本无统属关系；有的虽然原是他的部属，但在战争中实力迅速增强，已成尾大不掉之势。项羽失败后，如果这些部队联合起来反对他，他是无法应付的。因此，在登上帝位的同时，他不得不把几支主要部队的首领封王，然后再以各个击破的策略把他们陆续消灭。

公元前 196 年，淮南王英布起兵反叛，刘邦不得不亲自出征。他很快击败了英布，在得胜还军途中，刘邦顺路回了一次自己的故乡——沛县（属江苏徐州），把自己昔日的亲朋好友、尊长晚辈都召集在一起，共同欢饮。酒酣之际，刘邦一面击筑，一面唱着这首自己即兴创作的《大风歌》："大风起兮云飞扬，威加海内兮归故乡，安得猛士兮守四方！"这首悲壮的《大风歌》把高祖刘邦悲喜交加的复杂心情表现得淋漓尽致，壮怀激烈。

高阳酒徒

秦朝末年，陈留高阳有个叫郦食其（lì yì jī）的人，他饱读诗书，学富五车，胸怀大志，无奈求仕无门，遂经常纵酒狂饮。适逢刘邦揭竿起义，领兵经过陈留，郦食其便上门求见。刘邦听说是一个儒生打扮的人求见，就很不耐烦，直接回绝："我正忙于天下大事，哪有工夫见读书人呢？"郦食其闻言不由大怒，让侍从回禀："我乃高阳一酒徒！"正在洗脚的刘邦闻听此言，竟顾不得穿鞋，直接赤脚跑出帐外迎接！自此以后，凡好饮或豪放不羁者，均自诩"高阳酒徒"！

刘邦对"读书人"不屑一顾，但对"酒徒"却以礼相待，再结合前述"大风歌起"的故事，这似乎表明汉代人对"酒徒"形象的看法是正面的，在汉代人的心目中，"酒徒"可能是"豪杰"的代名词。传世史籍中记载的其他著名酒徒还有：东汉著名文学家蔡邕曾因醉卧途中，被人称为"醉龙"

（明代《说郛》）；还有被曹操杀害的孔子二十世孙——孔融也是嗜酒之人，他常常感叹："坐上客恒满，樽中酒不空，吾无忧矣！"（《艺文类聚》引《孔融别传》）

拔辖投井

据《汉书·游侠传》记载：西汉人陈遵曾身居校尉，封嘉威侯，声名显赫。但他嗜酒如命，经常酗酒误事。汉哀帝时，他在大司徒府西曹任职，由于酗酒问题经常被西曹掾记过，他却不以为意。按例，满一百次即免职。陈遵的过失达到了限额，西曹掾报告大司徒马宫，请求罢免陈遵。马宫却看中陈遵是个人才，不忍因小错处罚他。经此一事，被宽宥的陈遵不仅不悔改，反而再次由于酗酒问题得罪了新的上司而自动离职。不久，平帝又起用陈遵为校尉，镇压京城一带的叛民，因功封侯。

陈遵酒量过人，特别喜欢聚众群饮，常在家中大宴宾客，通宵达旦，狂饮滥喝，还曾演出了一幕"拔辖投井"的恶作剧。他为使客人都能尽醉而归，就想出了一个留客的绝招：每当宾客来访，他就把大门紧闭，上闩落锁，并拔下客人的车辖，投入井中，以防客人在中途退席。不管客人有事无事，都必须陪饮至酒宴结束，一醉方休。一次，一位客人到陈遵家拜访，正逢陈遵设宴聚众饮酒，便被困在席间不能脱身，因有急事回去，去求陈遵，他却毫不理会，急得客人团团转。最后，客人闯入后室，跪求陈母打开后门，才得以脱身。

借酒避祸

刘肥是汉高祖刘邦的庶长子，汉惠帝刘盈的异母兄弟，生母为曹姬。汉高祖六年（公元前201年），刘肥受封齐王，建立齐国，定都临淄。汉惠帝二年（公元前193年），刘肥进京朝见汉惠帝。在一次宴会中，因刘肥年长，惠帝"置齐王上坐，如家人礼"（《汉书》），吕后震怒，认为刘肥冲撞皇威，想要处死他。于是，她命人倒了两杯毒酒，摆在刘肥的面前，想让刘肥用此酒来为她祈祝长寿。刘肥不知其中的阴谋，便起身敬酒。而汉惠帝刘盈也起身拿起其中的一杯酒，准备与刘肥一同向吕后敬祝。吕后害怕毒死自己的儿子，便连忙打翻了汉惠帝手中的酒杯。吕后此举让刘肥产生怀疑，因此不敢喝这杯酒，假装醉酒离去。后来，在高人的指点下，刘肥不得已主动献出齐国的城阳郡给吕后的女儿鲁元公主。吕后大喜，没有再追究刘肥当初的过失，放他回到自己的封国。就这样，刘肥死里逃生，终于保全了性命。

公元前154年，刘胜被父亲汉景帝刘启分封为中山靖王。汉武帝即位后，群臣鉴于"七国之乱"的教训，对诸侯王百般挑剔，动不动就弹劾诸侯王的过失。公元前138年，刘胜和其他诸侯王一道去长安朝见弟弟汉武帝。在宴席中，刘胜借机向弟弟控诉诸侯王们所受的不公正待遇。由于刘胜的文辞雄壮，条理分明，汉武帝深受触动，于是下令有司不得再欺凌诸侯王。一时之间，刘胜被誉为"汉之英籓"。尽管自此之后，诸侯王的境况有所改善，但中央集权和地方割据势力的矛盾毕竟是不可调和的，汉武帝剪除地方割据势力的决心仍在，看破时局的刘胜，为自己选择了一条独享安乐太平的生存之道：不理政事，偏安一隅。刘胜把精力全部转移到了酒色上面，过起了"乐酒好内"的奢靡生活。

　　刘胜墓葬中出土了33个装满酒的方形大陶缸，缸体上还写着酒的名称、种类和重量，如"黍上尊酒十五石""甘醪十五石""稻酒十一石"等。上尊、中尊、下尊是汉代酒的分级，黍上尊、甘醪和稻酒都是上等好酒，这些酒缸大小相当，盛酒总重量近5吨。除了这5吨美酒外，刘胜墓葬还出土了大量精美酒具，如大名鼎鼎的蟠龙纹壶、乳丁纹壶、鸟篆文壶；形似橄榄、设计别致的铜链子壶；尺寸依次递减的椭圆形铜套杯以及汉初难得一见的琉璃耳杯等。这些美酒和华丽酒器的出土是刘胜"乐酒"的最好证明。

酗酒误事

酒的味道甘美芳香，既是豪情壮士宣泄情感的媒介，又是文人雅士激发创作灵感的催化剂。同时，酒又对人具有极强的诱惑力，易使人沉湎于此而导致祸事。

据《汉书·赵充国传》记载，汉宣帝曾下诏命群臣举荐能够担任护羌校尉一职的官员。当时赵充国处于病中，丞相、御史、车骑将军、前将军共同保举辛武贤的幼弟辛汤。赵充国听说后，急忙从病床上起来，上奏说："辛汤酗酒任性，不能派他负责蛮夷事务，不如派辛汤的哥哥辛临众担任此职。"此时辛汤已拜受了护羌校尉的印信和皇帝符节，汉宣帝紧急下诏，改任辛临众。后辛临众因病免职，群臣又再次保举辛汤。辛汤任职后，果然如赵充国预料的一样，曾多次在酒醉之后虐待羌人，使羌人再度反叛。这是负责民族事务的官员酗酒危害民族关系、导致边疆政局动荡的事例。

在酒精的催化作用下，酒徒们极易寻衅滋事，扰乱社会秩序。居延新简记载了以下一则因酒后争言械斗造成杀伤的特殊案例：第四守候长原宪与同僚、"客民"（当地百姓）等共饮，醉酒后，因言语冲突，原宪以随身携带的剑具击伤同僚夏侯谭的胸部，致其有宽二寸、长六寸、深至骨的创口。后来，原宪因畏罪携武器、军粮驰马越境出逃。越境出逃，已经不是一般的逃兵，而具有了叛国的性质。原本一场简单的群饮最终演变成为"叛国罪"，确实令人唏嘘。值得注意的是，饮酒场合为军营之中，而且是平民"持酒来过候饮"，可能这种情形在当时并不罕见。

乃九月庚辰甲渠第四守候长居延市阳里上造原宪与主官

盗官兵持禁物兰越于边关傲亡逐捕未得它案验未竟

□橐一盛糒三斗米五斗骑马兰越隧南塞天田出案宪斗伤

长六寸深至骨宪带剑持官六石具弩一稿矢铜镞十一枚持大

夏侯谭争言斗宪

候复持酒出之

堂煌上饮再行酒尽皆起让与候史候

以所带剑刃击伤谭匈一所广二寸

候复持派土兰 堂煌上饮再行派 画皆起谠兴史候

居延新简"边塞军人酒后械斗"案件记载及研究者考据释文

273

令行禁止

　　酒令是中国特有的酒文化之精华，酒令产生之初，是用以辅助酒礼的。在"酒以成礼"的西周时期，对饮酒的礼仪有着极为具体而又严格的规定，为维护酒筵上饮酒的礼法，还设有专门监督饮酒礼仪的"酒监""酒吏"，来主持"觞政"。

　　春秋以后，随着礼坏乐崩、帝王权贵饮酒之风的盛行，酒令渐渐成为宴饮娱乐的助兴游戏。秦汉时期，酒令、令骰、投壶、六博频繁出现在各类酒宴上，极大地活跃了酒宴的欢乐气氛。从秦汉开始，经过两千多年的发展，酒令从最初的射箭、投壶等内容，发展出数百种之多的雅俗共赏的酒令形式。

酒令如军令

　　据《史记》《汉书》记载，齐悼惠王刘肥次子朱虚侯刘章，性格刚烈，办事果敢。有一次他侍筵宫中，吕后令他为酒吏，他对吕后说："臣为将门

之后，请允许以军法行酒。"吕后未加思索便同意了。酒酣之时，吕后宗族有一人因醉逃酒，悄悄溜出宴会大殿。刘章赶紧追出，拔出长剑斩杀了那人。他回来向吕后报告，说有人逃酒，我依照军法行事，割下了他的头。吕后听了，大惊失色，但由于先前已允许刘章按军法行酒，也无法怪罪于他，一次隆重的宴会就这样不欢而散。这段故事表明汉代酒宴上专设有酒吏，监督客人饮酒。刘章此举，固然有宫廷内部斗争的复杂背景，但也反映出酒席上酒吏的职掌权限之大。

诙谐生动的秦代酒令

近年来，出土文献为酒令研究提供了珍贵资料。北京大学秦简《酒令》为我们考察秦汉时期的酒令提供了重要的实物参考。

该《酒令》被写在一枚竹牍和两枚木牍上。这三枚简牍与一枚行令的木骰同出。

竹牍 东采泾桑，可以饲蚕。爱般适然，般独宴湛，饲般已就饮子湛。宁见子般，不见子湛？黄黄鸟乎，（萃）吾兰林。

这是一首酒令诗，内容讲的是以酒会友。此诗以采桑喂蚕起兴。桑叶可以喂蚕，酒食可以醉人，这是开头。接下来讲喝酒。喝酒的是两个酒徒，一个名叫子般，一个名叫子湛。研究先秦及古汉语的李零先生认为这两个名字很有趣，"般"有寻欢作乐之义，"湛"是沉湎，沉湎到不能自拔。这两个名字都有诙谐的隐喻，可能是作者刻意为之。子湛和子般一见如故，惺惺相惜。于是，他俩你请我，我请你，终日厮混，形影不离，谁都离不开谁。"宁见子般，不见子湛？"意思是你怎么可能只见到这位，却见不着另一位？这是作者刻意的反问。"黄黄鸟乎，（萃）吾兰林"，"萃"字一语双关，既有栖止之义，又可释为"醉"，这句话字面是说黄色的小鸟飞来飞去，最后落在玉兰树的枝头上，其实是说，这两位酒徒全都喝趴下了。

木牍 1 不日可增日可思，鬊鬊披发，中夜自来。吾欲为怒鸟不耐，鸟不耐，良久良久，请人一杯。

牍文大意是：男主人公心里郁闷难受，无法排遣，想找个倾诉对象，刚巧有个长发女子出现了，半夜三更，不请自来。男主人公心中恼怒，怒到鸟儿都忍受不了，过了很久很久，这位男子郁闷的心情还是难以消解，只好请这位女士喝上一杯。

木牍 2 饮不醉，非江汉也。醉不归，夜未半也。趣趣驾，鸡未鸣也天未旦。一家翁孺年尚少，不大为非勿庸谯。心不翕翕，从野草游。

这是一首极富江湖男儿豪气的"酒令"，牍文大意是：再多的酒也喝不醉，除非浩荡如江汉。喝醉了也不回家，只要还没喝到夜半。鸡未鸣，天未亮，何必驾车往家赶。老夫老妻还年少，没做亏心事，不必把心焦。与世俯仰心不慌，愿如野草随风倒。

除了上述三枚"酒令"简牍外，北京大学还收藏了一件与"酒令"有关的木质酒骰。考古发现的骰子，形状有很多，除了六面体，还有十四面体、二十六面体等。北大的这枚六面体骰子的特别之处在于其形状略似西北简牍的木觚，不是方形的。它是用一根木棒，两头刮削，形成三个面。六个面相互交错，都有字，上面和下面，文字是互相反着写的。它包括三组成对的文字：

第一组　不（饮）/ 自（饮）

意思是免罚饮酒和自罚饮酒。

第二组　左（饮）/ 右（饮）

意思是罚左边的人饮酒和罚右边的人饮酒。

第三组　千秋 / 百尝

意思是祝客长寿和举杯共饮。

《急就篇》"周千秋"条，颜师古注曰："千秋，亦欲长生久视也。"汉代传世文献和出土简牍中名"千秋"者甚多。千秋也用于地名，肩水简中有"昭武千秋里"，居延新简中有"千秋隧"等。汉代酒宴上宾主互相敬酒是必要的环节，敬酒语多是祝贺健康长寿之类的吉祥语，如"千秋""万年""万岁""未央"之类。山东沂水出土的一方画像石，中部刻绘着对饮的主宾，他们高举着酒杯，互相祝酒。至于"百尝"就是"百味尝遍""举杯共饮"之义，秦印吉语玺中也有"百尝"，寓意相同。

与清华简《耆夜》中周武王气势磅礴的酬酒诗不同的是，北大秦简《酒令》通俗易懂，诙谐生动，更富于生活气息，既是研究秦代酒文化的重要实物参考，又为研究秦代风俗文学提供了珍贵的第一手资料。

中山王后的令骰

公元前 154 年，就在"七国之乱"被镇压后不久，汉景帝改中山郡为中山国，封皇子刘胜为第一代中山王。1968 年，举世闻名的满城汉墓横空出世，经证实该墓墓主正是中山靖王刘胜及其夫人王后窦绾。王后窦绾墓葬中室出土了四十枚行酒令钱以及一颗极为精美的错金银镶嵌铜骰。行酒令钱皆方孔无廓，其中二十枚铸序数从"第一"到"第廿"，但缺"第三"钱，多一枚"第十九"钱；另二十枚每钱铸韵语一句，皆三字，加起来形成一篇。这是考古发掘中首次整套出土的行酒令钱。

根据李零、裘锡圭二位先生研究，二十枚韵语钱的铭文如下：

> 骄次（恣）已，常毋苛。
> 得佳士，圣主佐。

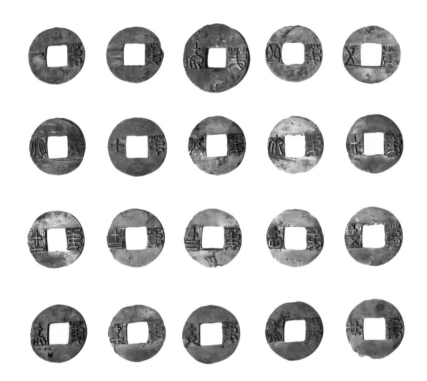

西汉行酒令钱，现藏于河北博物院

五谷成，万民（匹？）番（蕃）。

府库实，天下安。

朱（珠）玉行，金钱拖（施）。

贵富寿，饮酒歌。

寿毋病，饮其右。

起行酒，乐乃始。

乐毋忧，自饮止。

寿夫（无）毒，畏妻鄙（副）。

韵文前半篇是写统治者切忌放纵恣乐，不要施行苛政，这样才能天下安宁、百姓蕃息、府库充盈。后半篇则写饮酒欢乐，"饮酒歌""饮其右""自饮止"等似乎为酒令词语，系指导与宴者如何饮酒的意思。

　　错金银镶嵌铜骰共十八个削面，分别用篆书错写"一"至"十六"以及"酒来""骄"字。其中"一""三""七""十""骄""酒来"等六面为镏金地错银一周，其余十二面为镶银地错金一周。在各面孔隙间，用金丝错出三角卷云纹，中心镶嵌绿松石或红玛瑙。能把直径仅有2.2厘米的铜珠表面切割成规则的十八面，表明我国西汉时期的数学水平达到了一定的高度，也说明汉代工匠在实践中已能熟练地应用几何学知识。

　　骰子是一种赌具，按用途可分为两类：一类是博茕，用于六博、塞棋等博弈游戏；另一类是酒骰，用于饮酒行令。这件铜骰有"酒来"铭文，当属于酒骰类。骰子令在中国古代非常流行，考古发现中除了满城汉墓所藏的这件铜骰和上述北京大学收藏的木骰外，比较著名的还有：山东青州战国齐墓曾出土一枚十四面体的骰子，上面刻有数字，这应是考古发掘的早期实物，与秦汉时期令骰具有较大差异；江苏丹徒出土的五十枚唐代银酒令筹，行令术语有"自饮""劝饮""处罚""放"等，与秦汉令骰存在明显的承继关系。

西汉错金银镶嵌铜骰，现藏于河北博物院

雅歌投壶

从汉画像砖石图像可见，汉代酒宴中经常以六博、投壶等酒令游戏助兴，决出输赢，输者罚酒，既可展示宾客才艺又能活跃气氛。

投壶是由西周射礼演变而来的，《仪礼》中有乡射礼、大射礼等礼制规定。《礼记·射义》："古者诸侯之射也，必先行燕礼；卿大夫之射也，必先行乡饮酒之礼。"射礼是在宴饮后比赛射箭，它起源于先民的田猎活动。"燕射礼"主要行于诸侯与宴请的卿大夫之间，比"乡射礼"高一等级，其具体仪节在《仪礼·大射》中有详细的记载。一些东周刻纹铜器上可见劝酒、持弓、发射、数靶、奏乐等场面，这是研究西周宴礼的形象资料。西周贵族行"燕射礼"的场面描述可以参看《诗经·小雅·宾之初筵》，文中描述了西周幽王宴会大臣贵族的情景。在乡饮酒礼之后，一定也要举行射礼，举办乡饮酒礼的一个重要目的是选贤举能。《周礼》云："养国子以道，乃教之六艺。"射是"六艺"之一，西周时贤者的标准是指有勇力和有武艺的人，因此选贤的工作内容之一就是通过射礼来进行的。由射礼演变而来的投壶融教化和娱乐为一体，亦较好地诠释了古代寓教于乐的教育思想。

投壶的规则是投者站在一定距离外，将矢投入特制

汉代投壶画像砖

的箭壶中，以投中数量及投入箭壶的位置来计分，分数不同，饮酒数量不同。两汉时期，投壶的娱乐色彩日渐浓厚，如《艺文类聚》引《古歌》云："玉樽延贵客，入门黄金堂，东厨具肴膳，椎牛烹猪羊，主人前进酒，琴瑟为清商，投壶对弹棋，博弈并复行。"这段记载就是时人在宴席间投壶对弈、乐舞助兴的真实写照。南阳汉画馆现存一方东汉时的"投壶"画像砖，该画像生动展现了当时席间投壶的场景。画面中间刻有一壶，内有投中的两矢，壶左有一樽，上置一勺。壶的两侧各有一位头戴进贤冠的投矢者，怀中各抱三矢，一手执矢正欲向壶内投掷。从参与投壶者的着装看，投壶的三人及旁边的司射，均头戴进贤冠，身着宽袍大袖，这是汉代士大夫阶层的常见着装，进贤冠是其身份的象征。《后汉书·祭遵传》记载："遵为将军，取士皆用儒术，对酒设乐，必雅歌投壶。"出土和传世文献都表明，投壶在汉代很受士大夫阶层的欢迎。

秦汉时期，还涌现了一批"投壶"高手。《西京杂记》记载，汉武帝时的艺人郭舍人特别擅长投壶，投矢时能借助壶底的反弹力将矢反弹回来，用手接住，往复连投百余发，一时声名大振。他每次为汉武帝表演投壶时，必得金帛赏赐。《太平御览》引《晋书》记载，西晋时，著名的大富豪石崇豢养的女艺人拥有隔屏风投壶的绝技。

唐宋以后，随着各种雅令的兴起，投壶逐渐衰落。尽管如此，投壶也未完全消失于酒宴之上。明朝仍然有投壶游戏，中国国家博物馆馆藏的一件明代的铜投壶就是明证。此壶底座刻蕉叶纹，腹部正面为龙头铺首，直颈上雕螭龙，上贯两耳。《礼记·投壶》中称投壶之制为"壶颈修七寸，腹修五寸"，此壶尺寸与此相当。

六博之戏

左思《吴都赋》记载，三国时吴国都城"里宴巷饮，飞觞举白，翘关扛鼎，拚射壶博"。这里的"博"指的就是秦汉时期风行一时的酒令游戏——六博。六博亦称"博戏""陆博"，是中国古代历史悠久的棋类游戏。因所用之博箸为六根，故名"六博"。

据《史记·殷本纪》记载：商王武乙"为偶人，谓之天神，与之博。令人为行，天神不胜"，这说明博戏在商代就已经出现。《楚辞·招魂》中关于"蔗蔽象棋，有六博些。分曹并进，遒相迫些"的记载，则是战国时期六博棋广泛流行的证据。

六博棋具主要由局、棋子、博箸或茕组成。局即六博棋盘，常见的局系方形或长方形木板制成，局上有十二个曲道，中央有一个方框，四角有圆圈或飞鸟图案。六博棋子有两种类型，一种是十二粒棋子，分为六白六黑两组。另一种是十二粒棋子分为两组，每组包括一大五小的六粒棋子，大棋子称作"枭棋"，小棋子称作"散棋"。在棋子中，枭棋的地位最为重要，桑弘羊曾用"枭棋"比喻"万里之主"的汉朝。普通棋子由骨、木制成，如江苏徐州黑头山西汉刘慎墓出土的骨质六博棋子；高级的则以象牙或水晶为原料，比如广州南越王墓出土的象牙和水晶六博棋子。博箸是一支细长的竹管，一般为六根。茕为球面体，作用与箸相似，即通过投掷确定行棋。2004年，山东青州西辛战国墓出土的十四面体骨骰，可能属于博荣。

由于六博术在魏晋之后逐渐失传，现存史料语焉不详，所以关于六博的具体玩法已不得而知。可能只要将对方的枭棋杀死，便可获胜。六博应是对抗性和竞争性极强的棋种。由于六博多见于酒宴场合，与其他酒令游戏相仿，均为负者饮酒。输棋者本就心中不平，饮酒后更是自控力大大降低，极易冲动，发生"博争"的情形屡见不鲜。《急就篇》记载"棋局博戏易相轻"，意即六博游戏容易导致对阵双方大伤和气。最著名的一个例子就是"吴王太子之死"。汉文帝时，吴王刘濞携吴太子朝见，皇太子刘启由于和吴王刘濞太子下博棋时"争道"，震怒之下，刘启竟用棋盘打死了吴王太子。这件因下棋引发的人命案，是导致吴王刘濞发动"七国之乱"的重要原因之一。《盐铁论》记载，当时人们在六博对弈时"盛色"相向，汉魏之际，也曾出现因为"博争"而"发衣骂之"的故事。

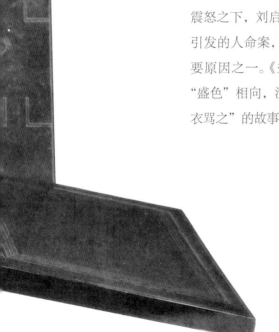

西汉六博棋具，现藏于湖南省博物馆

魏晋六博宴饮画像砖

秦汉时期的"六博"高手不乏记载。《西京杂记》载,汉代有一位名叫许博昌的人,他编写出的六博棋术口诀,"三辅儿童皆诵之"。由于拥有出神入化的"陆博之术",许博昌得到窦太后之侄窦婴的青睐。西汉末年的女子迟昭平也是六博棋的理论家,以"能说经博"闻名于世。值得一提的是,尹湾西汉晚期墓出土的《博局占》中提及的六博棋术口诀的术语与传世文献基本一致。

由于六博游戏的风行,秦汉社会还出现了一批以博戏为业的人,这些人就是所谓的"博徒",类似后代的赌徒。东汉王符所撰《潜夫论·浮侈》说这些人"或以谋奸合任为业,或以游敖博弈为事"。总之,"博徒"将博戏作为谋取财富的手段，这些酷爱博戏的浪荡公子或游手好闲者成为汉代社会潜在的不安定因素。为了打击"博徒"，汉初法律曾经禁止民间的博戏游戏。

1983 年，湖北江陵张家山 247 号墓出土了千余枚汉简，这批汉简涉及了西汉早期的律令。《二年律令》是该墓中出土的全部律令的总称，由于律令中有优待吕后父亲"吕宣王"及其亲属的条文，再配合同墓所出《历谱》记载的最晚年号为吕后二年，所以整理者将其定名为《二年律令》。《二年律令·杂律》规定："博戏相夺钱财，若为平者，夺爵各一级，戍二岁。"这是已知中国古代法律对游戏活动的最早介入。律文中的"平"指的是博戏裁判。"褫夺爵位"和"戍边驻守"的惩处不可谓不严厉，但却未能令"博徒"彻底消弭。

第四编　宴会雅集

从筵席说起

　　春秋时期，楚庄王有一次摆上盛大的筵席宴请群臣，并命令姬妾为众臣斟酒。将领唐狡狂饮醉酒之后，竟对斟酒的楚王宠姬动了歪脑筋。此时，一阵疾风吹灭了烛火，全场一片漆黑。唐狡借酒壮胆，暗中扯下宠姬的衣袖，意图非礼。幸好此女反应迅速，反手就将唐狡帽子上的簪缨（古代官员的冠饰）扯下来，吓得唐狡赶紧罢手。宠姬遂急忙躲到楚庄王身边，告诉他，自己刚刚被非礼，现在手里还攥着那人的帽缨，只要点上灯烛，就知道是谁行这龌龊之事。出人意料的是，楚庄王听完宠姬的话，却淡定地对群臣说："先别急着点灯！今晚我们要喝个痛快，大家不必拘束，都把冠帽摘去，取下帽缨。"灯火重燃后，在场的人皆已摘下冠帽，取下帽缨，谁也不知道刚才发生了什么事，只有唐狡心如明镜，自己捡回一条命，都是因为楚庄王特意饶恕，从此他便誓死效忠楚王。后来，楚国与郑国交战，唐狡自请为先锋，在战场上拼死作战，为楚国立下大功。宽以待人的楚庄王没有因宠姬被调戏而动怒，反而得到了一名忠臣。那场君臣宴饮，被后世称为"绝缨之宴"。上述故事中出现的"筵席"在现代社会中多被称为"宴席"。为什么聚餐而食会被冠以此二名呢？这其实和古人席地而食的进食传统有关。

　　筵、席，都是古时铺在地上供人宴饮等活动时所坐的以茪、蒲等编织而成的用具。古人席地而坐，设席每每不止一层。紧靠地面的较大的一层称为"筵"，

"筵"上面较小的称"席"，人就坐在席上。《礼记·乐记》云："铺筵席，陈尊俎。"《周礼·春官》有"司几筵"，专掌所设之席及其处。郑玄注："铺陈曰筵，藉之曰席。"贾公彦疏："设席之法，先设者皆言筵，后加者为席。……筵席惟据铺之先后为名，其筵席止是一物。"后来，筵席、宴席就成为聚集而食的盛大场合的专称。

中国历史上的宴席，名目繁多，精彩纷呈。除了通常的"国宴""军宴""公宴""私宴"外，以与宴人群划分，有"士人宴""仕女宴""千叟宴""九老会"等。以设宴场所分，有"殿宴""府宴""游宴""野宴""园宴"等，如秦末项羽在鸿门宴请刘邦，史称"鸿门宴"；汉武帝在柏梁台宴群臣称"柏梁宴"；唐代皇帝每年在曲江园林宴百僚，史称"曲江宴"；唐代新进士在曲江池杏园举行宴会，称为"杏园宴"……以宴席间的珍贵餐具命名，如"玳瑁宴""琥珀宴"等。以宴席上必备的食品命名，如唐代的"樱桃宴"，唐宋时的"汤饼宴"，等等。以宴间所奏的乐歌命名，如"鹿鸣宴"。总之，古代宴席多以酒为中心，安排菜肴、点心、果品和其他饮料等。宴饮的对象不同，宴席的档次和种类也各具差异，菜肴的数量、质量和烹调水平也不相同。

中国古代丰富多彩的宴席活动，是中华饮食文化的重要组成部分。据学者考证，中国筵席产生于约四千年前，历史上又称"燕饮""筵宴""酒宴""宴席"等。它起源于远古先民的祭祀活动。新石器时代，由于人们对各种复杂的自然现象无法理解，出于敬畏之心，人们举行了各种献祭祖先和神灵的礼仪活动。祭祀活动结束后，大家围坐一起分享祭品。除了祭祀活动外，远古先民还因庆贺丰收、战争胜利等原因聚集在一起进行欢庆式聚餐。虽然是聚餐，但是属于聚而分食，并在饮食过程中遵循一定的礼节，如部落首领负责分配食物、按照尊卑次序安排座次、载歌载舞等，无论隆重、严肃、神秘的祭礼，还是欢庆热烈的聚食，远古时期的这些饮食活动都具有宴席的雏形。

商周时期，新石器时代的吃饭前祭祀祖先和神灵的传统被继承下来，并愈演

传南宋马和之画作《小雅·鹿鸣之什图》中"鹿鸣宴"的场景

愈烈。为了表示虔诚，商周时期的祭祀除了置备必需的祭品外，陈放祭品的饮食礼器也非常讲究，最隆重的祭品是牛、羊、猪三牲组成的"太牢"，其次是羊、猪组成的"少牢"。祭祀完毕后，若是国祭，君王则将祭品分赐大臣；若是家祭、祖祭，亲朋至友围坐一席，分享祭品，于是祭品转化为席上的菜品，饮食礼器就演化成筵席餐具。值得注意的是，祭品在祭祀后可以分吃掉，这种传统对后世产生了深远的影响，如《淮南子·说山训》有"先祭而后飨则可，先飨而后祭则不可"之语，这种传统也一直延续至今。现代部分地区在清明节祭祀祖先时，仍有在祭礼完毕后众人分食祭品的习俗。

夏、商以后至先秦时期，筵席逐渐成为上层社会专享的特权活动，是身份、等级的重要标志。《周礼·天官》记载："凡王之馈，食用六谷，膳用六牲，饮用六清，羞用百有二十品，珍用八物，酱用百有二十瓮。王日一举，鼎十有二，物皆有俎，以乐侑食。"这段话的意思是周天子的饮食，饭用六种谷物，牲肉用六种牲，饮料用六种醇清饮料，美味用一百二十种，珍肴用八种，酱用一百二十瓮。天子用膳需每天一杀牲，陈列十二鼎，鼎中牲肉取出后都由俎盛着奉上。用音乐助天子进食。这段话涉及食馔种类、调味品的选择、主副食的搭配、食品的刀工加工、烹饪操作及口味等众多内容，反映出周天子的日常饮食就具有筵席的性质。

除了宫廷筵席外，如周代的乡饮礼酒、大射礼、婚礼、公食大夫礼、燕礼上均有筵席，礼仪程序和规范都非常繁缛。很多先秦典籍都对当时的筵席场面有着生动的描写。如《诗经·小雅·宾之初筵》："宾之初筵，左右秩秩。笾（biān）豆有楚，肴核维旅。酒既和旨，饮酒孔偕。钟鼓既设，举酬逸逸。"初筵，指宾客初入座的时候；左右指筵席的东西两边，主人的座位在东，客人的座位在西；秩秩是恭敬而有秩序的样子；笾、豆都是古代食器名，豆的外形是上有圜底浅盘，下为喇叭形足，是宴会中盛放肉酱、腌菜的器皿，笾系从豆分化而来，似豆而盘平浅、沿直、矮圈足，为竹编器皿，多用于盛放干果等；楚，摆设整齐的样子；肴指盛放在豆内的肉食；核指盛放在筐里的干果；旅指陈列；和旨指甘甜；逸逸同"绎绎"，往来不绝的样子。这段话的意思是来宾入座开宴席，宾主谦让守礼节。杯盘碗盏摆整齐，鱼肉干果全陈列。酒味浓醇又甜美，觥筹交错真热烈。钟鼓乐器都齐备，往来敬酒杯不绝。短短数语，就将贵族的宴会场景描绘得生动形象。

春秋时期，士大夫的筵席上"味列九鼎"，筑台宴乐之风盛行，出现了莞席、藻席、次席、蒲席、熊席等多种材质的坐具，食案也有玉几、雕几、彤几、漆几等多个品类。《楚辞》是战国后期的诗集，书中收录了屈原及宋玉、景差等人的作品，歌颂了当时楚国的饮食名品。特别是《招魂》等篇中反映了楚国筵席的场面，席单列出了楚地主食四种、菜品八种、点心四种和饮料两种，反映了筵席初创期的状况。与上层社会"坐上客恒满，樽中酒不空"形成鲜明对比的是，下层社会的民众只有在祝寿、婚宴、年节等特殊日子，才能坐享筵席。

秦汉时期，筵席的格式和内容有了新的特征，筵席名目增多，帝王登基宴、国宴、封赏功臣宴、公宴、省亲敬祖宴、游猎宴，以及民间的家宴、婚宴、寿宴、节日宴等喜庆酒筵都呈现出不同的特点。筵席的每个环节，如延请、备宴、迎宾、赴宴、座次、进食、敬酒等都各有规范。不同于先秦时期周天子笼络诸侯贵族的仪式繁缛的宴飨，秦汉时期的宴会场面更加热烈而亲切。在时人的心目中，宴饮的意义远在饮食之外。如今，中国宴饮场合的礼仪、规范、习俗等方面仍可窥见秦汉遗风。

席地而食

唐代大诗人李商隐曾经写过一首关于贾谊的诗，名为《贾生》："宣室求贤访逐臣，贾生才调更无伦。可怜夜半虚前席，不问苍生问鬼神。"诗文中说汉文帝对贾谊所讲的鬼神之事十分入迷，以至于身体前倾，向前移动了席子，"可怜夜半虚前席"形象地描绘出汉代人生活起居的重要习俗——席地而坐。

在中国古代，人们席地而坐的习俗由来已久，延续的时间很长，至少保持到唐代。新石器时代，受制于原始而低下的建筑技术水平，古代先民的住所都是简陋而低矮的，内部空间狭小，只能席地坐卧饮食，所以当时还谈不上使用家具，而且所有的饮食器皿都是放在地上的。先秦时期，随着生产力的发展，工艺技术日益提高，人们的居住条件有了很大的改善，随着房屋建筑日渐增高和宽阔，室内空间日益增大，一些新的家具应运而生，如床、榻、屏风等。有了床、榻，原来放在地上的饮食器具拿起来可就不方便了。于是，用于盛放食品和进食器具的食案出现了。秦汉时期，人们依然是席地而坐，席地而食，这一点从大量的汉代画像石资料可以反映出来。当时的建筑技术虽然较此前有了很大发展，但与后代相比室内高度和空间还是有限，

汉代壁画中席地而坐的场景

当时没有桌椅板凳类的高足家具，像进食一类的人们的很多活动仍然是在席上进行的。

铺筵席，陈尊俎

《礼记·乐记》云："铺筵席，陈尊俎。"《周礼·春官》有"司几筵"，专掌所设之席及其处。古代因席地坐食，筵席是以铺在地上的坐具为名。铺陈曰筵，籍之曰席。贾公彦疏："设席之法，先设者皆言筵，后加者为席。……筵席惟据铺之先后为名，其筵席止是一物。"先秦礼制规定：天子之席五层，诸侯三层，大夫二层，有其严格的等级之别。席一般用苇、蒲、萑、麻之类的植物茎秆编成，考究的席以丝帛缀边。

湖南长沙东牌楼东汉简牍中有"皮席""皮二席"的记载，丰富了后人对"席"这种重要的日常坐具的认识。"皮席"指的是动物皮制成的席，先秦时期即有"熊席"的史籍记载。秦汉时期，有猎杀野生动物，以其皮为席的风俗，如《说苑》记载："虎豹为猛，人尚食其肉，席其皮。"西汉时，班婕妤送给皇后的礼物之一为"含香绿毛狸藉一铺"（清代严可均所辑《全汉文》），指的是用狸皮制的皮席。《释名》中也有以"貂皮"为席的记载。《后汉书·李恂传》："（恂）拜兖州刺史，以清约率下，常席羊皮，服布被。"从这条材料可知，羊皮席应是众多皮席中便宜和档次较低的一个种类。王子今先生考证，"皮二席"指的就是史籍记载中的"重席"。"重席"为尊贵之人所坐。《仪礼·乡饮酒礼》载，"公三重，大夫再重""大夫辞加席，主人对，不去加席"；《礼记·曲礼上》载，"客彻重席，主人固辞，客践席，乃坐"。这些记载大意是：席的层次，视地位高低而定。"公"要铺三层席，"大夫"要铺二层席（重席），乡饮酒礼中，"大夫"的"辞加席"，燕礼中，"客"的"彻重席"都是一种谦虚的做法，表明自己不以尊者自居，需要辞谢尊者所坐坐具。而主人必须拒绝客人撤席的请求，坚持给"公"和"客"上"重席"。这些礼仪难免有"假客套"之嫌，但也表明了"重席"确实是尊者应享受的权利。汉代史籍中还有"席六重""重八九席""重坐五十余席"等极端例子的记载。

秦汉时期，对于席地而食也有一些礼节规定。首先，陪同客人一起进入室内时，主人要先向客人致意，先行入内并将席放好，然后迎请客人进

汉代镏金熊形青铜镇，现藏于中国国家博物馆

室。席的摆放方向要符合礼制，中规中矩。孔子曰："席不正，不坐。"坐席要讲席次，即坐位的顺序，主人或贵宾坐首席，称"席尊""席首"，余者按身份、等级依次而坐，不得错乱。其次，席的方位有上下，当坐时必须由下而升，应该两手提裳之前，徐徐向席的下角，从下而升，避免踏席。当从席上下来时，则概由前方下席。中国国家博物馆馆藏的镏金熊形青铜镇的作用就是为了防止由于起身落座时折卷席角的压席之物。再次，如果客人不是前来赴宴而是为了谈话，就要把主、客所坐之席相对陈铺，当中留有间隔，以便相视对谈。如果是来赴宴的话，则要做到"食坐尽前"，即尽量坐得靠前一些，靠近摆放饮馔的食案，以便进食，并避免因不慎掉落食物而弄脏了座席。最后，坐姿也有要求，必须双膝着地，臀部压在足后跟上，称作"跂坐"。《史记·郦生陆贾列传》记载，郦食其去高阳传舍见刘邦时，"沛公方倨床使两女子洗足"，极其无礼；《汉书》记载，陆贾曾奉汉高祖刘邦之命出使南越，南越王赵佗会见陆贾时，箕踞而坐，被陆贾当面指责为野蛮无礼的行为。

举案齐眉

　　"举案齐眉"的故事，在中国古代社会中一直被视为妻子敬爱丈夫的典范。《后汉书·梁鸿传》记载：东汉时期的贤士梁鸿娶了一名貌丑的富家千金孟光。两人婚后隐居山林，以耕织为业，每天回家，孟光都为梁鸿准备饭菜，她不敢抬头直视梁鸿，将案举得和眉毛一样高，夫妻相敬如宾。

　　"举案齐眉"故事中的"案"既不是后世的条案类家具，也不是现代的桌子，而指的是一种无足的类似托盘的器物，据孙机先生考证，这种食案名叫"棜案"。长沙马王堆轪侯夫人辛追墓出土的云纹漆案应该就是孙机先生所谓的"棜案"。出土时，该案上置五个盛有食物的漆盘、两个漆卮和一个漆耳杯，还有串肉的竹串和一双竹筷。这是模仿墓主生前用餐的陈设，为当时分餐而食的真实反映。

　　汉代的食案有两种，除"棜案"外，还有一种有足之案，如甘肃武威旱滩坡汉墓出土的有足木案，整木雕刻，有沿，左右各凸出一重沿。又如北京丰台大葆台西汉墓和河北满城中山靖王刘胜墓出土的装镏金铜蹄足的彩绘漆案。作为秦汉时期的一种常见器具，食案的主要功能在于盛放杯、盘等食具。从出土的实物看，食案一般长约一米，宽约半米，有木质、陶质、石质和铜

西汉云纹漆案，现藏于湖南省博物馆

质多种质地。木案髹漆便成为美观精致的漆案，如前所述，马王堆、大葆台、满城等诸侯大墓所出的漆案就是汉代食案中的精品。食案是汉代家庭中常备的食具。当时的人们是分餐制，一般是一人一案。《史记·田叔列传》中记载"赵王张敖自持案进食"，又《汉书·外戚传》记载许皇后"亲奉案上食"，这都说明食案是很轻的，否则即使孟光可"力举石臼"也绝无可能把摆满酒食的案举到眉毛处。"持案""奉案""举案"等行为都是尊敬的表示。

东汉献食女俑

魏晋画像砖中的切肉场景

　　山东诸城前凉台画像石中有幅精彩的庖厨图，堪称迄今所见同类题材中的最佳。图上刻有四十多个忙忙碌碌的厨人。尤其值得注意的是，图中还特别表现了两个整理食案的仆人，站在罗列起来的七个食案前仔细擦洗。他们的身后，有一个托盘的男仆，手里正端着食物走过来。等到食品和食具准备完毕，便要将食案抬出，供那些主宾们享用。大一些的食案还可直接用作厨事活动的案桌，在许多汉晋时期表现烹饪场面的画像砖石中都能发现它们的身影。中国国家博物馆馆藏有一件四川地区的庖厨画像砖，画像左面有两人跪坐在长案后准备菜肴，后架上挂着三块食物。甘肃嘉峪关出土的魏晋画像砖的切肉画面中，一个男仆持刀在案上切肉，一个女婢从旁协助，他们旁边是摆放整齐的一摞小食案。敦煌悬泉汉简中有"厨更治切肉几，长二尺"的记载。汉代一尺约为 23 厘米，二尺约为 46 厘米，简文记载的"切肉几"应该就是画像砖切肉画面中所示的那种小型食案。

分食与合食

　　王仁湘先生认为：食案是礼制化的分食制的产物。在原始氏族公社制社会里，人类遵循一条共同的原则——对财物共同占有，平均分配。反映在饮食生活中，表现为氏族内食物是公有的，食物烹调好了以后，按人数平分，没有饭桌，各人拿到饭食后都是站着或坐着吃。饭菜的分配，先是男人，然后是妇女和儿童，多余的就存起来。这就是最原始的分食制。

　　唐代以前，分食是主要的进餐形式。史籍记载，齐国孟尝君田文供养的食客多达数千人。有一天夜晚，孟尝君宴请新来的食客，席间有人无意中挡住了灯光，一位食客见此情景十分恼怒，认为自己的那份餐食肯定是不好的馔品，于是推开食案起身就要离去。孟尝君站起身来，端起自己的餐食向其展示，食客看到两份餐食并无二致，知道自己错怪了孟尝君，十分惭愧，竟提起剑来自刎谢罪。因为这个食客的自尽，又有许多士赶来投到孟尝君门下。这则故事表现了孟尝君"礼贤下士"的优秀品质，也表明在先秦时期，人们实行的是分食制。如果是合食制，主客都围坐在一张大桌子边进餐，断不会发生这种"致命"的误会。

河南密县打虎亭1号汉墓内画像石上的宴饮场景

　　秦汉时期，人们在饮食生活中依然实行分餐制。当时人们席地而坐，面前放一低矮食案，食案上放置食物，一人一案，单独进食。鸿门宴上项王、项伯、范增、沛公和张良五人就是典型的一人一案的分餐制。河南密县打虎亭1号汉墓内画像石上的宴饮场景显示：主人坐于方形大帐内，其面前设一长方形大案，案上有一托盘，主人席位两侧各有一列宾客席，已有三位宾客就座，几名侍者正在其他案前做准备工作。这幅宴饮图也是汉代实行分餐制的生动再现。西汉墓葬中常见的饮食器具铜染炉也是汉代实行分餐制的明证。出土的铜染炉的高度一般在10厘米至14厘米，非常符合汉代人席

地而食和分餐制的饮食风俗。魏晋南北朝时期，尽管受到少数民族文化的影响，但当时社会的主流仍是分餐制。唐代姚思廉所撰《陈书·徐孝克传》记载，南北朝时期，有个名叫徐孝克的大孝子，有一次他陪同南陈宣帝宴饮，不曾动过一下筷子，可是摆在他面前的美食却莫名其妙地减少了。原来是徐孝克舍不得吃，悄悄地把食物藏在怀里，准备带回家孝敬母亲。宣帝知道后大为感动，下令以后筵席上的食物，凡是摆在徐孝克面前的，他都可以大大方方地带走。这个故事从侧面反映出，南北朝时期的食俗依然是"分食制"，不然徐孝克是无法将食物偷拿回家的。

魏晋南北朝时期，居住在边远地区的一些古代少数民族先后进入中原地区，由此出现了规模空前的民族大融合的局面。随着民族间交往的日益深入，胡服、胡帐、胡床、胡饭、胡箜篌、胡笛、胡舞等少数民族文化涌入中原。在这种历史背景下，中原地区的生活习俗和礼仪制度受到前所未有的冲击。传统的席地而坐的姿势随之有了改变，常见的跪式坐姿受到更轻松的垂足坐姿的冲击，这就促进了高足坐具的使用和流行。此外，建筑技术的进步，特别是斗拱的成熟和大量使用，增高和扩展了室内空间，也对家具有了新的需求。低矮的食案已不能适应这种变化，席地起居的习俗也受到严重冲击。公元5世纪至6世纪，出现了新的坐具类型，如束腰圆凳、方凳、椅子等，它们逐渐取代了铺在地上的席子以及低矮的食案。从敦煌285窟的西魏时代壁画可见目前所见年代最早的靠背椅子图像，有趣的是，椅子上的仙人还用着惯常的蹲跪姿势，双足并没有垂到地面上，这显然是高足坐具使用不久或不普遍时可能出现的现象。

唐代时各种各样的高足坐具已相当流行，南唐顾闳中的名作《韩熙载夜宴图》中，可以看到各种桌、椅、屏风和大床，图中的人物完全摆脱了席地起居的旧习。尽管高足坐具已非常流行，但传统的坐姿习惯却不能轻易改变。当时坐姿的主流已变成垂足而坐，但依然还有人采用盘腿的姿势坐着。唐代韦氏家族墓壁画中的野宴场景显示参加宴会的男子中仍有人盘腿而坐，似乎还不太习惯把他们的双腿垂放下地。无论如何，唐代中晚期以后，垂足而坐已成为标准坐姿，席地而坐的传统方式已经基本被抛弃了。此外，在敦煌唐代屠房壁画中，可以看到站在高桌前宰牲的屠者像，说明以往烹饪用的低矮条案也已经被高桌取代。随着桌、椅的广泛使用，食物和饮食器具可以直接放置在桌子上，小食案就逐渐退出了饮食生活，人们围坐一桌进餐也就是很自然的事了。下页的野宴壁画与敦煌 473 窟壁画表现的宴饮场面在构图上大同小异：人们围坐在一个长方食桌周围，食桌上摆满大盆小盏，每人面前各有一副匙箸配套的餐具。这已经是众人围坐一起的合食场面。

敦煌唐代壁画中的屠房

唐代韦氏家族墓壁画中的野宴场景

南唐顾闳中画作《韩熙载夜宴图》（局部）

值得注意的是，合食成为潮流之后，分食习俗并未完全革除，依然以《韩熙载夜宴图》为例，画面显示：韩熙载及几位宾客，分坐床上和靠背大椅上，欣赏着一位琵琶女的演奏。他们每人面前摆着一张小桌子，放有完全相同的一份食物，是用八个盘盏盛着的果品和佳肴。碗边还放着包括餐匙和筷子在内的整套进食餐具，互不混同。这幅场景说明了在合食成为食俗主流之后，分食的影响力还未完全消退。至于宋代，合食制完全取代了分食制，台北故宫博物院所藏宋徽宗赵佶绘制的《文会图》就是明证。

　　分食制向合食制的过渡，使人们的饮食方式发生了划时代的改变。从分食到合食经历了上千年的时间，而合食也不断发展绵延至今。现代国人的饮食习惯主要还是围桌合食，不论是在家中或是在饭馆，亲朋好友围坐一处，把酒言欢，亲切交流，隆重热烈的气氛会深深感染每一个人。可是，合

儒林華國古今同

吟詠飛毫醒醉中

多士作新知入彀

畫圖獨喜見文雄

白氏謹依

韻和進

明時不與有唐同

八表人歸大道中

可笑當年十八士

經綸誰是出羣雄

食制也有很大的缺点，那就是饮食卫生问题。对此，著名的语言学家王力先生在《劝菜》一文中曾有过形象的描述：

> 十个或十二个人共一盘菜，共一碗汤。酒席上讲究同时起筷子、同时把菜夹到嘴里去，只差不曾嚼出同一的节奏来。……譬如新上来的一碗汤，主人喜欢用自己的调羹去把里面的东西先搅一搅匀；新上来的一盘菜，主人也喜欢用自己的筷子去拌一拌。至于劝菜，就更顾不了许多，一件山珍海错，周游列国之后，上面就有了五七个人的津液。

为了改变这种"津液交流"的不卫生状况，有些人提出了采用西方的分食制。但其实，我们并不需要这样做，因为我们从远古时期就有"分食制"的传统，只需要将古老的传统恢复即可。实行分餐制的目的主要是为了摆脱津液交流而造成的困扰，而非要抛弃那份热烈而亲密的感觉，其实我们可以做到两全其美，比如像唐代壁画显示的那样实行有聚餐氛围的分餐制，现代的自助餐就是一个不错的选择。

亚夫问箸

　　周亚夫乃西汉开国元勋周勃之子，一代名将。汉文帝后元六年（公元前158年），匈奴大举入侵边关，文帝派三路军队到长安附近抵御守卫。当文帝去三处驻军视察时，只有周亚夫驻守的细柳（今陕西咸阳西南）军营将士军容整肃，赢得了文帝的极大赞赏。后来，周亚夫被提拔为中尉，掌管京城的兵权，负责京师的警卫。汉景帝前元三年（公元前154年），吴王刘濞联合其他六个诸侯王反叛，史称"七国之乱"。景帝以周亚夫为太尉，统兵平叛。由于功勋卓著，周亚夫升任丞相。

清人所绘周亚夫像

　　周亚夫性格耿直，颇为自重，往往不按景帝旨意行事，景帝大为不悦，于是想警告一下周亚夫。一日，景帝特诏周亚夫入宫，赐他御膳。周亚夫一看，只有一大块肉，再无别的食物，连箸也没有，顿时气极，忙问左右拿箸。景帝干笑问道："难道您还有什么不满足的吗？"周亚夫免冠谢罪，很不高兴地退了出去。经过这件事情，景帝越发觉得周亚夫自恃功高，以后必定难以驾驭，于是萌发剪除之心。不久，一代名将周亚夫就因谋反罪含冤下狱，落得绝食而死的悲惨下场。亚夫问箸这个故事的细节反映出，至少在汉代以箸（筷子）进餐已成固定的习俗。

纣始为象箸？

用筷子吃饭是中国人的专利发明之一。当今世界上超过15亿人使用筷子，也就是说每五人中就有一人用筷子进餐。对于我们中国人而言，筷子的地位远非餐勺可比，天天与筷子朝夕相处，真可谓"不可一日无此君"！作为中国人最伟大的发明之一，筷子一直是中华饮食文化的重要标志。这种与中国美食相伴而生的进食工具，就像是数千年来中华民族情感的纽带，从远古到现代，将中华文明代代相传！

在使用筷子吃饭之前，远古先民用手抓饭吃。《礼记·内则》郑玄注曰："炮者，以涂烧之为名也。"聪明的先民把谷子以树叶包好，糊泥置火中烧烤，为受熟均匀，不断用树枝拨动，就有了筷子的雏形。筷子古名"箸"，即竹字头加助字，意即帮助吃饭的工具。先民们发现用小木棍拨食的方法后，逐渐把小木棍的数量固定为两根，使用小木棍的技艺也越来越高，直到把两根小木棍使得上下翻飞、灵活自如。

考古学家们曾在江苏高邮龙虬庄新石器时代遗址发掘出四十二根骨棍，有学者即认为它们就是骨箸，即中国最早的筷子原型。但有学者对此看法提出质疑，因为类似的骨棍在其他新石器时代遗址中也有发现，而它们一般被认作骨笄（jī），即扎住头发的发笄。《史记·宋微子世家》中有"纣始为象箸"的记载，即以荒淫奢侈闻名的纣王，曾使用象牙箸进餐。商代末期君主纣王用精制的象牙箸用餐，足见三千多年前就有使用筷子的史载。而迄今为止年代最早的古箸出自安阳殷墟墓中，为接柄使用的青铜箸头。如此说来，筷子的使用可能已有五千年左右的历史。

染指于鼎

先秦时期，人们的进食方式是手食与用筷子、匙叉进食并存。由于主要还是沿用以手指抓食这一传统进食方式，所以筷子的使用尚不普及。如《左传》中的"染指于鼎"，《礼记》中的"共饭不泽手""毋抟饭"等等，便是明证。

《左传·宣公四年》记载，楚国人献给郑灵公一只大甲鱼，公子宋和子家将要进见，公子宋的食指忽然自己摇动，就把手抬起给子家看，得意地说："以往我发生这种情况，一定能尝到新奇的美味。"等到进去以后，他俩果然发现厨师正准备将甲鱼切块，两人相视而笑。郑灵公忙问他们为什么笑，子家就把刚才的事情告诉了郑灵公。等到把厨师把甲鱼煮好后，郑灵公把公子宋召来，但故意不给他吃。公子宋大怒，他猛然把手指蘸在鼎里，尝了味道后才退出去。这则故事中的"食指动""染指于鼎"，其实都是手食的动作。

又《礼记·曲礼上》云："共饭不泽手。毋抟饭，毋放饭。"根据郑玄的解释，"共饭不泽手"中的"泽"意思是挼莏，即揉搓双手。为什么不能

"泽手"呢？原因是这样做容易引起手上出汗，而用汗手抓取饭食很不卫生。什么叫"毋抟饭"呢？就是将饭搓成饭团之意。而"毋放饭"是指不要将手上多拿的饭重新放回器皿中。所以这则记载的完整意思是：如果和大家一起吃饭，需要注意手的清洁；不要用手揉搓饭团，也不要把手上多拿的饭重新放回盛饭的器皿中。

以上这些文献记载说明，虽然筷子早已发明出来，但先秦时期的人们确实还保留着传统的手食进食方式。其实，此后很长历史时期内，一些边远地区仍盛行手食，如新疆的维吾尔族、云南的傣族、台湾的高山族等都有吃手抓饭的习俗。

"箸""筷"之变

筷子的名称在历史上有多次演变，先秦时期称"梜"，也作"荚"。秦汉时期，筷子称"箸""筯"。到了唐代，"筯"与"箸"通用。虽然从唐到清皆统一称筷子为"箸"。但明代时，筷子的名称开启了由"箸"到"筷"的转变。最初的原因是因为民间尤其是苏州一带的船民和渔民有避讳的习俗，由于行船讳住，"箸"与"住"字谐音，因此见了"箸"字而反其道称为"筷（快）子"。此后，世俗文学的盛行和外来文化的翻译等问题最终使"筷子"成为这一工具最广泛最主要的称呼方式。

筷子的材质在不同的历史时期也有着不同的变化。先秦时期，筷子的材质有骨质、铜质和象牙质等。但出土量不是很大，使用范围应不太普遍。到了汉代，箸的使用非常普遍，它被大量用作死者的随葬品，考古发现汉代的箸除铜箸外，多见竹箸，湖南长沙马王堆汉墓、湖北云梦大坟头以及江陵凤凰山等地墓葬中，均出土了大量竹箸。马王堆汉墓的竹箸是被放置在漆案上的，云梦和江陵汉墓出土的竹箸，一般都装置在竹质箸筒里。据三国张揖所撰《广雅·释器》的记载，箸筒又名"籫"。东汉时的箸，考古发现的大都是铜箸，少见竹箸。比如，广州先烈路东汉墓葬出土的便是铜箸。此外，在新疆汉"精绝地"的一处房址内发现了木箸，这表明中原用箸进食的习惯已经传播到了边远地区。

汉晋时期的画像石与画像砖上，也能见到用箸进食的图像。"邢渠哺父"是汉代画像石中常见的孝子故事题材。邢渠的母亲早逝，他与父亲同住，因为年迈，他的父亲无法进食，邢渠就亲自喂饭。画面中父亲坐榻上，邢渠跪在父亲的面前，一手拿着筷子，一手扶着父亲，正在给父亲喂饭。隋唐时期，箸的材质更加多样化，从考古发现和文献记载看，有金银箸和犀箸。年代最早的银箸，出自李静训墓。宋辽金元时期，考古发现多见银箸，如中国

汉代画像石"邢渠哺父"中用箸进食的场景

国家博物馆收藏的五双银筷子就来自元代安徽地区的窖藏。此外，也有木箸。如内蒙古赤峰巴林左旗辽墓壁画上有三名契丹髡发男侍，其中一名侍从双手端一漆盘，盘内放着碗、碟、筷、勺等饮食用具。

　　明清时期，箸的款式，与现代的箸已无太大区别，首方足圆为最流行的样式。清代帝妃所用的箸品用料极为珍贵，制作十分考究，有金银镶玉箸、铜镀金箸、紫檀镶玉箸、象牙箸、乌木箸等，奢华至极。中国国家博物馆馆藏一件附箸嵌珊瑚银鞘刀，它的刀鞘为皮质，鞘通过绳子连接一个双龙圆环，可系于腰带上。这种小刀是蒙古族使用的典型器物，一般用于切割食物，同时也是男子的装饰物。鞘内插有骨质筷子一双，反映了汉族饮食习俗的影响。

元代银箸，现藏于中国国家博物馆

清代皇室餐具，现藏于故宫博物院

清代附箸嵌珊瑚银鞘刀，现藏于中国国家博物馆

从"烹饪"到"助食"

人们现在烹煮食物的时候，经常用筷子来搅拌；或用两根筷子夹起锅里的食物，检查成熟程度；或用筷子将食物从煮器中夹取出放入食器中。可见筷子兼具了烹饪和助食两种功能。比如我们在吃火锅时，依靠筷子涮制的过程属于"烹饪"，出锅入口阶段即为"取食"，两种行为是有本质区别的。

在远古时期，先民们最初是以一根木棍（或枝条等棒形物）来挑、插、拨、取、持食物的（主要是不便于直接用手拿持的食物）。当时的这根木棍即具有烹饪和助食两种功能。从动物实验与野外观察的经验来看，人类用一根木棒或枝条助食的历史应是相当漫长的。有学者指出，两根木棍并用大约经历了从新石器时代晚期到青铜时代的三千年之久。在此期间，木棍的长度虽还不规范，但两棍并用的使用率却在逐渐提高，粒食、热食、碗状盛食器等因素促使了两根棒并用情况的出现与普及。总之，从筷子出现开始，其所肩负的两项主要功能就是助食和烹饪。如甘肃嘉峪关魏晋墓彩绘画像砖上绘制了备宴场景，两名女婢席地而坐，手持筷子，正在合作准备宴席的小几、餐具等。筷子和小几以及其他餐具同出，显然此筷用于进食。中国国家博物馆馆藏宋代妇人"煎茶"画像砖中的"筷子"则是用于烹饪。画面中的高髻妇人正俯身注视面前的长方火炉，其左手下垂，右手则执火箸夹拨炉中火炭。

宋代煎茶砖，现藏于中国国家博物馆

320

魏晋画像砖上的备宴场景

　　随着社会的进步发展，有些箸面镶金嵌玉，绘画题词，像这类装饰性很强的筷子，它的功能就不再限于食具，而是可供鉴赏的高雅艺术品。

　　在古代中国，一些算命者还借助筷子来预测未来。唐人郑熊《番禺杂记》中称："岭表占卜甚多，鼠卜、箸卜、牛卜、骨卜……"即言在古代岭南地区，筷子和其他物件均可用作占卜工具，用筷子占卜则称为"箸卜"。宋初徐铉的《稽神录》中对"箸卜"的方法做了详细的描述。

　　诺贝尔物理学奖获得者李政道曾这样评价筷子："如此简单的两根小细棍，却高妙绝伦地应用了物理学上的杠杆原理。筷子是人类手指的延伸，手指能做的事，筷子也能做，且不怕高温，不怕寒冻，真是高明极了！"筷子对人类身体协调能力的提高和智力开发也大有裨益。据学者研究，使用筷子可以牵动手指、手腕、手臂直至肩膀等数十处关节和肌肉，由此牵动的神经组织多达万条，因此，长期使用筷子可以有效地训练身体的协调性和灵活性。

古之仪，箸与匙

《三国志》中曹操与刘备煮酒论英雄时，曹操说了一句"今天下英雄，惟使君与操耳"，吓得刘备手中拿着的勺和箸都掉在了地上。这是汉代箸与餐勺同用的一个真实例证。古代中国人在进食时，箸与餐勺一般会同时出现在餐案上，共同使用。两者有着不同的分工。《礼记·曲礼上》云："羹之有菜者用梜，其无菜者不用梜。"这里是说箸是用于夹取菜食的，不能用它去夹取别的食物，还特别强调食米饭、米粥时不能用箸，一定得用匕，即匙（餐勺）。到了汉代，餐勺和箸也是同时使用的，人们将勺与箸作为随葬品一起埋入墓中。

汉代以后，比较正式的筵宴，都要同时使用勺和箸作为进食器具，如唐代冯贽所撰《云仙杂记》引《枢要录》述前朝故事时云："向范待客，有漆花盘、科斗箸、鱼尾匙。"这里的箸和匙都是组合出现的。1987年，陕西西安长安县南里王村一座中唐墓葬里，发现了保存完整的壁画，墓室东壁的野宴图，将一千多年前唐人游春宴乐的生活场景，展现在人们面前，男女九人围坐在一张长桌前准备进食，每人面前都摆放着箸和勺，摆放位置整齐划一。

据文献记载，宋高宗赵构每到进膳时，都要额外多预备一副箸、勺，用箸取肴馔，用勺取饭食，避免将食物弄脏了，因为多余的膳品还要赏赐给官人食用。这个例子说明宋代仍沿用箸、勺在古代的传统分工。正如王仁湘先生所言，到了现代社会，筷子与餐勺仍然是密不可分的进食器具组合，正式宴会场合的餐桌上也要同时摆放勺与筷子，食客每人一套，这显然是对古代传统的继承，但勺与筷子各自承担的职能发生了变化。勺已不像古代那样专用于食饭，而主要用于享用羹汤；筷子也不再是夹取羹中菜的专用工具，它几乎可以用于取食餐桌上的所有肴馔，而且也可用于食饭，传统的进食方式发生了改变。

同心成对，甘苦共尝

司马相如与卓文君是中国历史上最著名的爱侣之一，司马相如是汉代杰出的文学家，以辞赋扬名。卓文君也是著名的才女，其父是蜀郡临邛的冶铁大亨卓王孙。有一次，卓王孙邀请司马相如到卓府赴宴。司马相如极不情愿地去了，在宴会上弹奏了一曲《凤求凰》，博得众人的赞赏，他的才气也深深打动了卓王孙新寡的女儿卓文君。于是，卓文君不顾父亲的反对，毅然和司马相如私奔到四川成都，最终文君的父亲卓王孙被迫妥协，接受了他俩的结合。

传说当年司马相如与卓文君定情时，曾以一双筷子作为信物。他们的定情诗"少时青青老来黄，每结同心配成双。莫道此中滋味好，甘苦来时要共尝"也是对筷子的歌颂，寄寓了"爱侣成双，永不分离"的美好期待。直至现在，寓意"成双成对"的筷子仍然是筷子文化圈内新婚夫妇互赠以及亲朋馈赠的信物和礼物。筷子还和"快子"谐音，也是赠送给已婚夫妇的佳品，表达"快些生子"的美好寓意。

此外，人们常用筷子的形状——正直来比附人的高尚品格。质地奢华的象箸、金箸、银箸、玉箸除了用作皇室餐具和祭祀用品外，也用作帝王赏赐臣下的尊贵礼物，成为达官贵人身份地位和生活奢华的象征。

用筷禁忌

禁忌（又称"忌讳"），有"顾忌""畏惧"之义。许慎在《说文解字》中解释"禁"字为"吉凶之忌也"。禁从"示"，"示"的意思是"天垂象，见吉凶，所以示人也"，即人之行为动止，要根据"天神"的暗示来趋避；"禁"就是禁止做那些"天神"已示之不能做的事。总之，禁忌就是因心有所惧而对自己的言行进行的约束。

国人的禁忌很多，那体现在筷子上的都有哪些呢？筷子使用中最忌讳的，莫过于将筷子竖直插入碗盘之中，因为此种情形非常类似灵前设供，寓意不祥。用筷进食时，夹取食物要适量，太多易被视为贪食，有亏礼仪。至于在席面上将筷子延伸过长，将筷子与其他食具频繁碰撞弄出声响，抑或在盘碗之中用筷子挑拨翻拣等行为更是缺乏教养、罔顾礼仪的表现。筷子的握把方式也有禁忌。古人认为左手执筷是宴享场合失礼的行为。执筷位置不可过低，那样显得笨拙且缺乏教养；也不可取位过高，否则有远离父母家门之嫌。笔者小时候由于握筷姿势不确，食指总是不自觉地跷起，常被父母严厉训斥，称此举有克尊长之虞。此外，筷子摆放时，切忌将筷足向外，也不可一反一正并列。筷子摆放的数量应该与进餐者人数一致或更多，否则即属不敬。规范的筷子摆放方式为整齐地拢置于进餐者右手位。在正式的进餐或宴会场合，筷子需摆放于筷枕之上，夹取食品的圆足一端略微翘起，不与餐台面接触，这样既显庄重又合卫生观念。

20世纪80年代以来，日本的饮食史家一色八郎、美国的历史学家林恩·怀特均注意到，世界上存在着三大饮食习惯或饮食文化圈：用手指吃饭，用刀子、叉子、勺子吃饭，用筷子吃饭。第一个饮食文化圈是由世界上40%的人口构成的，包括南亚、东南亚、中东、近东、非洲；第二个饮食文化圈约有30%的人口，包括欧洲以及南北美洲；第三个饮食文化圈或称筷子文化圈有30%的人口，包括中国、日本、朝鲜半岛和越南。唐宋时期，受到中国影响的越南、朝鲜半岛和日本，基本上形成了用筷子进食的习惯。越南是亚洲水稻的起源地之一，由于历史上与中国关系最密切，故而受到中国尤其是南方饮食文化影响最多。越南人用筷子的习惯和对筷子形制的喜好都与中国相似。据历史学家王晴佳先生研究，7世纪时，日本的遣唐使将用筷子进食的习俗带回本国。朝鲜半岛由于拥有丰富的金属矿藏资源，从13世纪开始，受到蒙古人游牧饮食和文化的影响，更加倾向于使用金属筷子。

总之，在琳琅满目的进食器具中，最能体现中国饮食文化特色的就是筷子了，这种与中国美食相伴而生的进食工具，是中华饮食文化的重要标志。从考古发现看，筷子的使用可能已有五千年上下的历史。筷子的名字经历了"梜""箸""筷"的历史演变，其质料、形制也从厚重粗劣向轻巧实用的方向发展。作为进食器具，筷子的主要功能是烹饪和助食。此外，还有占卜、装饰、促进身体协调和开发智力等功能。中国是礼仪之邦，小小的筷子包含着吉祥的隐喻，也有着不容忽视的使用规范和禁忌。作为中国人最伟大的发明之一，筷子的影响力辐射至全世界，成为中华优秀传统文化的代表之一。

食有等差

中华饮食文化的一大特点可以总结为差异性，这种差异性体现在社会阶层、地域环境以及民族风俗等诸多方面。中国古代社会阶层等级泾渭分明，各个阶层的政治、经济地位均不相同，相应地也决定了饮食生活的阶级差异性；从商周时期开始，饮食上的等级规定愈发严格，不同社会阶层饮食生活的差异性很大。

从饮食礼器名数组合到使用中的礼仪，从肴馔品类到烹饪品位，从进食方式到筵席宴飨，无不强调着等级之序次。比如，周代贵族身份等级的象征之一就是鼎、簋等饮食礼器组合数目，鼎盛肉食，簋盛饭食，据《仪礼》《礼记》的记载，鼎和簋的使用有着一套严格的制度，一般而言，五鼎配四簋，七鼎配六簋，九鼎配八簋。九鼎八簋，即为天子专享，是最高的规格。春秋战国时期，由于礼崩乐坏，周天子式微，很多卿大夫在日常饮食及饮食祭祀中都做出违礼僭越之事，这使得商周以来确立的饮食礼制受到了极大的挑战。秦汉大一统时代，商周时期确立的饮食礼制虽趋于瓦解，但各阶层饮食生活的差异性仍然存在。不同社会阶层的筵席，在食材来源、烹饪技艺、筵席排场以及消费水平等诸多方面都有着明显的差异。

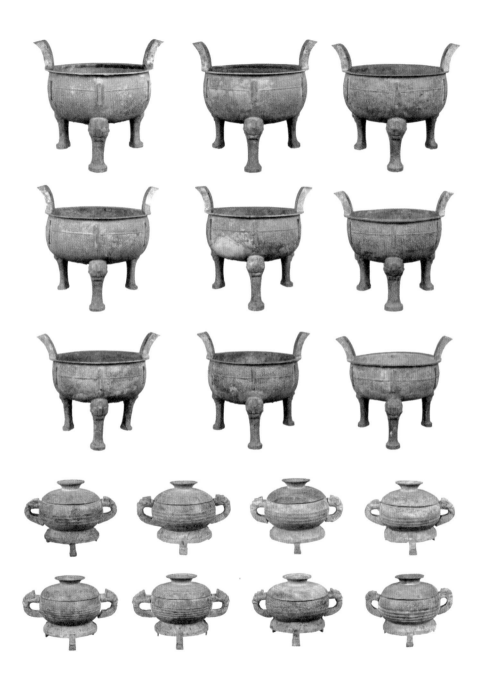

河南新郑春秋郑韩故城祭祀遗址出土的青铜礼器中的九鼎八簋

酒万钟，列金罍，班玉觞，嘉珍御

　　皇帝是上层社会金字塔顶尖的人物。作为最高统治者，皇帝的餐制也有别于芸芸众生。礼制规定皇帝要日食四餐，有汉一代，对诸帝宗庙的日常祭祀也是"日上四食"。负责皇帝的食官体系非常庞大，西汉时，少府属官有太官、汤官、导官，水衡都尉属官有御羞丞。其中，太官主膳食，汤官主饼饵，导官主择米，御羞丞则负责进奉珍馐。东汉时，食官体系日益庞大，太常属官有太宰令，主管烹饪、饮食器具等事务；宗正属官有导官令，主管谷物加工、制作干糒等事宜；少府属官有太官令、甘丞、汤官丞、果丞等职官，分别掌管饮食、酒饮及果蔬事宜。

　　汉代帝王、后妃的日常饮食与宫廷筵席差别不大，极尽奢华。东汉制度规定，为皇帝和后官所支付的膳食开支每年达二万万钱。这笔开支相当于汉代中等水平百姓两万户的家产。据此推算，皇帝和后宫每日的饮食开支达五十多万钱。庞大的食官队伍不仅负责帝王、后妃的日常膳食，而且也负责宫廷的宴请活动。宫廷筵席的服务对象主要是皇亲国戚、文武重臣或是番邦君主、使节等。如史籍记载，汉惠帝刘盈与齐王刘肥"燕饮太后前"，窦太主曾设宴款待汉武帝，光武帝刘秀也曾为内戚设宴。这是典型的皇帝宴请皇亲国戚的家宴。汉景帝时，一次设宴，一向性格耿直、居功自傲的周亚夫因宴席无箸而气急败坏，遂使景帝萌发剪除之心。西汉末年，翟义起兵被平定后，王莽"置酒白虎殿，劳飨将帅，大封拜"（《汉书》）；东汉时，大司马吴汉击蜀大胜而归，光武帝"大飨将士，班劳策勋"（《后汉书》），这些是属于犒赏百官群臣的慰劳之宴。汉宣帝时，匈奴呼韩邪单于来朝，朝廷"置酒建章宫，飨赐单于"（《汉书》），这属于外交宴事。

诸如上述的各种名目的宫廷之宴规模宏大、耗费惊人。《汉书》载，汉武帝时，为了让外国来客"见汉广大，倾骇之"，遂用难以计数的酒与肉摆成规模浩大的"酒池肉林"，这不仅体现了汉武帝好大喜功的性格特征，也表明了朝宴的奢靡超乎想象。班固《东都赋》中对"天子之筵席"有过生动的描述："天子受四海之图籍，膺万国之贡珍……于是庭实千品，旨酒万钟，列金罍（léi），班玉觞，嘉珍御，太牢飨。尔乃食举《雍》彻，太师奏乐……万乐备，百礼暨，皇欢浃，群臣醉，降烟煴，调元气，然后撞钟告罢，百寮遂退。"膺意为接受，贡珍指进贡汉王朝的珍宝。庭实指贡献之物。按照礼制，诸侯国之间互相访问，或谒见天子，参与聘、觐或享祀时，把礼物和贡品陈列在中庭，称为"庭实"。钟为盛酒器之名，形状如圆壶；金罍为镏金的盛酒器，形似樽。班指铺陈；玉觞即玉质的羽觞，即玉耳杯。嘉珍指美味佳肴，御即用。《雍》是古代宴会撤膳时演奏的音乐，太师为掌管音乐之官。这段话的大意是：天子接受四海所呈之版图户籍，受纳万国所贡的异宝奇珍……宫廷满陈贡献之物千种，美酒万钟，金罍列成队，玉耳杯排成行，将美味尽用，把三牲遍享，进餐完毕后伴以撤膳专用《雍》乐，乐师指挥演奏……万种音乐齐备，行完百种礼仪，皇帝欢愉，群臣沉醉，此时天空烟云弥漫，人间元气调和。然后撞钟宣告礼毕，百官方才谢恩退去。

宫廷筵席不仅规模宏大、礼仪繁复，宴会上的食材也是民间难得一见的珍馐异馔，所以《后汉书》有"摆牲班禽""房俎无空"之语。作为最高统治者的皇帝经常向全国各地征调各类饮食珍品或者接受来自番邦进贡的奇珍异馔。如 2004 年，湖北荆州纪南镇松柏 1 号墓出土了一枚汉文帝时期地方进献枇杷的木牍；《西京杂记》记载汉武帝时，"群臣远方，各献名果异树"。《西京杂记》《上林赋》《三辅黄图》等文献都记载了汉代皇家园林多样的珍奇植物品种。这些饮食珍品和奇珍异馔不断地丰富着宫廷筵席。

频繁举行规模盛大的宫宴，其耗费之大可想而知。据彭卫先生统计，汉代帝王和贵族举办一次婚宴的花费在十至百万钱不等。当时，汉代中产家庭的全部家产才不过十万钱，所以一次婚宴的花费甚至相当于十几户中等家庭的家产。西汉中期，窦太主设宴款待汉武帝，武帝担心赴宴的文武百官众多，让太主花费过多，竟然"以钱千万从主饮"，帝王的一次普通家宴，就花费了百户普通家庭的资产。

坐上客恒满，樽中酒不空

"坐上客恒满，樽中酒不空"，这句话出自那位从小就知道"让梨"的东汉名士孔融。孔融年幼时曾去谒见文人领袖李膺，守门之人问他和李膺有何关系，孔融回答说是世交。李膺一见孔融，发现并不认识，便问孔融何来"世交"之说？孔融回答说："当年我祖先孔子曾问礼于老子（老子名李耳），你我难道不是世交吗？"李膺闻听此言，顿觉孔融真乃奇才。刚好太中大夫陈韪来访，李膺盛赞孔融，陈韪不以为然地说："小时了了，大未必佳。"孔融则反唇相讥道："想君小时，必当了了。"这一波神论，引得在场之人哄堂大笑。

汉献帝迁都许昌后，仰慕孔融名重，征召其为少府，每逢朝会时，孔融常常引经据典，使公卿大夫们沦为有名无实的背景板。孔融对曹操极为反感，多次出言讥讽曹操。官渡之战，袁绍兵败身死，曹丕私纳了袁熙的妻子甄氏，孔融写信给曹操说："武王伐纣，以妲己赐周公。"曹操不解其意，于是询问孔融这出自何典。孔融回答他随便说着玩呢。其实，孔融之信满是嘲讽，历史上，周武王伐纣，克商后斩杀了妲己，并悬旗示众，因为大家都认为纣王亡国是宠幸妲己所致。孔融这个"玩笑"篡改了史实，深含对以周公自诩的曹操的讽刺之意。

孔融平生喜酒好客，常说："坐上客恒满，樽中酒不空，余非吾事也。"（《魏书》）当时军阀混战，兵祸连年，粮食生产和储备严重不足，加之贵族官僚族阶层宴饮不断，奢靡浪费，曹操决心改变这一现状，于是上表奏请禁酒。孔融是嗜酒之人，当然不同意，他多次写信给曹操，认为不应该禁酒，言辞多有傲慢无礼之语。对于孔融屡屡的讽刺挖苦，曹操忍无可忍，终于将孔融杀害。

孔融属于皇帝以外的官僚贵族阶层，这个阶层包括王室贵族、政府高级官吏以及地方豪族等，他们的宴饮活动往往通宵达旦，并且有专门的宴会场所。这个阶层的宴会规格虽不及宫廷筵席，但也极为奢侈铺张，如

《后汉书·仲长统传》记载，"三牲之肉，臭而不可食；清醇之酎，败而不可饮"。意思是官僚贵族阶层的宴会上，牛、羊、猪等肉食多到发臭不能食用，甘醇的酎酒多到发酸腐败不能饮用。如此铺张浪费对当时的社会经济造成了严重的冲击。

通过手中的权力，官僚贵族阶层肆意榨取民脂民膏，供自己享用。《汉书》记载，西汉时期，南阳太守陈咸征调属县美食"以自奉养，奢侈玉食"。贵族官僚阶层的姬妾、仆从也是名副其实的寄生者，他们倚仗主人，过上了普通百姓难以企及的锦衣玉食的生活。《汉书》记载，桓帝时皇宫中数以千计的宫女"食肉衣绮"。崔寔《政论》记载，"橘柚之实，尧舜所不常御"，"今之臣妾皆余黄甘（柑）"，意思是以前橘、柚等珍果只有君上才能食用，可是现在贵族官僚家的姬妾不仅也可食用，还有很多剩余。豪强地主依靠"膏田满野"以及"马牛羊豕，山谷不能受"的经济实力，恣意浪费；富商巨贾在秦汉时期人们眼中亦是奢侈享乐的代名词。《汉书》中流行于西汉的谚语说："以贫求富，农不如工，工不如商，刺绣文不如倚市门。"西汉大臣贡禹指出："商贾求利，东西南北各用智巧。好衣美食，岁有十二之利，而不出租税。"上等的谷物粱米，丰盛的肉食，珍奇的果品都是权贵富贾宴会上的常见食物，宴饮消费水平之高，平民百姓难以望其项背。

烹羊炰羔，斗酒自劳

《汉书·陈平传》记载，微时的陈平人高体胖，有人问他："你家境贫寒，到底吃的什么才如此肥胖呢？"陈平嫂子的回答是"亦糠核"，对于普通百姓来说，平时的饭食只是"羹藜含糗"，食肉是不寻常的事情。西汉人蒯通曾说过他的家乡有一户人家丢失了一块肉，婆婆便赶走了儿媳。平民百姓买不起肉食，只能买价格便宜的动物内脏来解馋，如《东观汉记》载，东汉人闵仲叔"老病家贫，不能买肉，日买一片猪肝"。与上层社会相比，普通百姓们能参与宴会的机会非常少，通常只有在国家大酺、逢年过节时，或有长者过寿、婚丧嫁娶、贵客到访时，才有机会参与宴会、品尝肉味。

《后汉书》记载，汉初法律规定，"三人已上无故群饮，罚金四两"。每当国有大事，如新帝登基，或是改元，或是大赦天下，才允许百姓大酺五日。酺即聚饮，指的是国有喜庆之事，皇帝特赐臣民聚会饮酒。法律规定无故不得饮酒，但民间的婚丧嫁娶、祭祀场合的宴饮活动不受限制。《汉书》记载，宣帝时期，有的地方官吏下达"民嫁娶不得具酒食相贺"的命令，宣帝认为此做法"废乡党之礼，令民亡所乐，非所以导民"，专门颁布诏令禁止地方官的这种不妥做法。婚礼是平民百姓参与宴席的重要机会。在婚宴中，酒肉都是必不可少的。《汉书·陈平传》记载，陈平家贫，富人张负"予酒肉之资以内妇"。尽管礼制规定服丧期间基于孝道不能食酒肉，但平民百姓在治办丧事时仍会竭尽所能地款待前来吊唁的亲朋好友、邻里乡亲，以博"孝"名。《盐铁论·散不足》记载，也有"因人之丧以求酒肉"之吊唁者。

秦汉时期，民间在祖日之祭、祭灶、腊日和伏日之祭时一般都要置办酒席，邀请来宾，祖日之祭设有"燕乐"。祖日即为祭祖神之日。《后汉书·荀彧传》记载，荀彧死后，汉献帝非常伤心，下令取消祖日的燕乐。可见，祖日之祭的"燕乐"属于常规。祭灶时要宴请乡邻，时人认为灶乃"生养之本"。祭祀灶神、延请乡邻不仅可以给自己带来好运，也能为家族带来福祉。西汉杨恽《报孙会宗书》云："田家作苦，岁时伏腊，烹羊炰羔，斗酒自劳。"伏腊是古代两种祭祀的名称。"伏"在夏季伏日，"腊"在农历十二月。这句话的意思是：种田的人家劳作辛苦，只是在逢年过节特定时间，才能聚集而食，吃些肉、喝点酒以自相慰劳。

史籍记载显示，西汉中期以前，民间宴饮活动规模尚小，宴席上的食物也很朴素。西汉后期，民间的宴饮风气极盛。盐铁会议上，贤良文学之士对民间宴饮之风的奢侈有着生动的描写，如《盐铁论·散不足》云："古者，庶人粝食藜藿，非乡饮酒膢腊祭祀无酒肉。故诸侯无故不杀牛羊，大夫士无故不杀犬豕。今闾巷县佰，阡伯屠沽，无故烹杀，相聚野外，负粟而往，挈肉而归。夫一豕之肉，得中年之收，十五斗粟，当丁男半月之食。"这段话的大意是：古时候，平民百姓吃的是粗粮野菜，不是乡里酒宴、膢祭腊祭、祭祖的日子，平时不会有酒肉。所以没有特别的理由，诸侯不杀牛、羊，大夫与士不杀猪、狗。现在闾巷的豪强，农村的宰牲、沽酒人家，聚集在野外随便宰杀家畜，背着粮食去，提着肉回来。一头小猪的肉，相当于中等年景的收成；十五斗小米，抵得上一个壮年男子半个月的口粮。

百礼之会

　　彭卫先生曾对秦汉时期的宴饮活动有过精辟的论断：秦汉时期的宴饮活动是在多种心态驱动下展开的，并负载了相应的社会功能。首先，宴饮活动是人们进行社交的媒介和手段。其次，宴饮活动是"面子"重要和直接的象征。再次，宴饮活动是享乐观念的实践。

　　秦汉时期的宴席名目繁多，宫廷宴飨、庆功祝寿、年节祭祀、婚丧嫁娶、送往迎来、游猎野宴等"百礼之会"层出不穷，不同的宴席呈现出不同的特点。

千古鸿门宴

　　如果盘点出中国历史上最著名的宴会，"鸿门宴"必定名列其中。秦末，刘邦与项羽各自攻打秦军，结果刘邦于公元前 206 年率兵先破咸阳，按照当初楚怀王的约定，"先入关者王之"，刘邦先入关，理应为关中王。但项羽自恃功高，企图独霸天下。在听说刘邦已经进入咸阳的消息后，项羽

南阳汉代"鸿门宴"画像石

率领大军，冲破函谷关，进驻鸿门（今陕西临潼东），准备与刘邦一决雌雄。面对项羽的大军压境，刘邦自知寡难敌众，遂采取张良的建议，亲至鸿门谢罪。于是，项羽设宴款待刘邦。宴会上，虽有美酒佳肴，却危机四伏。项羽的谋士范增几次示意项羽杀掉刘邦，项羽犹豫不决。在范增的授意下，项庄舞剑想趁机杀掉刘邦，与刘邦私下交好的项伯为保护刘邦，也拔剑起舞；危急时刻，刘邦的部下樊哙拥盾闯入宴会，力陈刘邦之功，怒斥项羽听信谗言，诛杀功臣。后来在樊哙、张良的掩护下，刘邦趁机逃走。这就是历史上著名的"鸿门宴"。

"鸿门宴"可谓是楚汉之争的转折点，此宴注定了项羽和刘邦各自的结局。鸿门宴中项羽与刘邦的人物性格对比十分明显：项羽骄傲自负，不把对手放在眼里，犯了轻敌的大忌；优柔寡断，不听劝阻，一意孤行，终错失杀敌良机；迂腐愚蠢，死抱着仁义观念，没下定决心杀掉政敌，竟然轻易泄露曹无伤的内奸身份，政治上极为幼稚愚蠢。反观刘邦在"鸿门宴"上的表现却尽显成熟政治家的风采：虽有政治野心，但深藏不露；从谏如流，做事果断；审时度势，随机应变。总之，并不是鸿门宴上的"美酒"蒙蔽了项羽的心智，只是刘邦与项羽在政治性格上的差距决定了成败。

叔孙通定朝宴礼仪

西汉初立，君臣之间的等级性尚未完全确立，这一点突出地表现在朝宴场合中。群臣中有的人饮酒没有节制，有酒必喝，喝则必醉，醉则耍起酒疯。更有甚者酒劲上来，想起自己赏不及功，倍感委屈，竟拔剑击柱，肆无忌惮地号啕痛哭。刘邦见此情景，十分懊恼，又一时想不出解决的办法。儒生叔孙通乘机进言："让臣下尝试制定一套朝堂礼仪，如何？"刘邦欣然同意。

在叔孙通的主持下，朝廷礼仪制度很快建立起来，其中也包括朝宴规范。《汉书》载，高祖七年（公元前 200 年），长乐宫落成。叔孙通奉命将排练成熟的朝仪搬上朝堂，"至礼毕，尽伏，置法酒。诸侍坐殿下皆伏抑首，以尊卑次起上寿。觞九行，谒者言'罢酒'。御史执法举不如仪者辄引去。竟朝置酒，无敢欢哗失礼者"。刘邦在这次朝仪中，才第一次显示出了皇帝的威风，体会到做皇帝的价值和乐趣，他高兴地说："吾乃今日知为皇帝之贵也。"而朝宴的总导演叔孙通借此获得了高官厚赏，被提拔为"太常"——九卿之一，获得赏金五百斤。

为什么叔孙通要为刘邦制定朝宴礼仪呢？这是因为在当时的儒者看来，君权是一种贯通天人的至高权力。君主必须树立起特殊的权威才能驾驭臣下，制约四海。因此，朝宴之上也必须让君主享有独一无二的地位，注重尊卑等差。

不轻松的皇帝家宴

家宴就是家庭或家庭成员参加的宴会，与平民百姓轻松愉快的家宴氛围相比，皇帝的家宴吃起来可并不轻松，皇亲国戚们有的在家宴之上大放异彩，有的却丧命家宴之上，还有的在暗藏杀机的家宴上全身而退。

前文提及，汉武帝即位后，群臣鉴于"七国之乱"的教训，动不动就弹劾诸侯王。公元前138年，刘胜和其他诸侯王一道去长安朝见弟弟汉武帝，在汉武帝宴请众诸侯王的家宴上，刘胜忽然闻乐而泣，武帝问他为何事哭泣，于是刘胜便将内心感言发表了一番，即历史上著名的《闻乐对》。

刘胜《闻乐对》的大意是向武帝表达出自己惶惶不可终日的心情。叛乱七国的下场，让刘胜这个诸侯王做得战战兢兢、如履薄冰，每天仿佛行走在刀尖悬崖之上。刘胜表明虽然自己远离是非，但是众口一词，足可以令他死上千万回，面对这种无力扭转的局面，除了苍天可鉴之外，毫无其他澄清的办法。《闻乐对》通篇文辞雄壮，条理分明，充斥着一股文人式的悲伤，但悲戚哀婉之余又不乏贵胄之气，我们熟知的"众口铄金""积毁销骨"之词都出现在这篇辞赋中。刘胜的说辞深深地触动了汉武帝，于是他下令有司不得再欺凌诸侯王，中央与地方的矛盾得以暂时缓解。一时之间，刘胜声名大噪，被誉为"汉之英藩"。不难想见，刘胜肯定为参与这次特殊的家宴做了精心的准备，他在宴会上的一言一行都另有图谋。所以说，皇帝的家宴吃得根本不轻松啊！

中山王夫妇的游猎宴

1968 年，考古学家在著名的满城汉墓中发现了墓主中山王刘胜夫妇的游猎座驾。刘胜墓中的 2 号车装饰华丽，11 只猎狗口含铜镳（biāo），颈带长铁链，跟在车驾后面，威风凛凛。在这辆车上还发现了弩机和承弓器，种种迹象表明这部车子可能是中山靖王刘胜出门游猎时所乘坐的。刘胜的妻子中山王后窦绾墓中也发现一辆小型马车和一匹小马的遗骸。马车的车厢尺寸很小，长 55 厘米，宽仅 90 厘米，装饰豪华，小马的尺寸也明显小于刘胜墓出土的高大马匹。《汉书·霍光传》载："召皇太后御小马车，使官奴骑乘，游戏掖庭中。"张晏注曰："皇太后所驾游宫中辇车也。汉厩有果下马，高三尺，以驾辇。"颜师古注曰："小马可于果树下乘之，故号'果下马'。"根据史籍记载，此辆小型马车应该就是当时贵族妇女驾游取乐的"小马车"，小马即所谓的"果下马"。

在中央集权和地方势力的对抗中，站在地方势力一边的刘胜曾利用到长安朝拜的机会，向武帝进言，请他顾念骨肉亲情，勿再削减诸侯封地，但无功而返。进言无果的刘胜看破了时局，选择了一条不理政事、偏安一隅、独享安乐太平的生存之道。在其封国内，他和王后窦绾舞文弄墨、游猎宴饮、养生保健，生活可谓"长乐无极"。通过上述两套游猎座驾，可以想见刘胜夫妇生前出行游猎时连车列骑、前呼后拥的盛大场面。

刘胜夫妇的游猎活动必然伴随着丰富多彩的野宴活动，这一点，可从满城汉墓出土的一些饮食器具看出端倪。如刘胜墓出土的铜链子壶，形似橄榄，小直口，平底矮圈足，最大腹径在器身中段，盖面和肩部各有环钮四个，盖面钮上系短链，肩部钮上系长链。长链由 64 个至 67 个小环组成，长链穿过盖上短链后系于一个大吊环上，可使壶盖紧扣不脱，既能手携，又能肩背。此壶是游猎宴饮所用的便携酒器。还有椭圆形铜套杯一套五件，形制相同，大小递增。杯的一侧有鎏金环形耳，作回首衔尾的凤鸟形象。杯子口沿和底边鎏金，器身和器底均饰方格图案花纹。造型精美的铜套杯可以叠合在一起，便于收纳，尤其适合游猎野宴场合。刘胜墓还出土两件十分精巧的幄帐，一具为四阿式顶长方形幄帐，一具为四角攒尖式方形幄帐。幄帐是汉代贵族家居和出行的必备之物，料想当年刘胜夫妇也会像现代人一样在户外搭帐野餐，享受自然风光。

像中山王后一样，很多汉代女性都参与出游玩乐活动，包括登高、游宴、载驰田猎、饮酒等。如三月上巳和九月重阳等节日，女性与男性一起同游同乐。张衡《南都赋》描写了南阳人欢度上巳节的盛况："于是暮春之禊（xì），元巳之辰，方轨齐轸，祓（fú）于阳濒……男女姣服，骆驿缤纷。"魏晋以前，人们有上巳日去水滨用香薰草药沐浴，以除疾病和不祥的习俗，名为"祓禊"。上巳本指暮春三月上旬巳日，从曹魏开始，将三月三日定为上巳节，不再专以巳日为节。九月重阳节日一般进行登高、饮酒等活动，以求长寿。狩猎是上层贵族酷爱的一项娱乐活动，像中山王后一样的贵族妇女也热衷此道。《汉书》记载，西汉中期，胶东王太后因"数出游猎"，受到相国张敞的规劝。乘良马快车任意驰骋，是汉代男子喜爱的一项颇具冒险性的活动，女子亦厕身其间。如常山宪王刘舜的太子刘勃由于在服丧期间"饮

西汉椭圆形铜套杯，现藏于河北博物院

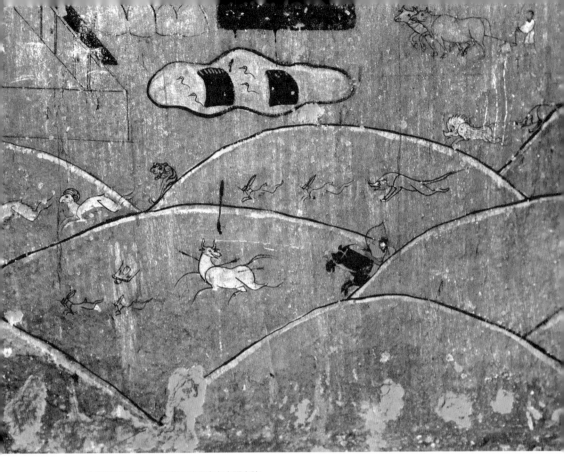

东汉狩猎图壁画，现藏于陕西省考古研究院

酒、博戏、击筑，与女子载驰，环城过市”等不当行为被废除王位。

　　值得一提的是，除了参加游猎野宴外，正式宴会场合也可见到汉代女性的身影。1991 年，河南偃师高龙乡辛村西南汉墓出土了一幅宴饮壁画，画面中间置一羊樽，上部四人分两组对饮，人物身边各放有樽、案等用具。右下角放有两个折腹大口瓮，瓮上部左为一老妪，妪前一侍女双手捧耳杯递上，老妪作欲接状。左下角三女子，中间一人穿宽袖翻领上衣，红色长裙，似酒醉状，左右各一侍女搀扶行进。这幅壁画反映出汉代宴饮礼俗的一个重要特点——女性可以在公开场合与男性一同宴饮。尽管"男主外、女主内"一直是先秦以来儒家积极构建的理想的两性分工模式，但两汉女性并非完全被禁锢于家庭内部而不理外事。实际上，汉代女性曾积极参与社交活动。

《史记》《汉书》中记载的女子赴宴之事不在少数。如前所述，刘邦在击败英布的反叛后，曾回乡宴请自己昔日的亲朋好友、尊长晚辈。而当时，参与宴会的就有当地的女子，这些女子与男子一起在皇帝摆下的酒宴上"日

汉代宴饮壁画

乐饮极欢"。英布的爱姬也曾一个人去为其疗疾的医家赴宴。西汉开国功臣张耳的夫人——外黄县的一位富家女去父亲旧时的宾客家赴宴，父亲的宾客不仅没有感到奇怪，反而向她推荐了贤夫张耳。东汉末年，陈留太守夏侯惇（dūn）在为属下举行的宴会上，也请女宾作陪。总之，汉代的正式宴会、休闲游玩、田猎游宴等社交活动都不乏女性的参与，汉代女性社交参与度之高是后世很多朝代的女性所无法企及的。

沛县县令的欢迎宴

从古至今，交际性的宴会都是宴饮活动中的重要类别，它指的是亲朋好友、同事邻居之间为加强联系和增进彼此感情而进行的宴饮活动。大汉开国皇帝刘邦与妻子吕雉的姻缘即源于沛县县令置办的一场欢迎宴。

《史记》记载，刘邦的结发妻子吕雉，家境颇为殷实。吕雉的父亲吕公与沛县县令素来交好，后者邀请沛县豪杰迎接款待初来沛县的吕公。这次欢迎宴规定送礼不满一千的客人，坐在堂下。当时刘邦只是一个小小的亭长，哪里拿得出那么多的礼钱？他故意在谒（名刺，类似今天的名片）上写"贺万钱"，实际一个钱也没送。谒送进去之后，"吕公大惊，起，迎之门。吕公者，好相人，见高祖状貌，因重敬之，引入坐"。吕公的"大惊"显然是源于"贺万钱"的缘故。这说明当时宾客参加乔迁之喜的宴会时，有类似现在"随份子"的习俗。虽然当时随礼的"均价"我们不得而知，但从"吕公"震惊的程度来看，"万钱"应该远超当时礼金的通行标准。刘邦本为诈骗酒食，不料反受吕公赏识，还阴差阳错地娶到了吕公的女儿吕雉（也就是后来大名鼎鼎的吕后）为妻，真是一桩奇事。

田蚡的婚宴

《汉书》载，宣帝诏曰："夫婚姻之礼，人伦之大者也；酒食之会，所以行礼乐也。"婚姻是繁衍家族后代的重大事件，秦汉时期，上自皇帝大婚，下至百姓娶亲，不同阶层的婚宴，均十分注重排场，竭尽财力，大力操办。本来参加喜庆热闹的婚宴应是心情舒畅的，但有的婚宴却酿成身死人亡的悲剧。

司马迁在《史记》中讲述了因一场婚宴导致窦婴、灌夫两位名人丧命的事情。故事的主人公有三位，分别为：汉武帝朝的丞相田蚡、魏其侯窦婴以及曾官至燕国国相的灌夫。当年，窦婴、田蚡等联袂掀起一次尊儒活动。不久，在窦太后的干预下，尊儒活动的尝试失败，窦、田二人俱被免职。窦婴失势，仅保留侯爵，赋闲在家。但田蚡却靠着姐姐王娡太后（汉武帝生母）的地位，复出为丞相。公卿大臣趋炎附势，纷纷向田蚡大献殷勤；而窦府门前车少马稀，只有灌夫一人顾念旧情，不时造访，给窦婴一点精神上的宽慰。灌夫经常出入田蚡府门，是田蚡的座上客。一日，灌夫又来到田蚡府上，寒暄过后，田蚡提议去看望一下赋闲在家的窦婴。窦婴是三朝老臣，窦氏外戚之领袖，虽然失势，但他毕竟是窦太后的亲侄，在列侯宗室中还有些影响力，所以田蚡欲通过灌夫结好于窦婴。灌夫信以为真，便约田蚡次日一早就去窦婴家。

窦婴仕途失意，很是苦闷，听灌夫说田蚡要来拜访，自是十分高兴，马上与夫人买肉置酒，连夜把家中打扫干净，备好菜肴后，一早就派人去门口等着迎接田蚡。谁知，直到日中，仍未见田蚡身影。灌夫心中不悦，亲自驾车去田府迎接，到了田府一看，田蚡还在床上睡懒觉，原来田蚡昨日仅是一句戏言，根本无意前往。灌夫大怒，斥责田蚡。田蚡无奈，只得与灌夫前往窦府赴宴。到了窦府，三人饮酒，酒酣，灌夫起舞，田蚡未还礼，灌夫出言不逊，窦婴见状，急忙把灌夫劝离酒席。

后来，窦婴接到王娡太后旨意，约灌夫一同参加田蚡婚宴。婚宴开始，田蚡开始敬酒。田蚡官居丞相，又是皇帝亲舅，可谓一人之下、万人之上。在他敬酒时，众人为表示恭敬，皆避席，伏身谢。待到窦婴敬酒，只有他的故旧避席伏身，其他人只是"半膝席"（略欠身）。灌夫十分不悦，起身敬酒，敬至田蚡，田蚡欠身说："不能满觞。"根据当时的饮酒之礼，以喝光为敬。灌夫强忍心中不快，继续劝田蚡满饮，田蚡终不肯。灌夫行酒至临汝侯灌贤，灌贤正与长乐卫尉程不识耳语，又不避席。灌贤乃灌婴之孙，是灌夫的晚辈。灌夫一腔怒火正无处发泄，遂大骂灌贤说："平时诋毁程不识不值一钱，今天长辈给你敬酒祝寿，你却学女孩子一样在那儿同程不识咬耳说话！"田蚡对灌夫说："程将军和李将军（一代名将李广）都是东西两宫的卫尉，现在你当众侮辱程将军，难道不给你所尊敬的李将军留有余地吗？"灌夫说："今天杀我的头，穿我的胸，我都不在乎，还顾什么程将军、李将军！"田蚡于是发火道："这是我宠惯灌夫的过错！"便命令骑士扣留灌夫。一场婚宴，就这样不欢而散。田蚡不肯善罢甘休，于是弹劾灌夫，说他在婚宴上辱骂宾客，侮辱诏令，犯了不敬之罪。后来，在太后王娡的干预下，灌夫被诛灭全族，窦婴被判弃市。

也有在婚宴上因恶作剧而闹出人命的，应劭《风俗通》记载，东汉时汝南人杜士在家中摆设婚宴，其友张妙酒后恶作剧地把主人杜士捆绑起来，"捶二十下，又悬足指，遂致死"，一场喜宴遗憾地以悲剧告终。

备宴之礼

汉代画像砖石中经常可见迎来送往、庖厨备膳、宴请宾客的画面。这些画面仿佛穿越时空的幻灯片，向我们展示了一幕幕生动的宴饮场面。

如河南许昌出土的汉画像砖迎宾图表现的就是汉代宴会开始前的重要场景，画面显示在豪宅阙门前，有一门吏拱手低头恭身迎接，一马拉一轺（yáo，古代的一种轻便马车）车，车上一车夫一主人，后有肩扛弓弩的随从。乘坐轺车的主人就是前来赴宴的宾客，门口的门吏就是负责迎宾之人。

汉代画像砖石上的庖厨图则表现了权贵之家厨人的各种真实劳动，如汲水、砍柴、杀鸡、宰牛、杀猪、宰羊、捕鱼、烹调、煮饭、烧火等忙碌的备宴情节。中国国家博物馆馆藏的四川地区所出的庖厨画像砖上，右面有两人跪坐在长案后准备菜肴，后架上挂着三块食物。左面有一长方形灶具，灶上放置釜、甑等炊具，灶前一人持勺探身欲揭锅盖。这是典型的备宴场景。

东汉庖厨画像砖，现藏于中国国家博物馆

延请迎宾

俗语说:"摆席容易,请客难。""请客"之义本为宴请客人,后引申为宴客之前的延请过程。现代社会宴请宾客的方式方便快捷,庄重正式的宴会一般会提前月余向受邀宾客发送邀请函或请柬,私人聚会更为简便,一通电话、一条微信即能搞定。古代人可没有这些便利条件。以先秦的乡饮酒宴为例,"请客"被称为"谋宾",流程是由主人(乡大夫)和乡先生(乡中教师)一起商议来宾人选和名次,即商议请哪些贤能的人作为宾客。宾客又分为三等,即主宾、介(陪客)和众宾。主宾、介都只一人,众宾可有多人,并选定其中三人为众宾之长,由主人亲自去通知被邀请的宾客何时赴宴。

居延汉简可见多处"请具酒"的简文,如"伏地再拜拜请具酒少赐子建伏地再拜请具""伏地再拜伏地请具酒少少酒少且具拜"等,应是邀请客人参加酒宴的请柬类残断文书。"伏地再拜""伏地请""酒少少"等都是一些类似"酒微菜薄"类的谦辞。如果是拜请不识之人参加宴会,则要提前递送拜帖类,秦汉时期称为"名刺"。名刺在秦汉时期非常流行,刺上一般要写明姓名爵里,故又称"爵里刺"。《释名》中解释说爵里刺就是"刺书其官爵及郡县乡里也"。至于下级或晚辈谒见上级或长辈,也可称谒,如果同时送礼,则还要加书所送钱物的数量。如前所述,刘邦在参加沛县县令为吕公置办的欢迎宴时,就递交了谒,并在上面写了"贺万钱"的字样。

汉画像中的拥彗图和迎宾宴饮图均是汉代宴会迎宾之礼的反映。汉代"拥彗迎宾"是为了表达主人对宾客的尊敬和欢迎之情。其图像所示多为一个仆人双手持帚立于门前,躬身施礼迎接宾客。拥彗迎宾源于古时的宾礼,为古时迎宾礼仪之一。当时的宾礼主要用于天子与诸侯国或诸侯国之间的交际往来,后来慢慢演变为民间生活中的一般宴会礼仪。不仅是仆人们需要迎

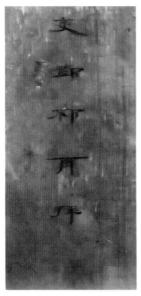

汉代名刺

宾，有些时候，主人也要亲自立于门前对尊贵的宾客揖手行礼，以示欢迎。如《礼记》中规定："主人拜迎宾于庠门之外，入，三揖而后至阶，三让而后升，所以致尊让也。"山东嘉祥武氏祠出土的一幅宴饮图就集迎宾、宴饮、乐舞于一画面之中，左边四人两两互拜，展现的就是宴会迎宾之风。

山东邹城汉画像石中的迎宾送客场景

洒扫具膳

举行宴会之前，主人通常要打扫住所，清洗宴饮所要用的各种器具，以示对来宾的尊敬，如《盐铁论》中所说"饰几杖，修樽俎，为宾，非为主也"。《汉书》记载，魏其侯窦婴想要宴请丞相田蚡，与夫人"夜洒扫张具至旦"。与普通百姓家庭自行准备宴会饭食不同的是，权贵阶层所办宴会的备宴规模极为宏大。备宴场所既有室内，也有户外。

前述中国国家博物馆馆藏的庖厨图画像砖上部刻一屋顶，表明庖厨活动是在室内进行的。而四川地区所出的庖厨画像砖有的就没有交代环境标志物，估计备宴活动是在户外进行的。如四川博物院所藏的庖厨画像砖左侧有两厨师席地坐于长案后，边交谈边切食物。案后有一高架，上悬猪肝、猪腿肘，其后侧四案重叠的厨架上摆满了碗、盘等食具和食品。右侧三足架上置一铁釜，釜下支数块木柴，一厨工正持扇跪坐在釜前扇火助燃。整个画面简洁明了，反映的应该是露天庖厨的场面。

在汉代的画像砖石中，山东诸城前凉台东汉画像石所反映的贵族家庭备宴场面最为壮观：画面上的厨者多达 42 人，包括汲水者（1 人）、烤肉者（4 人）、割肉者（4 人）、取肉者（1 人）、宰杀牲畜者（9 人）、切鱼者（1 人）、淘洗者（2 人）、劈柴烧灶者（2 人）、放置食物及食具者（9 人）、烹制食物者（2 人）、杂役（7 人）。根据王仁湘先生的解读，此画像石表现的内容如下：左边的井台上有一人正用吊桶汲水，下面是灶台，一位女厨在烧火，另一位在烹调，长长的烟囱冒着烟。附近还有一位男子挥动斧子在劈柴，地上散落着一些劈好的柴。画面下方是过滤和酿酒活动。画面的右边中部位置，刻绘的是庖宰活动，有一人在屠狗，厨人两两配合在宰猪、捶

（做面食）
（切鱼）
（汲水）
割肉
（宰羊）
（脱毛）
（杀牛）
（烧灶）
（屠猪）
（劈柴）
（沥酒）
（淘洗）
（屠狗）

山东诸城前凉台东汉画像石中的备宴场景线图，出自郑培凯主编《岭南历史与社会》

牛、杀羊，被宰杀的牲畜下面都放着大盆，应为盛放牲血之用。在附近的一个圆垫子上，摆放着几只已经宰杀的家禽，一位厨人在盆中为家禽煺毛。画面的上方，是切割、烤肉和预备餐具的场面。一条长长的切肉案旁，跪立着三位持刀的厨人，他们正在切肉。切好的肉放在案下的方盘内，有专人运送到烹调场所。在这肉案旁边，还摆着一个鱼案，一位厨人正在那里斫鱼，加工好的鱼就放在一旁的圆盘中。他身后有一人用盘子端着两条鱼。画面中心重点表现了厨人们的烤肉串活动，只见四位厨人都跪立在方形炭炉旁，一人串肉，一人烤肉，另二人等候着将烤好的肉串拿走。画面的顶端，刻画的是厨房的屋檐，檐下一排十一个挂钩，从左到右钩挂着鳖、雀、大鱼、小串鱼、兔、牛百叶、猪头、猪腿、牛肩等，其中有的可能是干肉制品，古代谓之脯、胙（zuò）。最后是预备食案的画面，有两位男子站立在摆放着的七个方案前，准备摆放馔品，他们的身后还有一位厨人，正端着食物朝食案走来。这是一幅相当宏大的画面，生动地再现了汉代庖厨活动的真实情景。

肴馔摆放有讲究

菜肴制作完毕后，仆从们端菜进肴时，必须格外注意卫生。比如，绝对不能面对客人和菜盘子大口喘气。如果此时客人正巧有问话，仆从回答时，必须将脸侧向一边，避免呼气和唾沫溅到盘中或客人脸上。如果上的菜是整尾的烧鱼，一定要将鱼尾指向客人，因为鲜鱼肉从尾部易与骨刺剥离。干鱼则正好相反，上菜时要将鱼头对着客人，干鱼从头端更易于剥离。冬天的鱼腹部肥美，摆放时鱼腹向右，便于取食；夏天的鱼鳍部较肥，所以将背部朝右。

案上菜肴的陈列也有一定之规。《礼记·曲礼上》云："左殽右胾，食居人之左，羹居人之右。脍炙处外，醯酱处内，葱渫处末，酒浆处右。以脯脩置者，左朐右末。"胾，意思为切成大块的肉。葱渫指的是蒸葱。朐意思是弯曲的干肉。这段记载的意思是：应把带骨的熟肉块放在左边，不带骨的肉块放在右边。干的食品菜肴靠着人的左手方向，羹放在靠右手方向。细肉和烤肉放在外侧，肉酱放在内侧，蒸葱放在最边上，酒浆等饮料和羹放在同一方向。如果要分陈干肉、牛脯等物，则弯曲的在左，挺直的在右。从汉代画像石、壁画等所呈现的宴饮场景来看，大体上也是这样陈列。这样排列自然是为了方便取食。

除了菜肴摆放外，饮食器具的摆放也有规矩。河南密县打虎亭汉墓北壁有幅备宴图，画面上方是一大型长案，案上摆满了杯盘碗盏，四位仆从在案旁劳作，分别用筷子和勺子往杯盘里分装馔品。地上有放满餐具的大盆，还有八个摆放在一起的三足食案。画面下方是一铺地长席，席上也摆满了成排的杯盘碗盏，也有几位厨人在一旁整理肴馔。同墓西壁的另一幅备宴图上有案有席，案上、席上和地上放满了各种餐具和酒具，一人似在指挥餐具和酒具的摆放位置，他应是负责安排筵宴的总管。

宴饮之礼

　　《礼记·礼运》曰，"夫礼之初，始诸饮食"，作为中国古代文明象征的"礼"，首先是建立在饮食基础上的。饮食前必先祭拜祖先和神灵的习俗，自新石器时代产生以来，至商周时期愈演愈烈：从饮食礼器名数组合到使用中的礼仪，从肴馔品类到烹饪品位，从进食方式到筵席宴飨，无一不强调着等级之序次。先秦时期的典籍对于饮食礼仪有着详细的叙述，很多礼仪对后世产生了极其深远的影响。

尚齿之风

　　中国人自古以来就格外重视长幼尊卑的次序，古代社会生活的各个方面都有着严格的礼仪惯例。《礼记·祭义》云："昔者，有虞氏贵德而尚齿，夏后氏贵爵而尚齿，殷人贵富而尚齿，周人贵亲而尚齿。虞夏殷周，天下之盛王也，未有遗年者。年之贵乎天下，久矣，次乎事亲也。是故朝廷同爵则尚齿。七十杖于朝，君问则席。八十不俟（sì）朝，君问则就之，弟达乎朝廷矣。"这段话的大意是：从前虞舜之时，虽然尊重有德之人，但也不忘尊重年长之人；夏代虽然尊重有爵之人，但也不忘尊重年长之人；殷代虽然尊重富有之人，但也不忘尊重年长之人；周代虽然尊重有亲属关系的人，但也不忘尊重年长之人。虞、夏、殷、周四代，是人们公认的盛世，他们都没有忘记对年长者的尊重。由此看来，年长之人被人们看重是很久以来的事了，其重要性仅次于孝道。因此，在朝廷上，彼此官爵相同，则年长者居上位；年龄到了七十岁，可以拄着拐杖上朝，国君如果有所咨询，就要在堂上为他铺席以便其落座；到了八十岁，不用等候朝见，国君如果有所咨询，就要亲自到他府上求教。这样，孝悌之道自然就通行于朝廷了。由这段记载可见，虞、夏、商、周四代的价值标准虽然经历了德行、官爵、财富、亲情四次改变，尊老尚齿始终是贯穿其中的一条不变的主线。在宴饮场合中，无论是主人还是客人都需要遵循"敬老尚齿"的礼仪规范，注重尊卑等级的差别，这套规范对谦恭礼貌、尊贤敬老风气的形成有着显著的作用。

座次的排列是古代宴饮礼仪的重要组成部分。"尚齿"是中国古代宴饮礼俗所崇尚的基本原则。现今一般宴席中长者上座之礼仪，便是古代"尚齿"传统的遗风。

在宴会上，看似简单的座次安排却反映出地位尊卑、人际关系、时势变化等诸多内容。在宴席座次的安排上，中国向来有以东为尊的传统。这一点，在先秦典籍中多有记载：天子祭祖活动是在太祖庙的太室中举行的，神主的位次是太祖东向，最为尊贵。这一座次礼仪在鸿门宴上有清晰的展现，据《史记》记载，当时的座次为：项王、项伯东向坐，亚父范增南向坐。沛公北向坐，张良西向侍。项羽东向坐，是自居尊位而当仁不让，项伯是他的叔父，不能低于他，只有与他并坐。范增是项羽的最重要的谋士，乃重臣，故其座次虽低于项羽，却高于刘邦。刘邦势单力薄屈居亚父之下，张良是刘邦手下的谋士，在宴席五人中的地位最低，自然只能敬陪末座，也就是"侍"坐。

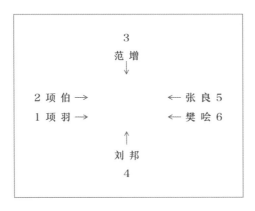

鸿门宴座次

　　家宴中最尊的首席一般由家中的长者来坐，但有时也有例外。如《史记》记载，汉武帝的舅舅丞相田蚡"尝召客饮，坐其兄盖侯南向，自坐东向"，田蚡之所以取代他的兄长坐在首席之位，是因为他官居丞相，官位远在哥哥之上，只有东向坐才符合他的丞相身份，才合乎礼制。一般而言，在一些普通的房子里（田蚡家宴）或军帐（鸿门宴）举行的小型宴会场合，都是以东向为尊的。

　　如果宴会的举办地是在堂室结构的室中，座次会发生变化。清人凌廷堪《礼经释例》中曾道，"堂上以南向为尊""室中以东向为尊"。堂是古代宫室的主要组成部分。堂位于宫室主要建筑物的前部中央，坐北朝南。在堂上举行宴会时，以面南为尊。如《仪礼·乡饮酒礼》记载的堂上席位的座次为：主宾席在门窗之间，南向而坐。总之，秦汉时期，不论何种规格的宴会，不论人数多少，均按尊卑顺序设置席位，宴会上最重要的是首席，必须等到首席者入席后，其余的人方可落座。这种座次习俗影响深远，直至今日仍在沿用。

除了尚齿座次外，在宴会的其他环节，也要遵循长者优先的原则，如与长者一起进食时，不得自顾自吃饱肚子，必得等尊长者吃饱后才能放下碗筷；少者吃饭时还得小口小口地吃，而且要快些咽下去，准备随时能回复长者的问话。陪长者饮酒时，酌酒时须起立，离开座席面向长者拜而受之，长者表示不必如此，少者才返还入座而饮；如果长者一杯酒没饮尽，少者不得先饮尽。尊长者若赐给少者水果，如桃、枣、李子之类，少者食毕，不能将吃剩的果核随意丢弃，必须将果核揣入怀中带回去，否则便是不敬之举。

敬酒祝寿

在宴席中，主人应率先敬酒。敬酒祝寿在汉代称"为寿"或"上寿"。《汉书·高帝纪》载"（项）庄入为寿"，颜师古注曰，"凡言为寿，谓进爵于尊者，而献无疆之寿"；《后汉书》载"奉觞上寿"，李贤注曰，"寿者人之所欲，故卑下奉觞进酒，皆言上寿"。这两段记载似乎表明，宴会中主要是小辈给长辈敬酒祝寿。但根据史籍记载，平辈之间也可以互相敬酒祝寿。武帝年间在丞相田蚡举行的宴会上，主人田蚡和客人窦婴先后"为寿"。

敬酒的吉语除祝对方长寿，还称会赞对方的品德和能力。如《东观汉记》记载，东汉时齐郡掾吏为郡议曹掾吴良敬酒时，说道："齐郡败乱，遭离盗贼，人民饥饿不闻鸡鸣犬吠之音。明府视事五年，土地开辟，盗贼灭息，五谷丰登，家给人足。今日岁首，请上雅寿。"这番敬酒将太守的政绩和能力大加赞赏了一番。敬酒时，被敬酒之人如果辈分或官位较低时，要作避席或离席状，以示谦卑。仍以田蚡宴会为例：官居丞相高位，又是皇帝亲舅的田蚡敬酒时，众人为表示恭敬，皆避席，伏身谢；可等到窦婴敬酒，只有他的故旧避席伏身，其他人只是"半膝席"。正是众宾客这种"拜高踩低"的行为让性格耿直暴躁的灌夫十分不悦，最后引发了"灌夫骂座"。

饮食有仪

除了请客的主人要遵循备宴之礼外，赴宴的宾客也要遵守客食礼仪。首先，赴宴需要准备礼金或礼品。如前所述，在沛县县令为吕公置办的欢迎宴上，刘邦诈称"贺万钱"。其次，客人应做到"客随主便"，并听从主人安排，应注意自己的座次，不可随便乱坐。主人让客人上座时，"客若降等，执食兴辞，主人兴辞于客，然后客坐"。意思是客人应该谦让，表示不敢当此席位，主人则应起身以尊敬的话语请客人复坐，然后客人才可坐定。再次，宾客在宴会开始前也要注意礼仪。《礼记·曲礼上》记载，"食至起，上客起"，意思是宴会开始，侍者将食品端上来时，客人要起立。若有贵客到来，其他客人都要起立，以示恭迎。陪侍年长位尊者进餐，自己不是主要的客人，主人亲自进馔，则不必出言为谢，拜而食之即可。如果主人顾不上亲自供馔，客人则不拜而食。

进食之礼是主宾都要遵循的宴席礼仪。先秦时期的典籍对进食之礼有着详细的叙述，如《礼记·曲礼上》曰：

> 共食不饱，共饭不泽手。毋抟饭，毋放饭，毋流歠（chuò），毋咤食，毋啮骨，毋反鱼肉，毋投与狗骨。毋固获，毋扬饭。饭黍毋以箸。毋嚃羹，毋絮羹，毋刺齿，毋歠醢。客絮羹，主人辞不能亨。客歠醢，主人辞以窭。濡肉齿决，干肉不齿决。毋嘬炙。

对于这段文字的含义，笔者根据王仁湘先生的注解制成下表。

进食之礼

原文	注释
共食不饱	同别人一起进食，不能吃得太饱，要注意谦让
共饭不泽手	同器食饭，不要揉搓双手，避免以汗手抓饭
毋抟饭	不要把饭团揉成大团，大口大口地吃，有争饱不谦之嫌
毋放饭	不要将手上多拿的饭重新放回器皿中
毋流歠	不要长饮大嚼，让人觉得自己是想快吃多吃
毋咤食	咀嚼时不要让舌在口中作声，有不满主人饭食之嫌
毋啮骨	不要啃骨头，一是容易发出不中听的声响，使人感到不敬重；二是怕主人感到是否肉不够吃，还要啃骨头致饱；三是啃得满嘴流油，面目可憎可笑
毋反鱼肉	自己吃过的鱼肉不要再放回去，应当接着吃完
毋投与狗骨	客人自己不要啃骨头，也不要把骨头扔给狗去啃，否则主人会觉得你看不起他准备的饮食

原文	注释
毋固获	专取曰"固"，争取曰"获"，是说不要喜欢吃某一味食物就只独吃那一种，或者争着去吃，有贪吃之嫌
毋扬饭	不要为了能吃得快些，就扬起饭粒以散去热气
饭黍毋以箸	吃黍饭时不要用筷子
毋嚃羹	吃羹时不可太快，快到连羹中菜都顾不上嚼，既易出恶声，亦有贪多之嫌
毋絮羹	客人不要自行调和羹味，这会使主人怀疑客人更精于烹调，而认为主人的羹味不正
毋刺齿	进食时不要随意剔牙齿，如齿塞须待饭后再剔
毋歠醢	不要直接端起肉酱就喝，这样会使主人认为自己的酱没做好，味太淡了
濡肉齿决	湿软的肉可直接用牙齿咬断，不可用手掰
干肉不齿决	干肉不能用嘴撕咬，须用刀匕帮忙
毋嘬炙	大块的烤肉或烤肉串不要一口吃下去，如此狼吞虎咽，仪态不佳

　　以上十九条进食礼仪涉及的基本都是宴饮场合中的吃相和仪态，一些进食礼仪原则，如饮食卫生、长者优先、讲究吃相等优良传统一直沿袭至今。

侑宴之艺

中华饮食既是一门科学，又是一种独特的文化艺术。人们在追求色、香、味、形、器统一的同时，又讲究美食与良辰美景的结合，宴饮与赏心乐事的结合，并把饮食与美术、音乐、舞蹈、杂技等艺术相结合，从而很大程度上促进了文化艺术的发展。

钟鸣鼎食

古人敲击土壤而歌，是稼穑耕作之歌；瓦釜击节，是平民进食时的音乐；黄钟大吕，是贵族筵宴的音乐，乐歌皆不离饮食。中国历史上，人们在特定饮食活动中，通过演奏乐器而发出美妙动听的音乐来助兴的现象可谓源远流长。早在夏代以前就有饮食活动中击鼓奏乐的习俗。所谓"钟鸣鼎食"，即周天子在宴饮活动中一边聆听着乐工击打编钟、编磬的乐曲，一边享受着盛放在鼎簋中的各种珍馐美味。

1983年，广州象岗山南越王墓共出土一套8件勾鑃（diào），总重达

西汉铜勾鑃，现藏于南越王博物院

191 公斤。每件勾鑃上均有"文帝九年，乐府工造"刻铭和"第一"至"第八"的编码，表明这是南越"文帝"九年（公元前 129 年）时，南越国主管音乐事宜的"乐府"监造的乐器。此外，同墓中还出土有数套青铜编钟、编磬。1998 年，山东济南章丘发现的洛庄汉墓，墓主疑为西汉吕国第一任国君——吕后的侄子吕台。令人震惊的是，洛庄汉墓中居然随葬了多达 107件编磬。2015 年，江西省南昌市海昏侯墓出土了一组 14 件钮钟，形制、纹饰全同，仅大小有别。大汉王朝的繁荣富庶为王侯贵族们奢华的享乐生活提供了保障，"钟鸣鼎食""歌舞宴乐"是他们日常生活的精彩写照。他们希望死后在阴间可以继续过这种奢靡生活，因此，勾鑃、编钟和编磬就成为汉代诸侯王墓中常见的随葬乐器。

歌舞助兴

音乐、舞蹈是伴随着远古先民的饮食活动而出现的。远古时，当人们获得了丰收，以及猎取了美味以后，常常设庆功喜宴，载歌载舞，以祈求祖先、神灵保佑他们风调雨顺，免除灾难。由此还形成了诗歌。早期诗歌一般都配合乐器，带有舞蹈表演的性质，且多反映劳动人民的饮食生活。古人食毕，有持牛尾洗涤食器之事，食器洗涤干净，就手持牛尾起舞。甲骨文"舞"字正是这种情况的象形反映。

中国国家博物馆馆藏的舞蹈纹彩陶盆内壁饰三组舞蹈图，图案上下均饰弦纹，组与组之间以平行竖线和叶纹作间隔。舞蹈图每组均为五人，舞者手拉着手，面均朝向右前方，步调一致，似踩着节拍在翩翩起舞。人物的头上都有发辫状饰物，身上也有飘动的斜向饰物，头饰与身上饰物分别向左右两边飘起，增添了舞蹈的动感。每一组中最外侧两人的外侧手臂均画出两根线条，好像是为了表现臂膀在不断频繁摆动的样子。

汉代画像砖石中，宴饮与乐舞场面往往同时出现。从汉画可知，巾舞、长袖舞和盘鼓舞等都是汉代宴饮中经常出现的表演。

中国国家博物馆馆藏的四川成都出土的观伎画像砖生动再现了墓主人生前的宴乐生活。画面左上方一男主

"舞"甲骨文

人席地而坐，在观赏伎舞。其旁一女和两男吹排箫伴奏，右侧四人表演，两人作杂技，两人在表演巾舞。巾舞是汉代宴会上表演的一种杂舞。因舞人用巾作为舞具而得名。据考古专家萧亢达先生考证，它的由来可能与周代的帗舞有关，帗舞是手持五彩缯而舞。据记载，汉代祭祀后稷的灵星舞还用这种五彩缯作舞具。持巾而舞大概便是受此启发而产生的。在汉代画像砖石及壁画中，舞人的舞姿奔放热烈，舞者所持双巾有的长短不一，有的等长。此外，巾舞的伴奏乐队以鼓为主，有时也伴有歌者。这说明巾舞有歌词可供演唱，而且是比较注重节奏的舞蹈。

《韩非子·五蠹》云："鄙谚曰：'长袖善舞，多钱善贾。'"舞袖是我国古代舞蹈艺术最基本的特征之一。现在对秦汉时期舞蹈的研究当中，把不用其他舞具，以舞长袖为特征的舞蹈统称为"长袖舞"。据《西京杂记》记载，汉高祖刘邦最宠爱的戚夫人就很擅长跳这种"翘袖折腰之舞"。这位善舞的戚夫人在刘邦死后，被吕后残忍地做成了"人彘"，下场令人唏嘘不已。

长袖舞是以肩为根节，以肘为中节，以手为梢节，通过指、腕、肘、肩的协调配合完成身袖合一的舞蹈动作。其最大特点是舞人无所持，以长袖为威仪，凭借长袖交横飞舞的千姿百态来表达各种复杂的思想感情。从考古资料看，长袖舞是广场、殿堂、庭院演出使用广泛的舞蹈。舞人有男有女。有单人舞、双人对舞和多人群舞之分。但图像所见，以单人独舞为主。长袖舞具有多种不同的艺术风格。有的舞姿矫健舒展，豪迈奔放，这种风格的舞者舞衣较短，一般长稍过膝，当是为了表演热烈奔放的舞蹈动作而刻意为之；有的则属于婉约娴静的艺术风格，舞人着长而委地的束腰舞衣，这种舞衣限制了下肢的激烈动作，舞姿委婉飘逸，娴静婀娜。

中国国家博物馆馆藏的出土于陕西西安白家口的长袖女舞俑表演的正是婉约娴静风格的"长袖舞"。此女俑头梳中分长发，长发拢至头后肩背处，绾成垂云髻。内穿交领长袖白色舞衣，外罩红色及地长袍。上身微微前倾。根据身体造型，可辨别为左脚在前，右脚在后，双膝略略前趋；右臂上举，长而宽的衣袖飘拂在右肩之上，左手自然下垂向后摆，衣袖随之向后飘飞。舞女眉清目秀，杨柳细腰，动作婉转，若行云流水。《西京杂记》记载"长袖舞"的美姿是"曳长裾，飞广袖"，此女俑正是长袖舞舞姿曼妙的瞬间写照。此外，广州象岗山南越王右夫人墓、河北满城中山靖王墓、北京丰台大葆台汉墓等均发现了表演此类"长袖舞"的玉舞人。

据学者统计，在目前已发现的汉代舞蹈画像中，以盘鼓舞画像的数量最多；同时，在汉代文献记载的舞蹈资料中，也是盘鼓舞最多。可见盘鼓舞在汉代受欢迎的程度。盘鼓舞是将盘、鼓置于地上，作为舞具，舞人在

西汉长袖女舞俑，现藏于中国国家博物馆

鼓、盘之上或环绕鼓、盘之侧进行表演的一种舞蹈。这种舞蹈大概以使用七盘较多，因此也被称为"七盘舞"。洛阳涧西七里河一座东汉晚期墓葬曾经出土一套七盘舞俑，使用的鼓为双面圆形，平面，身微鼓，腹空，器身中部有一小圆孔，盘壁很厚，当是仿照实用的舞具而制作的。关于盘鼓舞的起源，可能是由楚国的祠神乐舞发展演变而来。楚国的祠神乐舞，以用鼓为主要特点。盘鼓舞的表演也极具楚舞特色。张衡《南都赋》中记载的歌曲《九秋》所配合的舞蹈就是盘鼓舞，它们的情调如"寡妇悲吟，鹍（kūn）鸡哀鸣"，其艺术感染力足以使"坐者悽欷，荡魂伤精"。由此可见，盘鼓舞较巾舞的奔放热烈而言，更具抒情性和悲剧色彩。

不仅盘鼓舞具有悲剧色彩，受到楚歌和楚文化潜移默化的影响，汉代将相士大夫们经常在喜庆的宴会场合唱出悲不自胜的挽歌来。著名的《大风歌》就是在宴会酒酣之后诞生的。《史记》记载："高祖还归……悉召故人父老子弟纵酒，发沛中儿得百二十人，教之歌。酒酣，高祖击筑，自为歌诗曰：'大风起兮云飞扬，威加海内兮归故乡，安得猛士兮守四方！'令儿皆和习之，高祖乃起舞，慷慨伤怀，泣数行下。"

俳优百戏

与先秦时期宴饮场合中单纯的歌舞表演不同的是，秦汉时期的宴饮过程中除了一般的歌舞表演，还增加了独具特色的百戏表演。在有的宴饮场合中，歌舞与百戏各自独立进行，而在一些大型宴会上，则是歌舞与百戏交叉进行。百戏是杂技、幻术、俳优、侏儒戏、角抵、驯兽等各种节目的总称，

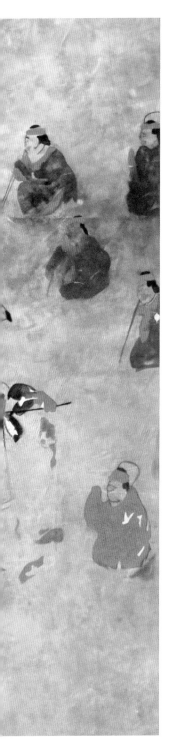

它广泛流行于秦汉时期，是宴会场合不可缺少的助兴节目。1971年，内蒙古和林格尔汉墓出土的乐舞百戏壁画就为我们还原了一场大型宴会上的乐舞百戏表演：画面中央绘有一建鼓，两侧各有一人执桴擂击。左边是乐队伴奏，弄丸表演者同时飞掷五个弹丸；飞剑者跳跃着将剑抛向空中；舞轮者立在踏鼓上将车轮抛动；倒提者在四重叠案上倒立；橦技是最惊险的节目，一人仰卧地上，手擎橦木，橦头安横木，中间骑一人，横木两侧各一人，作反弓倒挂状。画面上部，一男子与一执飘带的女子正翩翩起舞。表演者都赤膊，束髻，肩臂绕红带，动作优美，身姿矫健。画面左上方居中的观赏者应为宴会的主人，他正与宾客们边饮酒边观看乐舞百戏表演。

秦汉时期常见的宴会百戏表演有以下几种。

倒立，就是现今杂技艺术中所称之"顶"功。杂技的基本功在于腰、腿、筋斗和顶。顶是其中最重要的一环。山东济南无影山出土的一组西汉前期百戏俑，即有此类形象。表演者双手据地起顶，弯腰，双足在前，做"塌腰顶"的动作。更复杂的倒立动作有：倒立于地，做侧体交叉的动作；双手据地倒立后，以手代足前后行走；在圆球上双手倒立，以手滚动圆球行走。

汉代乐舞百戏壁画

　　跳丸和跳剑属于手技类杂技，是一种用手熟练而巧妙地耍弄、抛接各类物品的技巧表演。跳丸是将两个以上圆球用手抛接，可分为单手和双手抛接。跳剑则是抛接两把以上的剑，抛接时任由剑在空中翻腾，但必须保持剑把着手。剑的体型长大，比跳丸的难度更大。跳丸和跳剑的起源很早，东周时期，已达到很高的水平，如《庄子·徐无鬼》云："市南宜僚弄丸，而两家之难解。"《列子·说符》云："宋有兰子者，……其技以双枝，长倍其身，属其胫，并趋并驰，弄七剑迭而跃之，五剑常在空中。"大意是说这个名叫兰子的人，能够脚踩高跷，且走且跑，同时双手抛接七剑。踩高跷双手抛接七剑，在当时已算是技艺超群了。

驯兽。汉代调教禽兽作百戏演出，最常见的莫过于猿猴之戏。我国驯养猿猴的起源颇早。《列子·黄帝》云："宋有狙公者，爱狙，养之成群，能解狙之意，狙亦得公之心。"所谓"狙"，指的就是猿猴。由于猿猴灵巧，易于驯化，善表演，至今仍然是马戏团中经常使用的动物。河南洛阳烧沟汉墓所出随葬品中即有一猿一猴，和乐舞百戏俑以及鹰、鱼、鸽、蛙等陶俑同出；甘肃武威磨咀子2号汉墓也出土过彩绘木猿猴俑。河北满城中山靖王刘胜墓出土的花形悬猿铜钩，造型十分优美。此钩形如倒挂的盛开花朵，花萼细长，花瓣四枚，瓣间各有一柔曲向上的长钩。半球形花蕊下倒悬一长臂猿，猿左臂下垂作钩状。猿和蕊可转动，构思极为巧妙。上述考古发掘资料说明汉代人确有驯养猿猴的习俗并作百戏表演，因为有些陶、木猿猴俑均与乐舞百戏俑伴出，其用途不言而喻。除了猿猴这种小型动物外，皇家苑囿和诸侯王苑囿中也驯养一些豹、犀、象等大型动物。徐州狮子山楚王陵出土的石豹脖颈上还雕刻有嵌贝项圈，且豹子面容温驯，说明此豹为家中豢养之宠物。西汉时期，帝后及诸侯王死后，还以犀牛或犀牛形象之物随葬。薄太后汉南陵第20号丛葬坑内埋有一头爪哇独角犀牛，头部还放有一件陶罐。江苏盱眙江都王陵出土的镏金青铜犀牛、青铜象，以及驯犀、驯象俑，应是江都王苑囿犀牛、大象驯养的再现。

西汉青铜犀与驯犀俑，现藏于南京博物院

俳优。从汉代画像石中的乐舞百戏图上经常可以看见一些身躯粗短、上身赤裸、形象和动作滑稽的表演者。汉墓中也不乏此类形象的陶俑出土。此类形象的乐人，古代即称为"优""俳""俳优""倡优"等。中国国家博物馆馆藏的出土于四川成都的击鼓说唱俑表现的就是汉代"俳优"的形象。此俑头上戴帻，额前有花饰，袒胸露腹，两肩高耸，着裤赤足，左臂环抱一扁鼓，右手举槌欲击，张口嬉笑，神态诙谐，动作夸张，活脱一个正在说唱的俳优形象。除了陶俑外，汉代俳优的形象往往用于制镇。镇是用来压席子角的。魏晋以前，人们在室内都是席地而坐，为了避免由于起身落座时折卷席角，遂于其四隅压镇。汉代席镇以动物造型居多，而人物造型的席镇几乎无一例外均是汉代的俳优形象，如江苏盱眙大云山江都王刘建墓、河北满城中山靖王刘胜墓、江西南昌海昏侯刘贺墓、陕西西安北郊第二砖瓦汉墓、广西西林县普驮汉墓、甘肃灵台付家沟汉墓、山西朔县（今朔州市）汉墓、河南新安汉墓出土的人形席镇，全部都是俳优艺人说唱的形象。其中，大云山汉墓出土的四件鎏金涂银青铜俳优俑镇最为精美：这四件人俑镇通体鎏金涂银，两两相同。俳优俑大眼，宽鼻，高

颧骨，尖下巴，作张嘴嬉笑状，表情十分滑稽。其中二俑作踞坐状，左手扶膝，右手五指张开举至耳部；另二俑盘腿而坐，双手置于膝上。

俳优在春秋战国时期已出现。他们侍奉君主，以逗笑的方式为君主排遣无聊。

有些俳优也利用他们的特殊身份，依靠口舌之利，正话反说、反话正说，在取悦君主的同时，也对君主一些错误的想法进行讽谏。据史籍记载，秦始皇统一天下后，修离宫数百所，倡优成千。优旃（zhān）就是当时著名的俳优。一次，秦始皇欲大兴苑囿，东到函谷，西到雍、陈仓。优旃便向秦始皇说："皇上的想法很好，苑囿修好后，放进许多禽兽，敌人如果从东方进攻，放出苑囿中的麋鹿，它们用角就能把敌人顶出去。"秦始皇听了以后，就打消了这个念头。秦始皇死后，秦二世胡亥即位。有一次，胡亥突发奇想，打算把整个咸阳城用漆料涂刷一遍。优旃再次进言："皇上这个建议真是和我想到一块儿去了！整个咸阳城都上了漆，敌人根本就爬不上来，真是太好了！"二世闻听此言，便打消了漆城的想法。

在各类重大的宴会上，俳优往往是灵魂人物，他们以幽默的话语、滑稽的表演博得宾客的欢笑，助兴起哄是他们的拿手好戏。表演时，他们一般边击鼓，边歌唱。汉代的皇室贵族、豪富大吏蓄养俳优之风甚盛。《史记》载，汉武帝"俳优侏儒之笑，不乏于前"，汉武帝的舅舅——丞相田蚡"爱倡优巧匠之属"；著名权臣霍光弹劾刘贺时，称其在位 27 天内做过 1127 件坏事，其中之一就是刘贺在汉昭帝刘弗陵丧期内把从前的昌邑乐人、俳优等弄来大肆宴饮，击鼓歌吹，谐戏笑乐。桓宽《盐铁论·散不足》云："富者祈名岳、望山川。椎牛击鼓，戏倡舞像。"这些均可证明汉代俳优表演之盛行。无怪乎史学家司马迁对俳优这一职业如此重视，在《史记·滑稽列传》中专门浓墨重彩地为俳优传神刻画。

第五编　食制食俗

饮食制度与饮食风俗

进入文明社会以后，饮食就不单纯是个果腹问题了，它的意义得到进一步的延伸与扩展。等级森严的历代王朝，统治阶级的饮食不仅仅追求味觉上的愉悦，还要有精神层面的满足感。中国古代饮食制度的等级性主要表现在：其一，饮食内容上，统治阶级和平民的差异极大。《周礼·天官》记载，周天子进膳时，"食用六谷，膳用六牲，饮用六清，羞用百有二十品，珍用八物，酱用百有二十瓮"，这一排场虽有夸张，但可见古代饮食制度所反映出来的等级观念。其二，历代王朝的中央和地方都有庞大的食官体系，食官队伍是封建王朝官僚体系中的独特存在，有的主管帝王及其亲眷的日常膳食，有的执掌祭祀供食及帝王陵寝食事，还有的负责地方公务饮食接待。

《周礼》将食官列为百官之首，统归"天官"。所谓天官，应是指最重要的一类官职，有总理万物之意，后世常称宫廷食官为大官或太官，这与"食为天"的观念非常吻合。据学者统计，《周礼·天官》所载的负责周王室饮食的官员近2300人，占整个周朝官员总数的58%。这一数字说明周王室饮食管理机构的庞大规模以及宫廷中庖厨之事的重要性。先秦时期，厨师的地位开始逐渐下滑，社会上出现了"君子远庖厨"的观念，再也没能出现厨师从业者官至"一人之下，万人之上"崇高地位的现象。秦汉时期，民间厨师的社会地位普遍不高，但是出自官僚体系

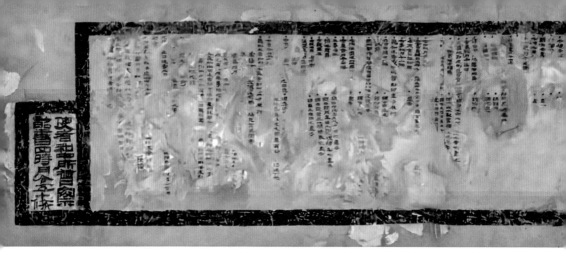

的众多食官依然享有重要地位。如宫廷食官就是为帝王准备膳食的御厨，他们的厨事行为关乎一国之主的健康乃至性命，其重要性不言而喻；又如负责军士和传舍膳食的官家厨夫掌管着军队和传舍的饮食供给，其作用也不容小觑。

从广义上来讲，中国古代饮食制度绝不仅仅包括对统治阶级饮食标准及食官体系构成的规定，还包括：政府对农、林、牧、渔等生产领域的指导，事关国家命脉的粮食储备制度的创设，公务接待机构的运转与管理以及针对盐、酒等民生大事的政策制定与执行等。"月令"是古代先民对自然界及人类生产、生活之间关系做长期观察所得出的经验总结，包含了许多符合客观规律的认识和真理，特别是其中顺应天时、保护自然资源和生态环境的意识，至今仍具有现实意义。甘肃敦煌悬泉置出土的西汉《四时月令五十条》壁书为我们了解古代政府对农、林、牧、渔等生产领域的指导提供了珍贵的实物资料。先秦的管子曾有一句至理名言："仓廪实而知礼节，衣食足而知荣辱。"仓廪是谷物存储之地，秦汉时期的粮食储备制度可谓十分完备，从都城到县、乡均设有粮仓，且粮仓的管理制度科学合理。中国古代提供公务接待的机构称为"传舍"，秦汉出土简牍为了解秦汉时期的公务机构运

转以及公务接待标准提供了珍贵的资料。盐和酒历来都是与民生相关的重要物资，盐酒专卖制度是指国家对食盐、酒品征税和专卖榷禁的各种制度。中国古代的盐酒专卖制度，代有变迁，由简而繁，由疏而密，日趋完备。西汉中期，汉武帝刘彻外开边疆，频年用兵，财用不足，遂将盐业和酒业纳入国家财政，实行官营。汉昭帝时，召开历史上著名的"盐铁会议"讨论盐铁专卖利弊等问题，结果是盐铁专卖政策被保留，酒榷被取消了。

饮食风俗与饮食制度一样都是中国古代饮食文化的重要组成部分。俗语云："靠山吃山，靠水吃水。"中国疆域辽阔，不同地域的气候、自然环境与物产存在着较大的差异，这也带来了各具特色的地域饮食风俗。在秦汉帝国的广袤疆域内，有着诸多各具特色的饮食文化圈，不同地域延续并保持着各自的饮食风习。比如好本稼穑、家衍人给的中原地区，多食牛羊、饮乳食酪的西北地区，沃野千里、食俗奢侈的巴蜀地区，嗜食鱼盐、不重禽兽之肉的吴楚地区以及饭稻羹鱼、喜食野味的岭南地区，等等。正因为有风格迥异的地域和民族饮食文化的汇入，才使中华饮食文化呈现出创新融汇的特殊魅力！

食官之制

食以体政

厨师这一职业在远古至商周时期的地位十分重要。远古传说中，中国人的人文初祖伏羲曾经就是一位厨师。《史记》记载："宓牺氏养牺牲以庖厨，故曰'庖牺'。""庖牺"，或又称"伏牺"，获取猎物之谓也。此外，伏羲还教人织网捕鱼，驯养家畜，丰富了人们的食物来源；燧人氏钻木教人熟食；神农氏播种耕作，石上燔谷；黄帝则改善了原始烹饪技术，"烹谷为粥，蒸谷为饭"。伏羲、燧人、神农、黄帝几乎无一例外，都是因为开辟食源、教人熟食以及改善烹饪方法等饮食生活上的丰功伟绩，而被后世尊为中华民族的始祖。

传说，号称活了七百余岁的长寿老人彭祖，有一手烹调雉羹的绝活并以此博得帝尧的欢心。距今四千年左右的国王少康是古史上第一个有年代可考的厨师。少康因父亲被叛臣寒浞逼死，投奔到有虞氏，当过庖正（厨师长），后来复国，成为夏朝第六代君主。还有学者认为少康就是传说中的杜

康，还是酒的发明家。历史上既善于烹饪而又官至国家重臣的，最著名的莫过于商朝宰相伊尹。伊尹，名挚，生活在约公元前16世纪的夏末商初，曾经也是一位厨师，他辅佐商汤，立为三公，别名阿衡。他曾从饮食滋味的角度教导商汤为政的道理：凡当政的人，要像厨师调味一样，懂得如何调好甜、酸、苦、辣、咸五味。首先得弄清各人不同的口味，才能满足他们的嗜好。作为一个国君，自然须得体察平民的疾苦，洞悉百姓的心愿，才能满足他们的要求。这种"食以体政"的观念，在先秦时期被统治者们广泛接受。历史上的一些政治家、思想家还往往从饮食中探求治国安邦之道。老子所谓的"治大国若烹小鲜"，堪称千古名言，耐人寻味；晏子将对食物的五味调和提升到治理国家的高度。刘向《新序》说一个国君好比一个美食家，大臣们就是厨师。这些厨艺高超的大臣有的善屠宰，有的善火候，有的善调味，国君擅用人才，就像美食家擅用厨师一样，擅用厨师才能做出美味佳肴，知人善任才能使得国家繁荣富强。

"食以体政"的重要作用在于以饮食来"别君臣，名贵贱"，食用的差别，饮食器具的用材、数量、种类以及筵席座次的排列，都表现了不同人的等级身份。这从周代的用鼎制度和食器的使用制度可见一斑。原来纯粹用作食器的鼎、簋、豆等在日益森严的等级制度中充当起礼器的角色。如周代礼制规定，天子九鼎八簋，诸侯七鼎六簋，大夫五鼎三簋，元士三鼎一簋。除列鼎制度外，《礼记·礼器》中还有"天子之豆二十有六，诸公十有六，诸侯十有二，上大夫八，下大夫六"等规定。

西汉初立，君臣之间的等级性尚未完全确立，朝宴场合中经常发生群臣失仪的场面。大儒叔孙通谏言并为刘邦制定朝宴礼仪，以维护君主独一无二的权威，这是商周以来"食以体政"观念的践行。据《汉书·陈平传》记载，汉朝陈平年少时在一次乡里社日中主持宰肉与分配，因公平合理，受到父老们的一致称赞，并认为他将来一定会成为一位好宰相，陈平亦雄心勃勃，认为"宰天下，亦如此肉矣"，道理相通，后来他果然当上了宰相。从上述记载可见，秦汉时期，商周以来日益强化的"食以体政"观念继续深入地贯穿于社会生活之中。

宫廷食官

先秦时期，厨师的地位开始逐渐下滑，社会上出现了"君子远庖厨"的观念，再也没能出现厨师官至"一人之下，万人之上"的现象。秦汉时期，厨师的社会地位也是江河日下。西汉末年，百姓们讽刺更始帝刘玄滥肆封赏的歌谣为"灶下养，中郎将。烂羊胃，骑都尉。烂羊头，关内侯"，"灶下养""烂羊胃""烂羊头"都是对当时厨工的侮辱之词。蔡邕《独断》记载，武帝时馆陶公主男宠董偃头戴绿帻，自称"主家庖人臣偃"向汉武帝请罪。着绿帻者是地位卑贱者的装束，董偃并非庖人，却以"庖人"自称，更是有自我贬低之意，这表明在时人的眼中，厨师是比较低等的职业。尽管当时厨师这一职业的整体地位都比较低下，但宫廷食官的社会地位仍然很高。

宫廷食官就是为帝王准备膳食的御厨，他们的厨事行为关乎一国之主的健康乃至性命，其重要性不言而喻。《周礼》将食官统归"天官"，周代宫廷中从事饮食业的人特别多，食官的分工也极其细致，各司其责。食官中分膳夫、庖人、内饔（yōng）、外饔、烹人、甸师、兽人、鳖人、腊人、食医、酒正、酒人、浆人、凌人、笾人、醢人、醯人、盐人、幂人等二十余种。周代以膳夫为食官之长，是总管，要负责周王的饮食安全，在君王进食之前，他要当面尝一尝每样馔品，使君王觉得没什么毒害后放心进食。不论是宴宾还是祭祀，君王所用食案都由膳夫摆设和撤下，别人不能代劳。秦汉时期的食官称为"大官""泰官""太官"，名称正源于《周礼》的食官制度中的"天官"。

东汉绿釉庖厨俑，现藏于山东博物馆

秦汉时期，宫廷食官大致可分为三类：第一类是奉常所属食官，主掌祭祀供食及帝王陵寝食事；第二类是少府所属食官，主掌帝王之膳食；第三类是詹事所属食官，主掌王后和太子之膳食。

秦始皇陵出土了许多刻有"丽山飤官"等文字的器皿。"丽山飤官"，即始皇陵之食官。飤，古同"饲"。汉代奉常属下食官有"太宰""诸庙寝园食官令长丞"和"雍太宰"等，主管陵园的日常祭祀。"雍"乃地名，即雍，在汉代三辅之一右扶风境内。《汉书》东汉文颖注曰："雍，主熟食官。"三国如淳注曰："五畤在雍，故特置太宰以下诸官。"唐代颜师古曰："雍，右扶风之县也。太宰即是熟食之官，不当复置一人也。"汉代陵园的祭祀是："日祭于寝，月祭于庙，时祭于便殿。"如此频繁的祭祀活动，需要有大量的庖厨、园吏之类的人员以供驱使，这些属员都隶属于食官，所以始皇陵内城外的这些廊庑式建筑，当是陵内食官、园吏及庖厨们居住的寺舍建筑。

汉代诸侯王宫内还有"食官监"一职。徐州狮子山楚王墓的一处陪葬墓出土了一枚铜质"食官监印"。该印印台边角圆滑，字口模糊，印纽也呈现长期使用形成的圆润状态。与其他出土印章相比，"食官监印"显然在下葬前经过长期或高频率使用。据学者考证，"食官监印"是陪葬墓墓主本人的官印，而"食官监"当为该楚王墓葬的食官令，其主要职责是为死去的楚王提供膳食祭品，

西汉"食官监印"铜印，现藏于徐州博物馆

384

这或许是其殉葬于楚王墓的一个重要原因。

除了奉常属下食官外，《汉书·百官公卿表》记载的少府属下食官还有太官、汤官、导官等，颜师古曰："太官主膳食，汤官主饼饵，导官主择米。"少府主掌山海池泽的税收，其所属食官，直接掌管帝王膳食，重要性不言而喻。

汉代诸侯王国内也设有"太官"之职，负责掌管诸侯王的膳食。河北博物院藏满城汉墓出土的镏金银蟠龙纹铜壶，底部刻有铭文："楚，大官，槽，容一石□，并重二钧八斤十两，第一。""大官"即"太官"，全称为"太官令"，为少府属官，掌膳食。铭文表明此壶原属楚国太官所有。

詹事所属食官有食官、祠厨等。詹事即给事、执事，掌皇后、太子宫中之事。秦汉时期的封泥为了解当时的宫廷食官制度提供了重要的实物资料。秦封泥中有"食官丞印"，食官为詹事属官，掌皇后、太子之膳食，"食官丞"应为"食官"之副手；秦封泥中还有"祠厨"之印，考古专家王辉先生将其释读为"祠祀厨官"，祠祀是詹事属官，主管皇后、太子祭祀之事，所以"祠厨"当是掌管秦皇后、太子祭祀供食的职官。

西汉镏金银蟠龙纹铜壶及铭文，
现藏于河北博物院

官家厨夫

秦汉时期，军队中主职炊烹的役卒，称为
"养"。居延汉简中有"二人养""三人卒养""三人
养"等记载，意即两人或三人专主炊烹，充当伙夫。
《公羊传·宣公十二年》："厮役扈养，死者数百人。"
东汉何休注曰："养马者曰扈，炊烹者曰养。"《史
记·秦始皇本纪》有"监门之养"的记载，司马贞
《史记索隐》曰："养即卒也，有厮养卒。"《汉书·儿
宽传》记载儿宽"贫无资用，尝为弟子都养"。颜师
古注："都，凡众也。养主给烹炊者也。"

"悬泉置"是汉代敦煌郡九个驿站之一，在悬
泉置的日常活动中，"迎来送往""邮书传递"是其
主要功能。"迎来送往"中非常重要的就是为过往人
员（官吏、使者）提供饮食服务。这一职能主要是
由悬泉置内部的"厨"机构负责，悬泉置有很多关于
"厨啬夫"和"厨佐"的记载。这些记载为我们了解
汉代官厨的日常生活和职务责任提供了重要的实物
资料。

"厨啬夫"是"厨"机构的长官，负责接受朝
廷的拨款和各项调配物资，如悬泉汉简中有"入钱
五百……四月丙辰付厨啬夫纪凤""付厨啬夫任尚字
子郎……平贾粟八斗直百卅四目宿"的记载。

汉代简牍中的"悬泉置"字样

"厨啬夫"负责饮食类物资的采买。悬泉置有一则买卖病死马肉的记载，大意为悬泉置的相关吏员——厨啬夫官、悬泉厩啬夫李光、悬泉厩佐顺与佐赏等四人用四百钱买了两匹死马的肉。据学者分析，参与买卖马肉的人员较多，可能与死马骨肉特别廉价有关。值得注意的是，这两匹又极有可能是悬泉置厩本身原有的马，马死后依规定卖肉，将卖得的钱充作下次买马的资金。悬泉置的马匹死后也不能私自处理而直接让悬泉置食用，还必须通过买卖的方式，悬泉置将马肉内部消化，当然价钱比较便宜。为防止事后再出现什么纠纷与差错，见证人很多。而参与肉食买卖活动应是"厨啬夫"的分内之事。

　　"厨啬夫"负责编写物资（主要是饮食相关物资）收支的相关行政文书并上报上级机关核查。悬泉置出土了一份由十九枚简牍组成的行政文书——"元康四年正月尽十二月丁卯鸡出入簿"，即前文提过的《元康四年鸡出入簿》。这份簿册记录了悬泉置全年鸡的支出（食用）情况和鸡的来源情况。负责移送这则文书的是一个名叫"时"的"厨啬夫"。

　　"厨啬夫"还参与司法事务。悬泉汉简中有两则关于"厨啬夫广意"的记载，两简大意为悬泉厨啬夫广意与戍卒秦德等四人一起勘验身份不明胡人的死亡事件。从内容看，这是一则有关死亡的法律文书——爰书。值得注意的是，"厨啬夫"的职掌应为饮食事务，但是他们居然实实在在地涉足司法事务。不仅是"厨啬夫"，就连"厨啬夫"的助手——"厨佐"也参与司法事务，如悬泉汉简有"甘露二年九月戊申厨佐宪讯常有先以证不言请出入罪人辞以定满"的记载。

悬泉汉简使我们对汉代官厨有了新的认识：厨啬夫和厨佐除了主要负责做饭、提供饮食、编写饮食物资出入簿之外，还参与司法事务，有时甚至还管理传车，承担传递文书的任务。厨啬夫和厨佐的身兼数职，可能与边塞地区吏员人手不足有关。

四时月令

20世纪90年代初，考古工作者在甘肃敦煌悬泉置遗址的一处墙壁上发现了一份特殊的"公文"，此诏书是用墨书写在草泥墙壁上的，由正文和标题两部分组成，各有一个墨线绘成的栏框。正文在前，标题在后。标题为"使者和中所督察诏书四时月令五十条"；正文101行，主要内容为四季禁忌和需注意的事项。这是一份发自朝廷的"关于实施四时月令"的公文。由于涉及普通民众，故从中央下发至县、乡，最后到达最基层单位——悬泉置。公文的发布年代为元始五年（公元5年），是以太皇太后的名义颁行的，此时正是王莽作为安汉公居摄朝政的时代。

《四时月令五十条》的主要内容出自儒家经典《礼记·月令》。四时指的是春、夏、秋、冬四个季节。月令指某月中的气候、时令以及生产生活的宜忌。五十条即此公文共包括五十条令文，分属十二个月，所涉事项包括农、林、牧、副、渔各业，写明每月应该做和禁止做的事。《春秋繁露》曰，"天之道，春暖以生，夏暑以养，秋清以杀，冬寒以藏"。《四时月令五十条》以律法的形式，确立了以"四时"为基础的自然时序以及人们在遵循自然时序的基础上生产生活的准则，突出了对自然资源开发利用"以时禁发""顺时而动”的原则，提出了保护农业生态系统的“用养结合”的科学思想，这不啻为中国古代的一部环境保护法，对当今社会也有重大的指导意义。

月令模式

从远古时代开始，先民们就意识到生存环境中的日升日落、星象位移、寒暑往来、草木枯荣、鸟兽虫鱼等众多自然现象之间存在着恒久不变的一些联系。而各种社会事务，特别是农事时宜最直接的参照就是各种物候现象。久而久之，先民们相关的生产经验和物候知识的积累便形成了“月令模式”，即适应自然变化节奏而安排社会生活的一种古老文化建构。

《诗经·豳风·七月》《夏小正》《礼记·月令》《逸周书·时训解》《吕氏春秋》《淮南子·时则训》等文献中详细记载了人们如何根据物候现象来把握时间、开展农事活动。这些文献可以视为“月令模式”的雏形，而上述《四时月令五十条》则是“月令模式”的集大成者。

《诗经·豳风·七月》中对每个季节和月份都安排了相应的事务，如正月需要整理农具，二月就要下地劳动，三月是修整桑树和采桑养蚕，七至十月则是各种频繁的农事活动——植物的种植收获与动物的畜养。植物包括黍、稷（有晚播早熟、早播晚熟不同品种）、麻、菽、麦、稻等粮食作物，瓜、瓠、葵、韭、枣、郁李、野葡萄、白蒿、苦菜等蔬果品种，此外还饲养各类家畜，捕获貉、狐狸和野猪等野生动物。虽然《诗经·豳风·七月》不像后来的《礼记·月令》那样按月份严整地排列各种农事活动，仍不失为一份古代人民劳作生活的指南性文献。

汉简中的"顺四时"记载

《夏小正》是第一部真正的月令，其中记载的物候现象远远超过《诗经·豳风·七月》，记载的农事活动更加细化。如田地劳作有修缮农具、整理疆界、种植黍麦、灌水浇田等活动，采集和加工蔬果类则有采芸、采识、取茶、煮梅、煮桃、剥瓜、剥枣等活动，畜养和渔猎类包括养羊、养马、捕鱼、捕鳄、狩猎等活动。

与《夏小正》相比，《礼记·月令》的理论性和系统性更加强化。《礼记·月令》的框架，完全是根据阴阳五行观念构建的，以一年为一个周期，包括春、夏、秋、冬四时，每时又分孟、仲、季三月，共十二个月。在四时、五行框架之下，《礼记·月令》依据长久以来人们积累的物候和天象知识，按照四时变化的秩序，把各种农事活动逐月做出严整而有序的安排。

《四时月令五十条》则将《礼记·月令》文献上升到国家法律的层面，把人们自愿选择的伦理变成一种强制性的伦理，以行政手段推行至广泛的社会层面，基于农业生产重要性把顺时而动、不失时宜作为首要施政原则，并提出相应的政治要求。

物候与农时

农业是国富民强的根本，中国历代王朝统治者都非常重视农业生产。俗语说：一年之计在于春。春季是寒暖交替、疾疫易生和青黄不接之际，既是一年政事的开端，又是农业生产的起始，所以历代王朝的政府对"行春令"尤为重视。

秦汉史籍中记载了大量春季诏令，内容多为兴修水利、劝课农桑。劝农不仅是对农业的督导，还包括一系列配套的时令礼仪。开创"文景之治"的汉文帝屡下重农之诏。《西汉会要》载，汉文帝二年（公元前178年）诏曰："夫农，天下之本也。其开籍田，朕亲率耕以给宗庙粢盛。"汉文帝认为，农业是天下的根本。他在宫中专门开辟耕地，每年举行春耕仪式，并亲率王公大臣耕种，以示对农业的重视。又《续汉书·礼仪志》记载，立春之日，天子率京师百官在东郊迎气。迎气又称"迎岁""迎四时"，古代天子每逢立春、立夏、立秋与立冬时节，分别前往东、南、西、北四方郊外祭祀与时节对应的神灵。立春之日，地方官吏也要参与辖境内的迎春仪式，"服青帻、立青幡，施土牛耕人于门外，以示兆民"。后来，这种出土牛送寒气、示农耕早晚的习俗就逐渐演变为鞭打春牛的活动。

清人所绘汉文帝像

西汉铁犁铧、铁犁壁，现藏于中国国家博物馆

值得一提的是，在迎春、劝农仪式中，武官均不得参与，这是武官主杀伐与春气不合的缘故。尽管天子主导的劝农时令礼仪后来越来越像一场"政治走秀"，但青幡、土牛、耕人、犁耒等多种"劝农符号"，依然是统治阶级宣示顺天重农理念的重要途径。

　　狭义的农业是指种植业，即生产粮食作物、经济作物、饲料作物等农作物的生产活动；广义的农业包括种植业、林业、畜牧业、渔业、副业等多种生产形式。除了天子主导的劝农时令礼仪，秦汉帝国还通过严密的律法对农、林、牧、渔的各个领域进行生产指导。秦汉时期，政府对农业生产的指导原则是围绕天时变化的规律——春生、夏长、秋收、冬藏而展开。

　　春季万物萌生发育，与之相应，人事活动着眼于助生、护生。如《四时月令五十条》"孟春月令"第一条云："敬授民时，曰扬谷，咸趋南

东汉锄禾壁画

亩。"孟春之月"即正月，"敬授民时"即颁布历书。在以农业立国的古代中国，制定严密的历法以指导农业生产，是一项很重要的工作，因此，每年年初，中央有关部门都要向各地颁发当年的历书。"扬谷"在传世文献中一般作"旸（yáng）谷"，指太阳升起的地方，即东方，也引申为春天，是播种的季节，因而要求农民都要下地种田（"咸趋南亩"）。又"中春月令"："毋作正事，以防农事。"附文："谓兴兵正（征）伐，以防农事者也。"意思是中春时节，不能进行妨害农业生产的兴兵讨伐等军事活动。

夏季阳气鼎盛，万物继长增高，人事活动应之以助长，如"孟夏月令"记载"继长增高，毋有坏隋（堕）""毋起大众""毋攻伐""（驱）兽毋害五谷"，意思是立夏之后，草木生长繁盛，因此不要修墙弄苑，因为这样做逆时气。不要聚集民众从事不紧急的服役，如修缮等事务，因为这样做妨害养

汉代农事画像砖

蚕桑、从事农耕。不要进行征战等军事活动；要驱赶兽类，注意防止它们侵害五谷，因为正值田里庄稼生长的季节。

秋季阴气滋长、阳气内敛，时主肃杀，人事活动应之以杀伐、收敛。如"孟秋月令"云："命百官，始收敛。"孟秋是立秋的季节，此时已经是谷物收成的时候，所以就要命令百官开始督促农民从事收割、晒谷、收藏。古代农事最重要的时节即为收获季节，西周时期，连天子都要出巡视察收成，各级田官们也纷纷去田间督农。"孟秋月令"云："……收，务蓄采，多积聚。"这是说地方官要促使农民做过冬储存的准备，冬季可长时间储存的蔬菜，要多多积存一些。又云："乃劝□麦，毋或失时。"秋季谷物收割以后，就要劝农立即种植次年夏初即可收获的麦子，八月种麦是应时节的，因麦子隔年才能成熟，所以称为"宿麦"。地方官员一定督导农民不要耽误了种麦的时节，否则误了农时，会影响次年收成。

冬季阴阳分离、天地不通，万物休眠闭藏，人事活动亦以闭藏为主。如"孟冬月令"云："命百官，谨盖藏。"孟冬之月是立冬的节气，天气开始变冷，水开始冰冷，地逐渐要结冻，天气与地气互不畅通。所以朝廷命令百官及民众谨慎稳妥地管理好国家府库和自家粮仓中的储藏物。又"季冬月令"条曰，"告有司，□□，旁磔，（出土牛，）以送寒气"，意思是季冬月是年终的最后一月，春气即将来临，雁将要向北飞行，鹊类开始筑巢，蛰伏的万物都准备起动，但冬季的寒气还未散走，此时气候调节不好会有大灾难。所以命令有关部门制造土牛，像祭祀瘟神一样，将寒气从东、南、西、北四门送出。

总之，以《四时月令五十条》为代表的"月令"律法的原则是所有政令安排和社会活动都必须遵循自然秩序顺时而动。如果逆时而行，就会引发灾异，招致祸端。

秦汉的环保律令

　　"竭泽而渔"是大家耳熟能详的成语，出自《吕氏春秋》。字面意思是把池塘里的水抽干了捉鱼，引申含义是比喻做事只顾眼前的利益，丝毫不为以后打算。古代中国以农立国，自然资源是人们的衣食父母。由于当时的生产力水平还很低下，人们对自然资源的依赖性较强。先秦时期，人们已有应在尊重自然规律的前提下利用和保护自然资源的意识。如《荀子·王制》云："圣王之制也，草木荣华滋硕之时，则斧斤不入山林，不夭其生，不绝其长也；鼋鼍、鱼鳖、鳅鳣孕别之时，罔罟毒药不入泽，不夭其生，不绝其

汉代渔筏画像砖

长也。春耕、夏耘、秋收、冬藏，四者不失时，故五谷不绝而百姓有余食也；洿池渊沼川泽，谨其时禁，故鱼鳖优多而百姓有余用也。斩伐养长不失其时，故山林不童而百姓有余材也。"植物正在发育的时候，不能进山砍树。鼋鼍、鱼鳖、鳅鳝繁殖的时期，不能用网捕捞，不能用药捕捉。一年四季应当按照时令根据植物的生长规律播种庄稼，这样百姓们才会有充足的粮食。严格按照一定的时节在池塘、沼泽、河川等进行捕捞作业，这样鱼类才会丰饶，百姓们才会有多余的食材。砍伐、种植都不失时机，于是山林不会光秃，老百姓就有多余的木材了。可见，古代先民们已知道保护自然资源再生能力的重要性。

秦汉时期是中国历史上统一的多民族国家形成与发展时期。这一时期，虽然有着国家政治强盛、经济繁荣发展的良好局面，但生态环境却进入中国环境发展史上的一个恶化时期。生态环境恶化的原因是多方面的，如频发的自然灾害、人口的急剧增长、战争造成的重大破坏、统治阶级为满足一己私欲大兴土木等。此外，重农垦荒政策引发的水土严重流失以及"伐木树谷""火耕水耨（nòu）"等不当的农业生产方式对生态环境也造成负面影响。总之，在多种因素作用下，秦汉时期的生态质量呈下降趋势，表现为蝗祸、水旱灾害频发，黄河不断决口、泛滥，百姓苦不堪言。

《淮南子·诠言训》云："地有财，不忧民之贫也，百姓伐木芟草，自取富焉。"意思是山林是财富之源，只要山林无损，百姓们的生计就有保障。秦汉时期的人们已经意识到毁坏林木与水旱灾害的关系。《汉书·贡禹传》记载："斩伐林木亡有时禁，水旱之灾未必不由此也。"

为了应对恶化的生态环境，秦汉政府制定了缜密的律法保护林木、动物、水、土地等各类自然资源。睡虎地秦简《秦律十八种·田律》规定：春二月不准入山砍伐林木，不准堵塞水道；不到夏季，不准烧野草作肥料，不准采集刚发芽的植物或猎取幼兽、鸟卵和幼鸟，不准毒杀鱼鳖，不准设置捕鸟兽的陷阱和网罟；七月开始解除禁令。秦朝保护自然资源的律法大体上都被汉朝所继承。张家山汉简《二年律令·田律》规定："禁诸民吏徒隶，春夏毋敢伐材木山林，及进（雍）堤水泉，燔草为灰，取产麛卵。毋杀其绳（孕）重者，毋毒鱼。"与秦律的记载如出一辙。汉宣帝时，曾颁布诏令："令三辅毋得以春夏摘巢探卵，弹射飞鸟。"意思是春夏季节，禁止射杀飞鸟。又《四时月令五十条》"仲春月令"曰："毋□水泽，□陂池、□□。四方乃得以取鱼，尽十一月常禁。毋焚山林。谓烧山林田猎，伤害禽兽□虫草木……（正）月尽……"这段记载的大意是因为这个月可以开始捕鱼了，所以不要使水泽、池沼干涸枯竭，此禁令一直到十一月底。禁止焚烧山林，进行田猎作业，否则伤害禽兽草木。因为春天风高，容易引起火灾。此禁令截止到正月底。

总之，秦汉时期律法对自然资源的保护主要包括：其一，用养结合，适度消费，尽量不要破坏动植物资源的再生能力；其二，把握时令，尊重生物的生长规律，避开生物孕育生长的关键季节，以免影响其正常的繁殖发育；其三，要注意有选择地采猎，对幼苗、幼兽、孕兽进行保护，禁止滥伐滥捕。这些农业生产的基本指导原则至今仍在沿用，具有重要的科学价值。

仓廪实，国安定

　　先秦时期著名的思想家管子曾说过："仓廪实而知礼节，衣食足而知荣辱。"意思是粮仓充实人们就知道礼节，衣食饱暖人们就懂得荣辱。仓廪是谷物存储之地，谷藏曰"仓"，米藏曰"廪"。《礼记·月令》记载："（季春之月）天子布德行惠，命有司发仓廪，赐贫穷，振乏绝……"意思是季春三月，天子广布德令，施行恩惠，命令有关官员打开储藏谷米的仓廪，把粮食赐给贫穷的人，赈济一时缺乏甚至断绝粮食的人。可见，先秦时期的统治者就非常注意粮食的积储，即所谓《荀子》中一再提及的"实仓廪，便备用"。

　　注重谷物贮藏的观念也延续到秦汉时期。据《汉书·食货志》记载，贾谊向文帝进言道："夫积贮者，天下之大命也。苟粟多而财有余，何为而不成？"意思是积贮为国家的命脉。如果粮食储备充足且财力充裕，什么事情会做不成？除了文献记载外，陶仓作为汉墓中常见的随葬品类型也反映出在时人眼中谷仓的重要性。考古发现的谷仓明器主要有长方形和圆形两种，圆形的谷仓谓之"囷"，如睡虎地秦简《日书》中有"为囷大吉""利为囷仓"的记载。方形的谷仓谓之"仓"，睡虎地秦简《为吏之道》中有"仓库禾粟"的语句。为适应多雨潮湿的环境，南方地区的谷仓多使用干栏式建筑，颇具区域特色。中原地区的谷仓以方形为主，也有圆形仓。中国国家博物馆馆藏河南荥阳出土的东汉时期的彩绘陶仓十分精美。模型分为上下两层，上层开有五扇窗户，下层高于地面，底部有五个圆孔，上下层之间用平座相隔。陶仓四壁有彩绘图像，其中正面平座上方彩绘养老图（一说收租图），中间跪坐者是老者，左边两人为朝廷官吏，右边两个侍从中有一人手提粮袋，表示朝廷赐给老者粮食；平座下方彩绘观舞情景；两侧山墙各彩绘一人，楼背后绘有怪鸟搏斗的场面。

汉代黄釉陶囷，现藏于中国国家博物馆

汉代彩绘陶仓，现藏于中国国家博物馆

太仓之粟，陈陈相因

秦汉时期的仓廪按其统辖关系可分为太仓、郡仓、县仓、漕仓、军仓等。关于"太仓"，最著名的典故莫过于"太仓之粟，陈陈相因"，这句话出自《史记·平准书》。由于多年战乱，社会经济凋敝，百姓食不果腹，因此，汉朝初年的几代皇帝都实行"休养生息"的政策恢复发展生产。到了汉武帝刘彻时，出现了国富民强的昌盛景象，史称"太仓之粟，陈陈相因，充溢露积于外，至腐败不可食"。意思是说国家的粮库里储存的米谷多得陈粮压着陈粮，仓库里都放不下了，以致堆在露天，任其腐烂变质。"太仓"指的是设置在都城内的粮仓，太仓之谷主要是为皇室、百官、戍卫京师军队等谷物用度所设。山东、苏北、皖北地区的东汉画像石题记中常见"此中人马，皆食太仓"之语。如山东临沂五里堡画像题记曰："人马禽兽百鸟，皆食于太仓，饮于河梁之下。"又江苏徐州铜山大庙村画像题记曰："此室中人马，皆食太仓。"历史学家陈直先生对此种现象解释道："太仓为汉代藏粟最多之处，比拟死者禄食不尽之意。""食谷太仓"既

汉武帝像，出自明代王圻、王思义撰辑《三才图会》

汉代「上人马食太仓」画像砖

表明墓主（祠主）希望在冥界能够成为享受源源不断禄食的官家人物，也表明太仓的功能之一是为百官提供俸禄。

　　睡虎地秦简《仓律》："入禾仓，万石一积……栎（yuè）阳二万石一积，咸阳十万石一积。"简文中的"栎阳仓"和"咸阳仓"当指"太仓"，因为栎阳和咸阳都曾分别是秦国的都城。太仓的规模是仓廪系统中规模最大的，由此条简文可知，位于咸阳的"太仓"计量谷物的规格采用的是十万石一积。秦汉之际的动乱时期，秦太仓可能遭到破坏，汉高祖刘邦建新都长安时，萧何负责太仓的重建工作。未央宫、武库、太仓等建成后，刘邦见各类建筑异常雄伟华丽，就指责萧何过于铺张浪费，萧何解释说："天子四海为家，非壮丽无以重威，且无令后世有以加也。"（《史记·高祖本纪》）刘邦这才转怒为喜。可见，刚刚建成的汉朝"太仓"规模甚是宏大。据学者估算，西汉时期太仓的容量应在数百万石。东汉王朝在首都洛阳也建有太仓，太仓的官员据史籍记载有近百人之多。太仓的主管官员是太仓令，其副手称为太仓丞，太仓令、太仓丞除管理仓粮的一切行政事务外，还负责掌管度量衡中的量制。

"缇萦救父"是中国历史上著名的孝亲故事。汉文帝时，有个叫缇萦的女孩跟随犯罪被捕的父亲来到京城长安，并上书汉文帝说："我的父亲犯法应当获罪受刑，但受过刑的人不能再长出新的肢体，即使想改过自新，也没办法了。我希望舍身做官府中的女仆来赎父亲的罪过，使他能改过自新。"她的一片孝心使汉文帝备受感动，下令废除了残酷的肉刑。这则故事中缇萦的父亲淳于意之所以被捕，是因为当时有人上书告发其在担任齐太仓令期间曾经收受贿赂。齐太仓即郡国仓。据学者考证，西汉时期，郡仓可能受到大司农和郡守的双重领导，郡仓主管称为仓长，下有属吏仓佐。东汉时期，郡仓则专归郡守管理，仓长下设仓曹。

县仓绝大多数设在治所内，此外，也有分散置于乡野（离邑）的。设在治所的粮仓，平时要接受县啬夫、丞、令史的指导和监督，县一级的行政机构还要设职派官——仓啬夫、佐、史等进行管理；而置于乡野的县仓，则由乡一级的行政机构派员——离邑仓佐参与管理。

汉代京师仓遗址

　　漕仓即存放漕米的仓库，即通过水道转运的粮食贮藏之仓。漕仓在古代多用于供应京师或接济军需转运之仓。掌控山河险要之地的漕仓，确保军需粮草的安全，是秦汉时期军事家的共识。《汉书·食货志》中有"岁漕关东谷四百万斛"的记载，说明汉代漕运的规模很大，需要转运的粮食很多。当时比较著名的转运仓主要有甘泉仓、京师仓、敖仓等。甘泉仓、京师仓都距离太仓不远，它们的设立应是为了缓解太仓的压力。1980年陕西华仓遗址的发掘，为京师仓的研究提供了大量的实物佐证。其中最大的1号仓发掘出大量的建筑材料、生活用具等。根据建筑遗迹看，它设有架空地板，通风条件良好，非常适合大量粮食的储存。

　　敖仓也是漕运线上的重要转运仓。《汉书》载，楚汉之争时，"高阳酒徒"郦食其曾力谏刘邦攻取敖仓："夫敖仓，天下转输久矣，臣闻其下乃有臧粟甚多。楚人拔荥阳，不坚守敖仓，乃引而东，令谪卒分守成皋，此乃天所以资汉。"敖仓的重要地位可见一斑。

军事系统则设有大量的军仓。两汉边防地区设有许多都尉。如张掖郡的居延地区就设有居延都尉与肩水都尉。居延汉简中即有"肩水仓长"的记载，这说明每一个都尉都设有一个都尉仓，其主管称为仓长。《史记》载，汉文帝年间，匈奴南下侵扰汉边境，文帝"乃以宗正刘礼为将军，军霸上；祝兹侯徐厉为将军，军棘门；以河内守亚夫为将军，军细柳，以备胡"。霸上、棘门、细柳等军队驻地均有军仓。

仓官不止管粮食

出土文献为了解秦汉时期各级仓廪系统的经营管理业务提供了珍贵的资料。各级仓廪系统的行政职能远不止管理粮食那么简单。以县仓为例，其业务范围包括谷物出入、谷物借贷、禽畜饲养、器物管理、金钱收支、徒吏管理等。睡虎地秦简《仓律》："入禾稼、刍稿，辄为籍，上内史。"禾稼指谷类作物的总称；刍为饲草，稿为禾秆，刍稿为动物食用的草料。从这条记载可知，每个粮仓除了入仓各类人员的口粮，还要储存动物食用的草料，并且需要编制粮册上交内史。粮食的入仓施行的是严密的杂封制度。所谓的"封"，指的就是封缄仓门，盖上相关人员印章的封泥。秦汉仓廪的封缄，强调的是"杂封"，即多个官员均要盖上印章封泥，目的是让官员们互相监督，共同负责，以杜绝腐败现象的发生。

《秦律·效律》规定："入禾，万石一积而比黎之为户，及籍之曰：'某仓禾若干石，仓啬夫某、佐某、史某、廪人某。'是县入之，县啬夫若丞及仓、乡相杂以封印之，而遗仓啬夫及离邑仓佐主廪者各一户，以气（饩）人。其出禾，有（又）书其出者，如入禾然。啬夫免而效，效者见其封及隄（题）以效之，勿度县，唯仓所自封印是度县。终岁而为出凡曰：'某仓出禾若干石，其余禾若干石。'"根据此条律文可知，县仓入谷时，县长吏、乡吏与仓管人员等均要题封，如入仓、出仓发生变动时，要重新核验仓储情形并重新题封、加封印。粮食入库时，应注意区分品种，不同时间分别贮藏，避免混淆。

县仓的粮食支出主要有各类人员（官吏、戍卒、刑徒等）的口粮禀给、驿站传食，此外，县中举行的各类祭祀活动所用谷物，也是由县仓拨付的，如里耶秦简中有"卅二年三月丁丑朔丙申，仓是、佐狗出黍米四斗以祠先农"的记载。县仓的另一项业务是负责口粮的借贷，其借贷对象主要是因外出公干而暂时缺粮的人马队伍，如岳麓秦简规定："田律曰：吏归休，有县官吏乘乘马及县官乘马过县，欲贷刍稿、禾、粟、米及买菽者，县以朔日平贾（价）受钱，先为钱及券……"大意是如果有官吏归休、官府吏员乘马以及官属乘马途经县境等三种情形，这些行进队伍中需要口粮、草料者可向所过县借贷或购买。简文中提供借贷的部门应该也是县仓。

鉴于仓的主要职能是谷物的收取、存储管理等，所以与这两大任务相关的各种类型的器具也要归仓来规范与管理。这些器具包括劳作时用的各类农

里耶秦简里的仓官考课

具、制作运输工具使用的手工工具以及计量谷物数量的量器等等。秦的度量衡制度十分严格，各级仓廪机构有校正衡量之器的业务，每年平正一次。度量衡器如有误差，则需追究相关责任人。仓掌管的各类生产工具必然会出现不同程度的老化或毁损现象。对此，仓官需要在年度统计中，对这些损毁工具的种类和规格以及剩余情况进行统计上报。

禽畜饲养是秦汉时期县仓的另一项职能，仓饲养的畜禽主要有猪、狗、鸡、鹅等，在对仓官进行考课的文书中，猪等牲畜家禽的"产子""死亡"情况是仓畜养业绩考核的重要内容。里耶秦简中有一条记载，大意是仓官接收了少内拨与的一只母猪，并将这件事记录在案，这表明母猪的数量是要计入当年的年度统计——"畜计"之中的。

金钱收支和刑徒劳作管理也是县仓经营管理的业务范围。县仓的金钱收入有多种途径，如里耶秦简中有"作务产钱课"的记载，"作务"的意思是从事手工业。县仓有安排刑徒从事手工业劳动的职权，而刑徒手工劳动创造的经济价值是县仓金钱收入的重要来源，也是秦政府对县仓进行业绩考核的重要项目。此外，县仓所畜养的牲畜家禽产子的售卖款项以及其所从事的粮食借贷业务也都是经济收入的来源。县仓的支出主要是购买生产生活所必需的物资、向少内移交金钱等，这是仓之金钱支出的重要内容。

储粮重地多禁忌

水患和火灾是仓储管理的最大隐患，两者均可导致禾粟的极大损毁，如睡虎地秦简中有"仓漏朽禾粟"的记载，西北汉简也频见"毋水火盗贼发"的记载，说明水火和盗贼并列为粮仓安全的重要隐患。发生洪水等灾害，可能对粮仓造成致命性的伤害。因此，粮仓建筑的选址很有讲究，一般都建在地势高亢之所，尽可能远离河流。除了偏向选择高地建仓外，秦汉时期，人们对于粮仓建筑还有其他一些禁忌，这一点在睡虎地秦简和放马滩秦简《日书》等出土材料中均有体现。所谓"日书"，指的是古人从事婚嫁、生子、丧葬、农作、出行等各项活动时选择时日吉凶宜忌的参考之书，这种"数术"之书在秦汉墓葬中大量涌现。

秦人对于粮仓建筑的禁忌主要表现在：第一，择日禁忌。秦人认为修仓挖窖等事，要选择吉日良辰进行，不可随意行动，以趋吉避凶。第二，方位禁忌。秦人认为粮仓建筑在房屋的西北和东南为不吉，而以建于房屋的东北和西南为吉。除了粮仓的建筑选址注意避除水患外，秦律规定：仓顶覆盖的茅草需要经常整饬，以防漏水；对于漏水的仓房要及时修补；如果粮食要从粮仓中全部移空的话，撤去的木材和草垫不要移作他用，要再用来垫盖粮食。可见，当时的粮仓是采用底部放置木材和草垫来防潮的。

对于渎职行为造成的仓漏谷败，秦律中有严格的追责制度。如睡虎地秦简《效律》规定："仓（漏）（朽）禾粟，及积禾粟而败之，其不可（食）者，不盈百石以下，谇（suì）官啬夫；百石以到千石，赀官啬夫一甲；过千石以上，赀官啬夫二甲；令官啬夫、冗吏共赏（偿）败禾粟。禾粟虽败而尚可飤（食）殴（也），程之，以其耗（耗）石数论（负）之。"译意思是申斥，一甲即处以一副铠甲价值的罚金，冗吏即群吏，程即估量。大意是如果发生仓房漏水导致禾粟腐败，根据禾粟损耗的程度来对各级仓管官吏进行处罚。由此条规定可知，当时对涉事仓管的问责处理有两种：其一是单独负责，如由谷粮的出纳人员独自赔偿损失；其二是集体赔偿，由参与集封的各级仓管官员共同赔偿。由此可见，秦律对发生在仓廪管理中的渎职行为的处罚规定非常细致，这样做，有利于相关官员树立责任意识，互相监督，有效地避免渎职行为的发生。秦律的相关规定也被汉律所继承，如《续汉书》记载一个名叫尹敏的人曾担任鄢陵县令，后来被罢免的原因是"县仓"发生三次漏水事件。

粮仓作为储粮重地，防火自然是头等大事，秦律规定"善宿卫，闭门辄靡其旁火"，如有"不从令而亡、有败、失火，官吏有重罪，大啬夫、丞任之"。大意是要加强夜间的安全防卫，并且要求关闭仓门后一定得及时熄灭门旁之火，谨防火灾的发生。这种隔绝火源的法律规定被后世所继承，唐律中也有相似的规定。如果有不遵从防火规定、造成粮食损失者，要处以重罪。这些律文规定的目的在于增强粮仓管理人员的责任心，避免火灾事故的发生。此外，秦律还规定储藏粮草的仓库要单独加高其墙垣，以起到防火墙的作用，如果有火灾发生，这些墙垣一定程度上可阻止火势蔓延到临近仓房。

古代社会历来均重视粮仓的防盗问题。睡虎地秦简《法律答问》规定，"实官户关不致，容指若抉，廷行事赀一甲""实官户扇不致，禾稼能出，廷行事赀一甲"。大意是粮仓的房门如果不紧密，可以容下手指或用以撬动的器具，或仓房门扇不紧密，谷物能从里面漏出，应罚一甲。为了防止粮食被盗，仓房重地一般严禁闲人入内，即"非其官人，毋敢舍焉"。此外，仓房附近一般都豢养狼犬，或是安排家兵夜间值班防守。

仓库作为储存粮食的重地，往往受到老鼠、鸟雀、小虫的危害。史籍中多有仓中见鼠的记载。《史记·李斯列传》记载，李斯微时，曾担任郡中的小吏。有一次，他看见官舍厕所中的老鼠偷食污秽之物，每逢有人和狗过来，立刻惊恐万状，仓皇逃窜；又见到粮仓中的大老鼠肆无忌惮地啃食积粟，居住在大仓房里，坦然自若。于是不禁感慨道："仓鼠占住仓库，厕鼠委身厕所，如果仓鼠和厕鼠互换一下位置，不用几天，它们的一切也都会随之彻底改变。"老鼠问题就是李斯自己的问题，他的

西汉彩绘陶狼犬，现藏于汉景帝阳陵博物院

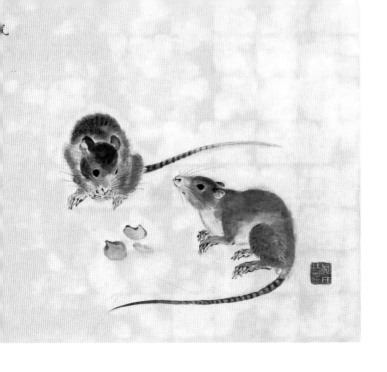

鼠，出自日本江户时代细井徇撰绘《诗经名物图解》

才华能否得到施展，就像老鼠一样，全凭自己所处的环境。于是，李斯决心改变环境，谋求更高的地位。秦律对防治鼠害不力的官员予以惩处，如《法律答问》中的提问："仓里有多少鼠洞就应该被论处及申斥？"答案是有鼠洞三个以上应罚一盾（处以一个盾牌价值的罚金），两个以下应申斥。2004年，南越王宫署出土的木简中有几枚与捕鼠相关的记载，第一枚简云："大奴虖（hū），不得鼠，当笞五十。"意思是一个年纪较大的奴仆，名字叫虖，因为没抓到老鼠，应当被鞭打五十下。第二枚简上写道："陵，得鼠三，当笞廿。"意思是名叫陵的奴仆，只抓了三只老鼠，也达不到要求，被打了二十下。第三枚简云："则等十二人，得鼠中员，不当笞。"从这三枚木简可知，南越王宫的鼠害比较严重，严重威胁了宫中粮库的卫生安全，为了灭鼠，宫廷采取了严格的管理办法，动员全体奴仆一同捉老鼠，规定每人的捕鼠数量为五只，少捉一只就要笞打十下。这种捕鼠管理制度奖惩分明，收效应该还是不错的。

《抱朴子·诘鲍》云："夫君非塞田之蔓草，臣非耗仓之雀鼠也。"可见"鸟雀"常与"鼠"同被视为危害仓中粮食安全的重要隐患。史籍中可见鸟雀危害仓粮的记载，同时也提到了用竹篾编织窗网以阻止鸟雀飞入的办法。岳麓秦简记载了这样一则案例：某个乡仓的天窗没有关好，以致鸟雀飞入，作为其上级的县丞就因此受到牵连被判定为"小误"（疑似今天的"记小过"）。对于虫害的防治，睡虎地秦简《秦律十八种·仓律》云："长吏相杂以入禾仓及发，见□（蟓）之粟积，义积之，勿令败。""长吏"指的是县令、长以下的高级县吏，如县丞、县尉等。这段律文的大意是长吏共同入仓和开仓，如果发现有小虫到了粮堆上，应当重新堆积谷物，不要使谷物腐败。这种防治虫害的举措，在当时有限的条件下，还是比较科学合理的。

传食有律

　　东汉中平元年（公元184年），东汉王朝在地方武装的帮助下平息了黄巾起义。立有战功的刘备被任命到安喜县当县尉。一日，朝廷派来一位督邮大人到此巡视，意图索贿。可刘备不愿行贿，令督邮心怀不满。这一切被张飞看在眼里。于是，性格暴戾的张飞把督邮绑了起来，一顿鞭抽，出了恶气。当然，刘备这官也当不成了，挂印而去。这是《三国演义》里的一段精彩情节，不过，历史上真正鞭打督邮的，并非张飞，而是刘备自己。黄巾起义后，朝廷诏令各州郡，淘汰县级以军功为长吏的人，刘备也在被淘汰之列。负责裁汰工作的督邮来到安喜县，准备宣布此事。刘备听说督邮就住在传舍，专程求见。可督邮却装病不予接见。刘备大怒，带人冲进去将督邮绑出，将自己的官印挂在他脖子上，并狠狠地抽了他两百鞭，弃官而去。

官方"招待所"

上述故事中的"传舍"指的就是古代官办的供来往行人食宿的处所。"传舍"的重要职能之一就是负责古代的公务接待。《释名》中这样解释"传":"传也,人所止息而去,后人复来转,相传无常主也。"

秦汉时期,负责公务接待工作的主要是传舍。据魏晋秦汉史专家侯旭东先生研究,传舍作为官方机构,类似今天的"招待所"。它最早出现在战国后期,一直沿用到东汉末期,其主要职能之一是为官吏外出公务、过往官吏等提供免费食宿与车马。传舍一般设置在县或县以上的治所,或在城内,或在城外,未必统一。边陲地区,如敦煌、酒泉郡,人烟稀少,各县相距较远,或为减少开支,传舍则与其他负责传递文书的"置""驿"等并置一处,如敦煌悬泉置,行政上隶属于敦煌郡效谷县,却位于悬泉,其内部建置包含了传舍、驿、骑置、厩与厨等。敦煌悬泉置位于河西走廊西端,是公元前2

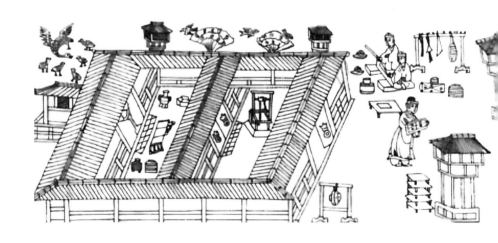

山东沂南画像砖传舍线图,出自 1956 年文化部文物管理局《沂南古画像石墓发掘报告》

汉代驿站画像砖

世纪至公元 3 世纪的国家驿站与邮驿枢纽，其遗址出土了 35000 多枚简牍文书，记载驿站内常驻 400 余人，官吏 82 人，常备驿马 120 匹左右和 50 余辆车，日接待过往使节、商人 1000 余人。悬泉驿站从西汉昭帝时使用到魏晋时被废弃，前后 400 多年，唐代时又重新使用直到宋代彻底荒废。悬泉传舍是秦汉帝国时代千千万万个公务接待机构——传舍的缩影。

《周礼·地官·遗人》记载："凡国野之道，十里有庐，庐有饮食；三十里有宿，宿有路室，路室有委；五十里有市，市有候馆，候馆有积。"这是先秦时期对"传舍"制度的理想化描述。秦汉时期，传舍的主要接待对象有公务人员、边地部族使者以及外国使者、质子、客商等，如《史记·郦生陆贾列传》记载沛公刘邦在高阳传舍召见儒生郦食其。又如《后汉书·光武帝纪》记载，两汉之际，刘秀势窘，"自称邯郸使者，入传舍。传吏方进食，从者饥，争夺之"。悬泉汉简有一则《厨食簿籍》，共四枚简，主要内容为悬泉置为过往官员提供膳食的记录："出粟三升，以食案上书事使者贾广，九月辛亥遇，西"；"出粟九升，以食长史行县，从者一人，从事吏一人，凡三人，九月壬子过"；"出粟三升，以食尉曹赵光，九月庚戌过，西"；"出米一斗，九月丁巳以奏课"。这份《厨食簿籍》为研究悬泉置的接待人员与接待标准提供了重要的实物资料。

和"传舍"具有相似职能的还有"邮亭"。秦汉时期，在各地均设有专供官吏往来食宿的邮亭。清代严可均所辑《全后汉文》曰，所谓"亭"即"留也"，"盖行旅宿食之所馆也"。《汉书》记载，西汉中期，颍川郡吏掾奉命出行查访，"不敢舍邮亭，食于道旁"；《后汉书》记载，东汉后期汝南上计吏应奉路经颍川纶氏都亭，该亭对他供应了"饮浆"。除了接待公务人员，汉政府规定，对外来奉献使者免费招待，提供食宿或交通工具。《汉书·匈奴传》记载，甘露三年（公元前51年），汉宣帝在甘泉宫诏见南匈奴呼韩邪单于，"上登长平，诏单于毋谒，其左右当户之群臣皆得列观，及诸蛮夷君长王侯数万，咸迎于渭桥下"。可见，当时前来长安的边地部族人数众多，他们的食宿问题应都是由官办传舍打理的。

悬泉汉简中有一则《神爵二年悬泉厩佐迎送日逐王廪食册》，内容为悬泉厩佐送迎匈奴日逐王路过广至时提供膳食的记录。简文为："广至移十一月谷簿，出粟六斗三升，以食悬泉厩佐广德所将助御、效谷广利里郭市等七人送日逐王，往来""三食，食三升。校广德所将御故廪食，悬泉而出食，解何？"简文大意为上级官府在收到悬泉置上报的账簿后，案问核查在迎送日逐王的过程中，悬泉厩佐广德带领助御、郭市等七人廪食悬泉、出纳粮食

悬泉汉简《神爵二年悬泉厩佐
迎送日逐王廪食册》

是否合乎相关接待规定。这则文书还是研究汉代中央政府与西域关系的重要物证。

据史籍记载，神爵二年（公元前 60 年），匈奴在西域的日逐王降汉，汉朝始设西域都护府，并委派郑吉担任第一任西域都护，从此，西域纳入汉中央政府的管辖内。此册当为日逐王降汉时路过敦煌的记录，与传世文献的记载相吻合，具有重大的史料价值。

悬泉汉简《康居王使者册》则是当时传舍招待外国使者的珍贵资料。简文大意是康居王使者杨佰刀、副使扁阗，苏薤王使者姑墨、副使沙囷以及贵人为匿等多次进入汉境贡献骆驼，敦煌所属关县均提供食宿，但这次到达酒泉后，酒泉太守及属下不仅不按过去惯例提供饭食招待，而且还不按实际情况给所献骆驼评估论价，硬将值钱的白骆驼评估为不值钱的黄骆驼，肥骆驼说成是瘦骆驼。因此，杨佰刀等人倍感冤屈，上诉至鸿胪署，中央移书敦煌太守要求追查详情，如确有违法之事，按律令处置。鸿胪，本为大声传赞，引导仪节之意。鸿胪主外宾之事，在秦代称为"典客"，汉初改为"大行令"，武帝时又复改为大鸿胪。从这件简牍文书可知，汉代传舍是有义务对外来奉献使者给予免费招待的。

悬泉汉简中还有关于传舍招待外国质子的记载："斗六升。二月甲午，以食质子一人，鄯善使者二人，且末使者二人……"质子制度在汉帝国对远疆的羁縻战略部署中占有重要地位，但也有着一些制度漏洞，有一些番邦国家看重的是"质子"东朝天子带来的巨大商业利益。汉成帝年间，康居国欲送质子到长安，《汉书·西域传》记载西域都护郭舜上书控诉康居不尊重汉朝权威，主动提出"遣子入侍"实乃"辞之诈也"，其真正目的是"欲贾市"，获得巨大经济利益，并且频繁的人员往来致使沿途各地的传舍承受巨大的经济代价和接待压力，即所谓的"敦煌、酒泉小郡及南道八国，给使者往来人马驴橐驼食，皆苦之"。但"质子制度"一直到西汉末年仍然存在，袁宏《后汉纪》记载，公元172年，汉灵帝到京郊祭祀祖陵时，随从人员还有来自西域36个国家的质子。悬泉置出土的另一枚汉简显示：在两天时间内，共有9个国家的34人经过此地，可以想象，当时众多的使者、质子以及扮成使者副手的胡商都在前往长安的道路上。由此可推算，悬泉置传舍每日的接待量都十分惊人。

悬泉汉简《康居王使者册》

公务接待标准

秦汉出土简牍为了解秦汉时期的公务接待标准提供了珍贵的资料，比如睡虎地秦简、张家山汉简都有《传食律》，此为秦汉时期关于官员公务接待的法律规定。悬泉汉简也有"传食"的相关文书，这些资料虽残缺不全，但仍可窥两朝公务接待规定之一斑。

秦传食标准

睡虎地秦简《传食律》对不同职位、爵级的官员和士卒的传食供应，有相应的标准规定（见下表）。

秦《传食律》公职人员接待标准

爵级、身份	主食（每餐）	副食（每餐）
簪袅（谋人）、不更	粺米一斗	酱半升，供应葱、韭，外加菜羹
御史的下属	粺米半斗	酱四分之一升，外加菜羹
上造	粝米一斗	盐二十二分之二升
没有爵位的佐、史、司、御、侍、府等	粝米一斗	盐二十二分之二升
随从	粝米半斗	
驾车的仆	粝米三分之一斗	

按上表所示，秦律规定传舍对有爵者和官吏及其随从皆提供加工粮食，并依爵位、官职高低分别提供粺米和粝米，且供给量有差等。爵制源自周代，两周时期实行的是五等爵制（公、侯、伯、子、男），商鞅变法时

设定二十等爵制。汉承秦制，亦行二十等爵制，上表中的"上造"与"簪褭""不更"分别是二十等爵制中的第二与第三、四级。以主食为例，他们分别可以享受的标准是粝米一斗和粺米一斗。《说文解字》云："舂为米一斛曰粝。"段玉裁注"粺"曰："粺者，粝米一斛舂为九斗也。"当时传舍为身份不同的人提供的米应该是有差别的。粝米指的是粗米，粺米指的是精米。"粝米"要较"粺米"差一个等级。对传马的喂食标准也是有规定的，如睡虎地秦简《仓律》规定：每次使用传马，喂饲一次粮食，回程再喂饲一次粮食；如路途遥远，马疲劳，可以再加喂一次。每次每匹马供应草料半石。

汉传食标准

与秦代一样，汉代传舍的饮食供应也有一定标准，费用由官府承担。张家山汉简《传食律》《置吏律》《赐律》等律文对接待标准的规定如下。

其一，丞相、御史、二千石派遣属吏出差，新官赴任，驻军、县道赴京汇报边境紧急事件的人员，回家休假的官员，免职的官员，传舍皆供应饭食，标准是每餐粺米半斗、酱四分之一升、盐二十二分之一升，一日三餐；马匹供应草料。

汉代斧车画像砖

其二，如果不在本县道办理公务，仅仅为路过该县道，供应饮食不得超过两顿。若在本县道公干，停留十天以上，该县道提供米令其自行做饭，但奉诏书出使及乘置传者，不适用此条律令。同时注明在本地提供"传食"的最后日期，以方便下一个地方按此日期接续供应。

其三，随行人员，二千石级别官员的随从不能超过十人，千石到六百石级别官员的随从不超过五人，五百石以下到二百石级别官员随从不超过两人，二百石以下仅限一人。不属于"吏"的使者，参照以下标准执行：爵为左庶长至大庶长参照千石，五大夫以下到官大夫参照五百石，官大夫以下参照二百石。随行人员数量达不到最高限额的，则按实际人数提供饮食。

其四，官吏执行日常公务，在巡行中发生疾病，传舍有义务提供衣食、马车等，送至其治所。

据考古学者王裕昌先生分析，汉简《传食律》与秦简《传食律》相比，已经发生了一些变化，主要表现在：其一，享受国家供应传食者及传食量的多少，在战国、秦时期爵位是主要的标准，而汉初秩级成为主要的标准；其二，条文更加具体和细微，可操作性更强；其三，"以诏使及乘置传，不用此律"，显然是对朝廷的特殊权力给予强调。

秦汉时期官员的秩级以谷物俸禄的多少表示。一般而言，俸禄六百石是下级官吏与中高级官员的分水岭，比如睡虎地秦简《法律答问》中有"及六百石吏以上，皆为'显大夫'"的记载，《汉书·景帝纪》记载："吏六百石以上，皆长吏也。"属于中高级官员的有中央政府中的三公九卿及其下属中地位较高的属吏，地方政府中的郡太守和管理万户的县令；属于下级官吏的主要是品秩较低的中高级官员的属吏，如管理不满万户的县长、县丞、县尉、斗食、佐史等。据张家山汉简《秩律》的记载，属于秩级二千石级别的官员有丞相、御史大夫、廷尉、内史、典客、中尉、卫尉、奉常等，达近二十种。属于"六百石"级别的官员则有县令、刺史和郡丞等。

敦煌悬泉和肩水金关汉简中有关传食的文书，反映了汉代边塞传食制度的情况。悬泉汉简有一份《长罗侯过悬泉置费用簿》的文书，这是一份悬泉置招待长罗侯军吏的账单。从简文看，这份账单是一次写就的，但所接待的军吏似乎是分批相继路过的。接待人数最多的一次达七十二人。这些人中有长吏、军候丞、司马丞及施刑士等。悬泉置为招待这些吏卒准备了牛、羊、鸡、鱼、酒、豉、粟、米等各种食材，其丰富程度，在汉简材料中极为少见。这可能是由于长罗侯常惠在西域事务中功勋卓著，所以当时汉政府下令传舍对于长罗侯军吏的招待标准格外提高。与传舍以较高的标准招待长罗侯军吏不同的是，传舍对西域诸国的外来使者的招待规格普遍不高，外来使者的待遇几乎等同于汉代普通官吏，甚至还发生过前述酒泉太守及属下拒绝为康居使者提供传食的记载。汉代边地传舍对西域使者的招待标准很大程度上与当时汉王朝对西域诸国的态度有关。《汉书》记载："西域诸国，各有君长，兵众分弱，无所统一，虽属匈奴，不相亲附。匈奴能得其马畜旃罽，而不能统率与之进退。与汉隔绝，道里又远，得之不为益，弃之不为损。"

一堂古代"廉洁课"

汉代大规模的输粟于边和屯田生产活动无疑为传舍的粮食供给提供了保障，粮食由政府统一筹划和组织调度，通过配置于各级别行政机构的粮仓下发给各级传舍。秦汉时期的粮仓制度非常完备。设置在都城内的粮仓称为"太仓"，如秦的栎阳仓和咸阳仓都是"太仓"，因为栎阳和咸阳曾分别是秦的都城。边塞之地，物资补给尤其重要，也都设有粮仓，如居延汉简中记载了"觻得""禄福"等县仓。

以悬泉置为例，它的粮食主要来源于敦煌仓的拨付。悬泉汉简记载："入粟小石九石六斗，神爵元年十月己卯朔乙酉，悬泉厩佐长富受敦煌仓仓佐曹成。"意思是，西汉宣帝神爵元年的一天，担任悬泉厩佐的长富从敦煌仓仓佐曹成那里领受了分拨的小米小石九石六斗。传舍的运转经费来源除了朝廷物资（粮、肉等）的发放，还包括内府"御钱"的拨发。悬泉汉简中还有多条置啬夫接受朝廷发放的"御钱"的记载，如"甘露四年七月丙午朔己酉，悬泉置守丞置敢言之：乃厩啬夫张义等负御钱、失亡县官器物、当负名各如牒，谨遣厩佐世收取……"；又载"入闰月、四月御钱万。阳朔二年四月壬申，悬泉置啬夫尊受少内啬夫寿"。所谓的"御钱"，即为驿置经费，包括维持驿站运转所需之马匹饲养、车辆维护、公务接待花费以及驿置人员薪俸等各项费用。

某些时候，没有独立经济核算制度的单位，它们的公务接待要由当时参与接待的官吏自己承担。肩水金关是目前经科学发掘出土汉简文书最多的汉代关隘遗址，出土汉简10661枚。出自该遗址的《劳边使者过界中费》，完整记载了一份朝廷派遣使者慰问边地吏卒途经肩水金关的饮食费用记录，包括米、羊、酒、盐、豉及调料的数量及价钱："粱米八斗，值百六十。即米三石，值四百五十。羊二，值五百。酒二石，值二百八十。盐、豉各一斗，值卅。酱、将、姜，值五十。往来过费凡值千四百七十。肩水见吏廿七人，率人五十五。"这份文书为我们了解边地公务接待的费用来源提供了珍贵的资料。据考古学者张俊民先生考证，"肩水见吏"指的是肩水候官的吏。"过界中费"的界当是指肩水候官。劳边使者在肩水候官部共花费一千四百七十钱。由于当时汉代边境管理制度之严密与完备，一切花销都要登记造册，根据人数和吏俸的多少由上级拨给。同时，也为上级考核检查备用。作为候官一级的单位，并没有独立的经济核算制度，它的一切经济来源也是主要靠上级拨付。故劳边使者在本地区的花费开销要由当时的官吏自己负责。为解决这一经费问题，肩水候官的官吏要集体分摊，这才有了"率人五十五"的记载。候官造册，将具体每个官吏分摊的数额公布于众，也许是为将来从俸数中扣除做准备。两千多年前的这些"自掏腰包"的肩水候官官吏可以说给现代那些"公款宴请"者上了一堂生动的"廉政课"。

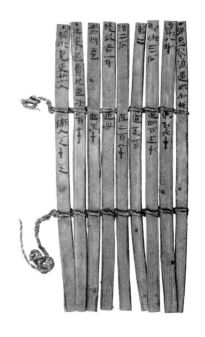

肩水金关汉简《劳边使者过界中费》

秦汉时期的传食管理制度尽管十分严密与完备，但总有人想尽办法"钻"制度的空子。传世和出土文献都记载了一些违反传食制度的行为：非因公务而因私事食宿传舍的，官员携带的随从超过《传食律》规定的，对于这样的行为，法律明文规定"按盗窃论处"；有些传舍存在任意提高传食标准的行为，如《居延新简》有"东部五威率言厨传食者众费用多"的记载，又如西汉宣帝和哀帝时，都曾颁发诏书斥责这种违法行为。从频繁出现的"饰厨传，增养食"的史籍记载看，传食确实是一些吏员施行贪赃违法行为的土壤。

盐铁会议

西汉桓宽《盐铁论》书影

汉昭帝始元六年（公元前81年），朝廷从全国各地召集"贤良文学"六十多人来到京城长安，与以御史大夫桑弘羊为首的政府官员共同讨论民生问题。会上，双方对盐铁官营、酒类专卖、均输、平准、统一铸币等财经政策，以至屯田戍边、对匈奴和战等一系列重大问题，展开了激烈争论。三十年后，桓宽根据这次会议的官方记录，写成《盐铁论》一书。《盐铁论》是中国历史上一部很特别的书，它记录了发生在两千多年前的那场激烈的大辩论。由于辩论的主要内容是当时汉朝政府经济、财政措施的反省与检讨，所以有学者认为《盐铁论》是一部专论政治经济学的书，这比近代西方经济学的起点——亚当·斯密的《国富论》要早1800多年。

齐有鱼盐之利

盐铁会议上的一项重大议题即是关于食盐是否应该官营的问题。食盐是生命存在的基本条件，从远古时代开始，盐资源的开发就成为社会进步的必要条件。先秦时期，如果能有效地控制盐业基地，掌控盐品流通就可以取得优势的地位。两周时期，齐地就因盐业富强。《史记·货殖列传》记载："（齐）地潟（xì）卤，人民寡，于是太公劝其女功，极技巧，通鱼盐，则人物归之，襁至而辐凑。故齐冠带衣履天下，海岱之间敛袂而往朝焉。"太公指的是吕尚，中国历史上赫赫有名的姜太公；潟卤意思是土地含有过多的盐碱成分，不适宜耕种；女功指妇女的刺绣纺织活动；襁至而辐凑形容来人络绎不绝，像车轮的辐条聚集而来。武王灭商后，把全国分为若干个诸侯国，由周天子分封土地给在灭商大业中做出了贡献的姬姓亲族和有功之臣建都立国，充当周朝统治中心的屏障，即《左传》中所谓的"封建亲戚，以藩屏周"。在这种历史背景下，姜太公受封建立齐国，那时的齐国又穷困又落后，太公就因地制宜，采取了一系列促进经济发展的政策。第一是"劝女功"，把妇女动员起来实施纺织；第二是"极技巧"，就是发展手工业和加工业生产；第三便是"通鱼盐"，发展"鱼""盐"这两大优势产业，国家就可以大发展了。如此三管齐下，原先的不毛之地华丽变身为"冠带衣履天下"的富足之乡。

到了齐桓公时代，《史记》载："桓公既得管仲，与鲍叔、隰（xí）朋、高傒修齐国政，连五家之兵，设轻重鱼盐之利，以赡贫穷，禄贤能，齐人皆说。"大意是桓公已经得到管仲，管仲与鲍叔牙、隰朋、高傒整顿齐国的政治，实行以五家为单位的军制，采取铸造货币，设立捕鱼、煮盐等有利百

管仲像，出自明代王圻、王思义撰辑
《三才图会》

姓的措施，救济贫穷，起用贤能之士，齐国人都很高兴。《管子·海王》中记载了管子与桓公关于富国强国之路的讨论，管子在这次讨论中提出了著名的"海王之国，谨正盐策"的思想。意思是濒临大海成就王业的国家，应该重视征税于盐的政策。齐桓公询问道："什么是征税于盐的政策？"管子回答道："十人的家庭，十人吃盐；百人的家庭，百人吃盐。一个月下来，成年男子吃盐近五升半，成年女子吃盐近三升半，少男少女吃盐近二升半，这是大概的数字。百升盐为一釜，使盐的价格每升增加半钱，一釜盐就增加五十钱的收入；每升增加一钱，一釜盐就增加一百钱的收入；每升增加二钱，一釜盐就增加二百钱的收入。一钟盐增加两千钱，十钟盐就增加两万钱，百钟盐就增加二十万钱，千钟盐就增加两百万钱。一万辆兵车的大国，人口总数有一千万人。合而算之，大约每天可得两百万钱，十天可得两千万钱，一个月可得六千万钱。一万辆兵车的大国，征收人口税的人数为一百万人，每人每月征税三十钱，收入就是三千万钱。现在，我并没有向百姓直接征税，却得到相当于两个大国六千万钱的税收收入。如果您发布号令说要对百姓直接征税，全国上下必定一片反对。现在采取向盐征税的政策，就会有百倍的收入归于国君，而百姓没有一个可以逃避掉的。这就是理财之法。"

《后汉书》曰"盐，食之急者"，盐是最基本的生活必需品，是维持社会正常经济生活不可或缺的重要物资。管仲提出的"谨正盐策"本质上就是盐业官营，得天独厚的盐业资源以及行之有效的盐业政策，为齐国带来了巨额财富，使之一跃成为炙手可热的东方大国。从齐国开始，盐成为历代政府官营的垄断产业，齐国盐政的创始性意义不容轻视。东晋常璩所撰《华阳国志》记载秦惠王时，营建成都城，在其"内城营广府舍，置盐铁市官并长丞，修整里阓，市张列肆"，这里所载的"置盐铁市官并长丞"表明早在战国时期，秦国就实行了盐业官营的制度。统一六国后的秦王朝对盐产和盐运亦有所控制。《汉书·百官公卿表》载："少府，秦官，掌山海池泽之税，以给共养。"有学者据此分析认为：煮盐手工业由少府收税，当时的盐税一定很重，所以到汉文帝时才有"弛山泽""与众庶同其利"的做法。此外，"西盐""西盐丞印""江左盐丞""江右盐丞"等存世秦封泥，也是秦代盐政的文物实证。种种证据显示秦代的盐铁政策是在政府严格控制下征收重税的政策。这一政策或许是造成秦末农民战争爆发和秦朝速亡的原因之一。

吴王刘濞富于天子？

汉朝初年，吸取秦代速亡的教训，汉政府采取了与秦不同的政策，那就是允许私人自由经营的盐铁放宽政策。《史记·货殖列传》载："汉兴，海内为一，开关梁，弛山泽之禁，是以富商大贾周流天下，交易之物莫不通。"《汉书·文帝纪》中也有"弛山泽"的记载。汉初开放"山泽之禁"的目的是让百姓增加一点副业收入。因此，山泽开放了，商税减轻了，民营盐业也

清人所绘范蠡像

大大发展起来。汉初的自由盐业政策，使很多商人因为经营盐业而成为巨富。如《史记·货殖列传》记载齐地刁间"逐渔盐商贾之利""起富数千万"，也有豪民经营煮盐的。中国第一个大盐商是春秋时期的鲁人猗（yī）顿。旧有"陶朱、猗顿之富"的说法，陶朱指的是范蠡。范蠡助越王勾践灭吴后，因其认为越王为人不可共安乐，因此弃官到山东定陶县（今菏泽市定陶区），称"陶朱公"，经商致富。猗顿的子孙到了汉初也应属这类盐商巨贾。《盐铁论·禁耕》载："异时盐铁未笼，布衣有朐邴……""未笼"，即未专卖。这就是说，在武帝盐铁未专卖以前，朐县邴氏等人是私营冶铁煮盐起家的大富豪。又《盐铁论·错币》载："文帝之时，纵民得铸钱、冶铁、煮盐。吴王擅鄣海泽，邓通专西山。山东奸猾咸聚吴国，秦、雍、汉、蜀因邓氏。吴、邓钱布天下，故有铸钱之禁，禁御之法立，而奸伪息。"大意是汉文帝那个时候，放任百姓铸造钱币、冶炼铁器、煮制食盐。吴王擅自圈占沿海湖泽，宠臣邓通控制西山铜矿。崤山以东的歹徒都聚集到吴国，秦、雍、汉、蜀四地的奸民都依附于邓通。吴王、邓通的钱币遍行天下，所以才发布禁止私人铸钱的法令。管制的法令一旦设立，奸诈虚伪的风尚就会停息。这里提到的"吴王"指的就是发动"七国之乱"的吴王刘濞。

公元前154年，汉景帝采用晁错的削藩之谏，先后下诏削夺楚、赵等诸侯国的封地。这时吴王刘濞就联合楚王刘戊、赵王刘遂、济南王刘辟光、淄川王刘贤、胶西王刘卬（áng）、胶东王刘雄渠等刘姓宗室诸侯王，以"清君侧"的名义发动叛乱。由于梁国的坚守和汉将周亚夫所率汉军的进击，叛乱在三个月内被平定。这场差点动摇西汉王朝统治根基的内乱，其始作俑者是吴王刘濞。那么，这位统辖三郡五十三县的吴王为何要铤而走险地造反呢？他"富于天子"的巨额财富又是如何积累起来的呢？

吴王刘濞是汉高祖哥哥刘仲的儿子，曾经跟随刘邦参与平定淮南王英布发动的叛乱，后被封为吴王。汉文帝时，吴王太子刘贤入朝，在一次陪伴皇太子刘启（后来的汉景帝）玩博戏的时候，吴太子在棋桌上争胜，态度不恭，太子刘启愤而拿起棋盘重砸吴太子头颅，致其当场死亡。吴王因丧子之痛开始违忤藩臣所应遵守的礼节，称病不肯入朝，并且开始积极筹备政治资本，等待时机行反叛之大计。终于，在汉景帝三年（公元前154年）正月，刘濞起兵广陵，西渡淮，自称"敝国虽贫，寡人节衣食之用，积金钱，修兵革，聚谷食，夜以继日，三十余年矣"（《史记》）。意思是我国虽然贫穷，但我节省衣食的费用，积蓄金钱，修治兵器甲胄，积聚粮食，夜以继日地努力，有三十多年了。

吴国是如何"积金钱"的呢？主要还是依靠得天独厚的铜、盐资源。吴地豫章郡产铜，刘濞于是招纳天下众多的亡命之徒，盗铸铜钱。同时，吴地滨海地区产盐，刘濞又煮海水为盐，贩卖到全国各地，获利颇丰。利用优渥的自然资源，吴国迅速积累财富，且由于国内经济富足，实力和资本日渐强大，又推行境内不征赋的惠民政策，深得民心。《汉书》载，那时淮阴人枚乘任吴王濞郎中，曾对比汉、吴情况，感叹"夫吴有诸侯之位，而实富于天子"。

理财专家桑弘羊

唐朝大诗人白居易，写过一首名叫《盐商妇》的长诗，讽刺一个盐商的妻子不种地、不织布，却过着奢侈生活。诗云："盐商妇，有幸嫁盐商。终朝美饭食，终岁好衣裳。好衣美食有来处，亦须惭愧桑弘羊。桑弘羊，死已久，不独汉时今亦有。"大意是盐商的妻子啊，你可真是好幸运！你知道你为什么这样幸运吗？因为你嫁给了一个大盐商。自从你嫁入盐商家后，你吃的是山珍海味，穿的是绫罗绸缎。可是你知道这山珍海味和绫罗绸缎从哪里而来？它来自桑弘羊主持的盐铁官营垄断。桑弘羊去世很久了，但像他那样的人物，至今仍然还有。

白居易诗中提及的桑弘羊，究竟是什么人呢？如果要选出中国历史上最著名的理财专家，桑弘羊（公元前155年？—前80年）肯定会榜上有名。在长达二十多年的时间里，由其主持或参与制定的盐铁官营、均输平准、酒榷等财经政策为汉武帝的文治武功奠定了雄厚的经济基础。对于他的经济才能，太史公司马迁曾给予高度评价，称"民不益赋而天下用饶"。"民不益赋"，说明桑弘羊的理财政策没有增加社会税收负担；"天下用饶"，表明为财政需求与社会需求提供的有效供给都很充裕。

桑弘羊像

汉武帝执政时为了掌握全国经济命脉,从经济上加强封建中央集权,抗御匈奴的军事侵扰,打击地方割据势力,一反汉初盐业经营自由的政策,实行盐铁官营制度。所谓盐铁官营,就是中央政府在盐、铁产地分别设置盐官和铁官,实行统一生产和销售,所获利润为国家所有。桑弘羊为这一政策的有效推行发挥了极为重要的作用。其实,在桑弘羊之前,武帝曾经任用大盐商东郭咸阳和大冶铁商孔仅分别掌管盐、铁事务。

《史记·平准书》记载了盐铁丞孔仅和东郭咸阳向武帝提出的盐铁官营的具体实施方案如下:"原募民自给费,因官器作煮盐,官与牢盆。浮食奇民欲擅管山海之货,以致富羡,役利细民。其沮事之议,不可胜听。敢私铸铁器煮盐者,釱(dì)左趾,没入其器物。"大意是请准许招募百姓自备经费,使用官府器具煮盐,官府供给牢盆(煮盐的铁锅)。这种生产方式可以打破诸侯贵族和地主商人对山海资源及其产出物的垄断,可以遏制这些人因垄断而富起来之后去役使民众,干一些反政府的事情。现在对山海收归国有和阻止官营盐铁的反对意见很多,反对意见也是由这些人提出来的,根本用不着去听他们的意见。今后有人再胆敢私自冶铁煮盐,就用刑具把他的左脚钳住,没收他的生产工具。

从这一实施方案可以看出,孔仅和东郭咸阳提出的盐业官营实际是一种募民煮盐而官府专卖的做法。具体来说,就是由官府来招募盐户,煮盐的费用由盐户自己负担,官府只提供煮盐的器具,煮成的盐则完全由官府收购和销售。汉武帝很快批准了孔仅和东郭咸阳的这一方案。事实证明,这一方案的实施在最初的几年中颇有成效,如《汉书·食货志》记载汉军连年征战,"间岁万余人,费皆仰大农。大农以均输调盐铁助赋,故能澹之"。大意是连年征战的费用都依赖大司农(类似今日的财政部),大司农用均输令所征收的商业运输税以及征调盐铁专营收入补贴军赋的不足，所以能消除战争造成的财政紧张。然而，随着形势的变化，孔仅和东郭咸阳主持的盐铁官营却越来越不能满足汉武帝的需要。由于汉武帝的需求是完全垄断盐铁业，以解决财政危机，而孔仅和东郭咸阳二人的方案使得一些商贾仍然可以经营盐铁，与政府争利，且造成了比较严重的吏治混乱现象。出于自身利益的考虑，孔仅等对盐铁官营的态度也逐渐变得消极起来。在这种背景下，为了更好地推行盐铁官营等政策，汉武帝毅然罢免了孔仅的大农令之职。孔仅以后的两任大农令也均不能让汉武帝满意。最终他慧眼识珠地提拔大农丞桑弘羊来主持大农，即以"桑弘羊为治粟都尉，领大农，尽代仅斡天下盐铁"。

在整顿财经管理系统后，桑弘羊便大力推行盐铁官营，并一再扩大盐铁官设置的地区。据学者们考证，经过桑弘羊的努力，当时一共设置了三十六处盐官，分布在全国二十七郡，形成了由中央统一直接领导的盐铁产销网络，由此出现了辐射全国的盐铁产销市场。桑弘羊充分发挥官营盐铁的优势，其一是政府行政与法律的支持，其二是雄厚的经济与人力资源，其三是宏大的交通运输规模与高效的运输能力。通过这些优势，桑弘羊主持建立了组织严密、高度集权的经营管理体制。铁的产销完全由政府垄断，盐的产销实行民制、官收、官运、官销的制度。桑弘羊主持的盐铁官营较他的前任们更加广泛和彻底，帮助汉王朝将盐铁资源开发到前所未有的程度。

在盐铁官营全面实施后，产盐区的生产规模迅速扩大起来。以河东盐池为例，《说文解字》载："盬，河东盐池，袤五十一里，广七里，周百十六里。"又《汉书·赵充国传》载："万二百八十一人，用谷月二万七千三百六十三斛，盐三百八斛。"据此可知，其每人每月平均食盐在三升左右。如果按照全国人口五千万计，则每月约耗盐达到十五万斛。这显然是盐业官营后不断发展的结果。西汉王朝也通过盐铁官营积累了雄厚的财富。《史记》记载，盐铁官营后，汉武帝巡行全国，"北至朔方，东到太山，巡海上，并北边以归。所过赏赐，用帛百余万匹，钱金以巨万计，皆取足大农"。汉武帝巡行全国的巨额花费中，盐铁收入发挥了主要作用。除了增加政府的财政收入外，盐铁官营的实施还起到了抑制豪强兼并、打击地方割据势力的效果。在盐业自由经营的时期，一些豪门贵族"聚深山穷泽之中，成奸伪之业，遂朋党之权"（《盐铁论》），对中央集权构成严重威胁，而一旦实行了盐铁官营政策，那些豪强贵族、富商大贾被迫停止了盐铁业的经营。由于他们失去了最重要的经济来源，在很大程度上消减了他们结党营私的政治资本，对中央政权的统治无疑是有利的。

总之，桑弘羊主持的官营盐铁其规模之大，经营范围之广，市场容量之高，经济效益之大，是以往朝代均无法比拟的，在他的努力下，因汉武帝劳民伤财扩张政策而导致萎缩的社会经济又重现了生机与活力。桑弘羊的财政思想也对后世有着极为重要的借鉴意义。

唇枪舌剑的民生大辩论

　　盐铁官营等经济措施虽然适应了当时巩固王朝政权的需要，也为王朝奠定了坚实的经济基础，但也存在很多弊端。再加上这些经济措施剥夺了地方诸侯和富商大贾的既得利益，势必会引起他们的强烈不满和反对。在这样的历史背景下，中国古代历史上第一次关于国家大政方针走向的大型辩论会——著名的"盐铁会议"应时召开了。

　　盐铁会议无疑是中国历史上浓墨重彩的一笔。朝廷重臣和"贤良文学"面对面平等地讨论国家财政政策。这些儒生（贤良文学）虽然并非出自贫民阶层，但也对民间疾苦深有了解。朝廷重臣也未以权势压人，耐心详细地向儒生们解释了各项财政政策制定的理由和背景、具体执行情况及取得的成效；作为民间代表的贤良文学之士也不畏权贵，勇于表达自己的意见，与官员展开针锋相对的激烈辩论。双方你来我往，互不相让，这场热烈的辩论持续时间长达五个月之久，而且在会议结束后，辩论之余音犹在。

　　围绕着盐铁官营政策，贤良文学之士的批评意见主要是：其一，盐铁官营给百姓生活带来了诸多不便与困难。比如官营盐铁的价格昂贵，许多贫民根本买不起，所谓"盐铁贾贵，百姓不便。贫民或木耕手耨，土耰（yōu）啖

汉代制盐画像砖

食"。耨是一种用来锄草的农具。耰是用来弄碎土块、平整田地的农具。意
思是官营盐铁价格昂贵，百姓无法负担。有的贫苦农民用木棍耕地，用手除
草，用土块砸土块，而且吃不起食盐。其二，某些盐、铁生产的布点并不合

理，以致造成运费昂贵和劳动力使用的浪费。众所周知，煮盐所在之地，必须是有盐池的地方。煮盐工场的部署，通常只可能设在交通极不方便的深山岩穴之中。这样，生产出来的盐要转运出来，势必会增加盐制品的运费，而转运的难度也很大。这就是贤良文学之士所说"盐冶之处，大傲皆依山川、近铁炭，其势咸远而作剧。郡中卒践更者，多不勘，责取庸代。县邑或以户口赋铁而贱乎其准，良家以道次发僦运盐铁，烦费，邑或以户，百姓病苦之。愚窃见一官之伤千里，未睹其在胸邘也"。大意是说煮盐、炼铁的地方，一般都依傍深山大川，靠近铁矿燃料，这些地方大都偏僻遥远，劳动艰苦。各郡轮流服役的更卒大多不能忍受，只能出钱雇人代工。……出钱雇车雇人转运盐铁，既麻烦，耗费又大，百姓对此深感痛苦。我们只见到一个盐铁官伤害了千里之内的百姓，没有看到胸县邘氏带来了什么祸端。

总之，贤良文学之士说盐铁官营是民生疾苦的根源，力主废除盐铁官营。而以桑弘羊为代表的朝廷重臣则坚持不能废除盐铁官营政策，虽然桑弘羊也承认，盐铁官营确实具有各类弊端，如"吏或不良，禁令不行，故民烦苦之"。可见，桑弘羊也并未讳言官营盐铁存在着弊端，只不过认为这主要是有些官员能力不足或不愿认真执行政府的财政政策所致。也就是说，他认为盐铁官营的负面影响主要是由于官僚体制中不负责任、效率低下、徇私舞弊的痼疾。尽管存在弊端，但桑弘羊坚持认为官营盐铁是政府财政收入的主要来源，不仅可以支撑庞大的军费需求，而且赈济灾害、兴修水利等方面的经费也要依靠官营盐铁的收入。此外，官营盐铁能有效地预防地方豪强势力的膨胀，使其缺乏与中央抗衡的经济资本，对于巩固中央集权来说无疑具有重要作用，因此，是绝对不可以放弃的。这场激烈的民生大辩论的结果是朝廷仅仅罢去了郡国酒榷和关内铁官，其他各项政策仍维持不变。

文君当垆

　　史籍记载，卓文君为西汉临邛富户卓王孙的女儿，她容貌动人，通晓音律，极富才情。某日，卓文君在宴会上遇到著名辞赋家司马相如，两人一见倾心，私订终身，文君遂跟随司马相如离家私奔。后因生活窘迫，两人又返回到卓家所在的临邛，变卖车马，买一酒店，"……文君当垆。相如身自着犊鼻裈（kūn），与保庸杂作，涤器于市中"。当垆为卖酒之意。犊鼻裈是仅以一幅布缠于腰股之间的短裤，是社会下层劳动者劳作时所穿之裤。根据《史记》记载可知，大文豪司马相如要与雇用的酒保一起劳作洗涤酒器，大才女卓文君则负责在店堂卖酒。得知两人情境的卓王孙无奈之下，不得已赠送女儿钱财，有了钱财后，相如、文君又回到了成都，置田买屋，成了当地的富户。

　　汉代人嗜酒之风炽盛，所谓"有礼之会，无酒不行"，没有酒就无法待客，不能办筵席。所以酒的需求量很大，酒业生产规模相当可观。《史记·货殖列传》记载：通邑大都有"酤一岁千酿""浆千甔"的大型酒作坊，有些大酒商由此成为"亦比千乘之家"的巨富。如史籍记载，西汉时在长安就出现了像赵君都、贾子光等经营酒肆的财力雄厚的"名豪"。《列仙传》中也记载梁市的一酒家可"日售万钱",其经济收入相当可观。这些大型酒坊一般集中在通邑大都,因销售额巨大,其生产一般雇用酒保或家奴。他们的产品主要供给官僚贵族。《汉书》记载,魏其侯窦婴准备宴请当朝丞相田蚡时,"与夫人益市牛酒",以他们的身份地位,自然光顾的不会是街边小肆,而是大酒商经营的大型酒坊。河北满城中山王刘胜夫妇墓出土了33口高达70厘米的大陶酒缸,推测这些酒缸内的存酒原应有5吨左右,数量如此庞大的酒应该也是来自一些大型酒坊。

为了追逐可观的酒利,也有贵族官僚或地主染指私营酒业。《汉书·赵广汉传》载,汉宣帝时,赵广汉为京兆尹,在霍光之子霍禹家中搜出了"私屠酤"的容器。而赵广汉的门客也倚仗着权势,在长安市上"私酤酒"。东汉豪强地主往往也在自己田庄内酿酒,如内蒙古和林格尔汉墓壁画中可以看到田庄酿酒的图画。官员或地主私酿之酒除了满足自身享乐需求外,绝大部分用于出售牟利。

明人画作《千秋绝艳图》中的卓文君

胡姬酒家

私营酒业的经营者除了富商大贾、兼营工商业的贵族官僚和地主，还有一些小手工商业者。小型私营酒肆一般集中于乡镇的市集之中，经营者多为小手工业者。这类酒肆一般为自酿自销，他们既要充当生产者也要作为销售者，兼有小手工业者和小商人的双重身份。有些规模更小的酒肆经营者为节约成本，都亲自参与酒的酿造，不雇用酒保。《后汉书》记载，东汉崔寔为厚葬其父，"资产竭尽，因贫困，以酤酿贩鬻为业"。像崔寔这样的经济状况，显然是雇不起酒保的。

乡村中也有小型酒馆。《汉书·高帝纪》载，沛县丰邑就有王家和武家两座酒馆。汉高祖刘邦做亭长时，常常从这两家酒馆赊酒来喝，而且往往在酒醉之后，留宿于此。这说明，秦汉时期的某些乡村酒馆提供赊账和食宿服务。值得注意的是，这两家酒馆的老板都是女性，一个称作"王媪"，另一个称作"武负"。"媪"是汉代对老年女性的称呼，比如汉高祖刘邦的母亲就被称为"刘媪"，由于秦汉时期的妇女多冠夫姓，"王媪"应该指的就是"老妇王氏"。至于以"负"为名者，以前很多学者认为"负"也为老妇之称，但据肩水金关汉简的记载，有一名五岁的小女孩也名叫"负"，这说明"负"字并不是老妇专用名，年轻女性也可名作"负"。

秦汉时期，虽然社会上仍然存在"男尊女卑"的思想观念，但女性的地位相较后世而言还是很高的，她们不仅可以当户主，还可以和男性一起外出参加宴会，拥有爵位和财产继承权。史籍记载的从事商业的女性有不少：秦朝巴寡妇清是历史上鼎鼎大名的女商贾。《史记·货殖列传》记载，清之先"得丹穴，而擅其利数世，家亦不訾"，清"能守其业"。睡虎地秦简《日书》也有"庚寅生子，女为贾"的记载，说明在当时人的眼中，被后世视

汉代酒肆画像砖

为"抛头露面"的行商坐贾也是女性可以从事的平常职业。甘肃武威磨咀子汉墓出土的《王杖诏书令》简册，其中有关于老年女子经商有所优待的条文："女子年六十以上毋子男，为寡。贾市毋租。"即年龄在六十岁以上没有儿子的老年女性称为"寡"，可以享受政府不征收市租的优惠。可见，当时像"王媪"一样的老年妇女经商的情形并不少见。东汉末年曾经发生过汉灵帝在宫中设置模拟市场的著名故事。《后汉书·孝灵帝纪》记载，光和四年（公元181年），"帝作列肆于后宫，使诸采女贩卖，更相盗窃争斗。帝着商估服，饮宴为乐"。虽然只是后宫游戏，然而"诸采女贩卖，更相盗窃争斗"自然是对当时市间列肆中有女子"当垆""贩卖"情景的模拟再现。

汉乐府《羽林郎》曰："昔有霍家奴，姓冯名子都。依倚将军势，调笑酒家胡。胡姬年十五，春日独当垆。……就我求清酒，丝绳提玉壶。就我求珍肴，金盘鲙鲤鱼。"大意是以前有个霍家的奴才，名叫冯子都。他是仗势欺人的豪门恶奴，倚仗着霍家将军的权势，调戏一位卖酒的少数民族女子。胡姬今年十五岁，在明媚春光的映衬下，独自守在店堂卖酒。……客人向她要清酒，她就用丝绳提着酒壶为其倒酒。客人要珍奇的佳肴，她就用金盘端上鲤鱼片。文史学者葛承雍先生对这首乐府诗曾有过精彩的评论：这首长诗既描写了当垆胡姬的绝世容姿，也刻画出冯子都等恶奴仗势欺人的丑恶嘴脸，更重要的是反映了汉长安城内胡人经营酒肆的独特风情——"酒家""清酒""玉壶""金盘"等。特别是"酒家"这一名称首次出现，贴切而雅致，冲淡了酒作为商品出售的气味，给人一种宾至如归的温馨感，所以汉晋以后"酒家"逐渐代替了"酒肆"的叫法，这也正是中国人超感官的灵气的体现。

民间私营的酒肆、酒坊也要按时纳税，其所交税租属于市税的范畴。《商君书·垦令》曰："贵酒肉之价，重其租，令十倍其朴。"商鞅主张征收高额的酒税，税率为成本的十倍，目的在于重农、抑末、禁奢。但这种税率是否真的施行过，尚无从考证。秦汉时期的酒税究竟是多少，从上述史籍中的霍光之子霍禹及赵广汉的门客"私酤酒"的事例可以推想当时的酒税应该不低。

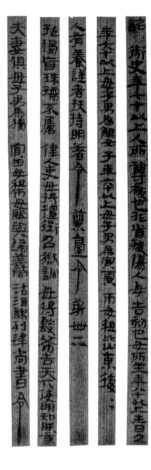

甘肃武威《王杖诏书令》简册

靡谷禁酤

酒在最早出现时，并不具有什么特殊意义，只是满足人们需要的普通饮品。而当酒被赋予祭祀功能后，它的地位就迅速提高，尤其在夏、商、周三代，臣下得到王上赏赐的美酒，是一种荣誉的象征。久而久之，酒在很大程度上就成为专用之物。据《周礼》记载，周王朝有专门的职官管理诸酒事宜。"酒正"负责供给天子所用饮料和祭祀用酒，还要掌管酒的颁赐，按法则行事。"酒人"则直接负责"五齐三酒"的酿造，提供祭祀和礼宾所用的酒品。由于酒在祭祀中的重要地位，先秦时期的统治者应该都曾对酒的酿造和经营进行过控制和管理。

秦祚虽短，但法令苛严。湖北云梦睡虎地秦简中有关于禁止民间卖酒的禁令，规定由各地管农业事务的地方小吏田啬夫和各乡的部佐监督，违禁者治罪。秦汉时期是"非酒不行"的时代，除了平时田间劳作外，逢年过节、婚丧嫁娶、酬神祭祀、送礼待客等场合，饮酒都是不可避免的，所以在实际生活中，禁酒令的推行效果可能不佳，这一点可从史籍记载的众多像刘邦、郦食其一样的秦末酒徒得以窥见。

西汉初年，因反秦起义和楚汉战争造成的连年战乱，人口土地锐减，农业的恢复发展成为当时最为紧迫的任务。酿酒会耗费大量的谷物，所以政府对酿酒和饮酒的控制相当严格。《汉书·文帝纪》记载："间者数年比不登，又有水旱疾疫之灾，朕甚忧之。……无乃百姓之从事于末以害农者蕃，为酒醪以靡谷者多，六畜之食焉者众与？"在灾荒之年，粮食歉收，大量酿酒势必会威胁到普通百姓的温饱问题，所以政府下令"禁酤"也在情理之中。西汉文帝、景帝时期以及东汉和帝、桓帝时期均因为旱涝等天灾因素，颁行过"禁酤"令。但是，禁酒令毕竟只是权宜之计，一旦天灾过后，粮食生产恢复，政府就会解除禁令。

武帝榷酒

汉武帝时，为了满足战争的巨大花费以及统治阶级奢侈生活的需要，酿酒权和销售权再一次被官府所控制。天汉三年（公元前98年），汉武帝颁布了一项诏令"榷酒酤"。榷酒是由当时大司农桑弘羊及其同僚所创设，与禁酒政策完全不同。考察其本义，《广志》云，"独木之桥曰榷，亦曰彴（zhuó）"，榷是独木桥的意思。榷酤，据应劭和韦昭的解释，"县官自酤榷卖酒，小民不复得酤也""以木渡水曰榷。谓禁民酤酿，独官开置，如道路设木为榷，独取利也"。从以上解释可知，"榷酒酤"就是官方控制酒的生产和流通，对酒实行专酿和专卖，其实质是由官方专收酒利，禁止民间酿酤。汉武帝时期实行的"酒榷"和盐铁专卖等政策是一脉相承的，其目的都是为了增加国家收入，缓解财政吃紧的问题。汉武帝去世后，汉昭帝即位，他召开了历史上著名的"盐铁会议"。盐铁会议的结果是在桑弘羊等人的坚决反对下，盐铁专卖政策被保留，酒榷被取消了。自此直到西汉末年，民间又可以经营酿酒业。王莽时期，再度实行榷酒政策，具体做法是：酒由国家专营，派"酒士"监督。扣除米曲成本之后，以其收入的三成支付酿造费用，七成归官府。新莽而后的东汉时期，虽数次因荒年短暂禁酒，但已不再施行酒榷政策了。汉代的酒榷，对后世的酒业政策也产生了深远的影响，唐、宋、元三代都曾在全国大规模地推行过酒榷制度。

汉武帝和王莽时期的官营酒业规模大、产量高。东汉卫宏撰、清代辑录的《汉旧仪补遗》中记载："太官主饮酒，皆令丞治，太官、汤官、奴婢各三千人置酒……"通过人数就可以看出，官酿的作坊生产规模大，与民间酒肆有天壤之别。官酿的产品，不仅要供皇室贵族享用，还要作为赏赐品赐予官员和百姓。汉政府曾经多次在全国范围内赐民牛酒，其使用量是相当巨大的。官营期间，其产品还要销往民间赢取利润。如前所述，王莽时期，政府收取高达七成的酒利，用以充实国库，负担边境开支。

要言之，秦汉时期，嗜酒之风炽烈，酒的需求量很大，私营酒业的发展欣欣向荣。秦汉时期曾施行过三种禁酒政策，三种政策施行的原因各不相同。"禁群饮"的目的是防止聚众闹事，维持社会安定；"禁酤"出于在灾荒之年节约粮食，保障百姓温饱的需要；"酒榷"则是为了获得巨额酒利，扩大政府的财政收入来源。有汉一代，酒禁与酒弛政策轮番上演，其深层次原因在于礼与法、官与民之间的力量博弈。

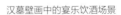

汉墓壁画中的宴乐饮酒场景

地域食俗

中国疆域辽阔、民族众多，不同地域的气候、自然环境与物产存在着较大的差异，加之风格迥异的各民族饮食文化的汇入，使得中华饮食文化呈现出创新融汇的特殊魅力！在秦汉帝国的广袤疆域内，不同地域延续并保持着各自的饮食风习。司马迁和班固曾对汉代各地民风做了细致的记录，彭卫先生在《秦汉风俗》一书中将汉帝国划分了十余个较大的文化风俗区域。笔者根据彭卫先生的阐述，制成下表。

汉帝国的文化风俗区

名称	地域范围	文化特征
秦风俗区	秦地指的是战国末年秦完成对六国征服后前秦的故土，即以今陕西关中为核心，包括陕西、甘肃、四川绝大部分地区	世家好礼文，富人商贾为利，豪杰游侠通奸，平民民风淳朴
西北风俗区	关中地区向西和北延伸的北地、上郡等地，即今陕西北部及甘肃等地	民风强悍质朴，崇尚武力

名称	地域范围	文化特征
巴蜀风俗区	巴蜀地区	生活富足，喜好享乐，柔弱怯懦，轻佻狭隘
魏风俗区	河东与河内等地，即今河南北部和山西西南部地区	民风刚强，蔑视礼义，豪强纵横乡里
韩风俗区	包括今河南新郑、淮阳、南阳、颍川等地	崇尚奢侈，崇尚勇力，男女交往松弛
赵燕风俗区	今河北、辽宁、朝鲜北部等地	地薄人众，矜夸功名，报仇过直，民风彪悍，不事农商
齐鲁风俗区	今山东东北部	好经学，矜功名，夸奢朋党，言与行缪，任侠好客
宋风俗区	今山东、河南、江苏交界	多君子，好稼穑
卫风俗区	今河北、河南之间	民风强悍，崇勇尚侠，生活奢靡
楚风俗区	今湖北、湖南、汉中及河南东南等地	火耕水耨，饭羹稻鱼，笃信巫鬼，性情急躁
吴越风俗区	江苏、浙江、江西以及安徽南部等地	崇尚武力，民风强悍
粤风俗区	今两广和越南北部	迷信鸡卜、剪发文身，善舟习水、干栏巢居，凿齿之俗、蛇蛙崇拜

　　上述十余个较大的文化风俗区的饮食文化之间既相互影响，又各有不同，以下就几个范围较大的饮食文化区域进行简单分析。

好本稼穑，家衍人给：中原

中原地区有广义、狭义之分。广义指的是华北大平原，狭义指的是以洛阳为中心的三河地区，相当于今天的河南省所属范围。河南古称中州，不仅是"山环水抱"的风水宝地，更是中华文明的发祥地。

中原地区是汉代重要的农业区，《淮南子》和《南都赋》对中原地区的地质和植被有过"宜禾""菽麦稷黍，百谷蕃庑"的评价。意思是中原地区非常适合谷物的种植，大豆、小麦、小米、大黄米等各类谷物长势茂盛、品种多样。除了优越的自然地理环境适宜农作外，《汉书·地理志》记载，这里的人文环境也是"多君子，好稼穑"。《盐铁论》记载这一地区"好本稼穑，编户齐民，无不家衍人给"。意思是中原地区的人喜欢务农，努力耕种，凡编入户籍的平民，无不家家富裕、人人丰足。

中原地区粮食作物种类繁多，如洛阳地区出土的陶仓上写有"粟""粱粟""粱""大豆""麻""麦""小麦""大麦""黍米""白米""稻""粳"等。居民餐桌上的主食食品以粟、麦、菽为主，以稻、黍、麻等作为补充。主食中尤其值得注意的是稻。先秦以前，北方种植的水稻数量极少，所以水稻尤其珍贵。《周礼》在记载周天子的饮食时，首先提及的粮食便是"稻"。秦汉时期，水稻在中原地区的种植开始发展起来，尤其是东汉时期，中原地区水稻的种植取得了突破性进展。据《后汉书》记载，汝南太守邓晨"兴鸿郤（xì）陂数千顷田，汝土以殷，鱼稻之饶，流衍它郡"。意思是邓晨主持开垦鸿郤陂几千顷土地，汝南郡因此富裕，鱼米丰饶，物产转运其他郡县。又载南阳太守杜诗"造作水排，铸为农器，用力少，见功多，百姓便之。又修治陂池，广拓土田，郡内比室殷足。时人方于召信臣，故南阳为之语曰：'前有召父，后有杜母。'"召信臣为西汉人，历任南阳太守、河南太守等职，为官期间，对当地的水利和农业生产有特殊贡献，因而受到当地百姓的拥戴，被誉为"召父"。这段话的意思是杜诗担任南阳太守时，发明了水排（水力鼓风机），以水力传动机械，使皮质的鼓风囊连续开合，将空气送入冶铁炉，铸造农具，用力少而见效多。他还主持修治陂池，广开田池，使郡内富庶起来。由于杜诗在水利和农业生产方面取得了和他的前任——西汉南阳太守召信臣一样卓著的功绩，所以百姓们将此二人分别称为"杜母"和"召父"。这也是后世称"爱民如子""为民做主"的地方官为"父母官"的典故出处。

东汉后期，中原地区不仅成为稻米的重要产区，而且出产闻名全国的优质稻米。《艺文类聚》记载，曹丕曾对中原所产的优质稻米大加赞赏，他说："江表惟长沙名有好米，何得比新城粳稻邪？上风炊之，五里闻香。"意思是南方长沙地区的好米怎么能比得过新城（今河南伊川南）所出的粳稻呢？新炊的新城稻米的馨香可飘至五里之外。

稻、粱，出自日本江户时代细井徇撰绘《诗经名物图解》

汉代常见的蔬菜种类在中原地区均有发现。张衡《南都赋》中罗列了处于长江流域边缘的南阳地区盛产的众多蔬菜，如菱芡、蘘荷、蓼、韭、菁、苏、姜、笋。《南都赋》记载的果品种类有甘蔗、樱桃、梅、柿、梨、栗、枣、石榴、橘、橙等。中原地区的居民主要食用的果品为枣、瓜、桃、李、柿等。如洛阳新莽墓出土的陶仓上书有"枣"字。"宛中朱柿"和"房陵缥李"也是享誉国内的中原地区名优果品。

与其他区域相比，中原地区人们的肉食品来源丰富，除了常见的猪肉、鸡肉、羊肉和鱼肉外，各种资料表明，鳖、龟、螺、鸽、乌鹊、蝎子、蜥蜴、老鼠、蝉等也是中原地区人们的肉食品。如河南地区出土的陶灶灶面上印有蝎子、蜥蜴、老鼠等动物，印在灶面上肯定是与食物相关。此外，河南汉画像砖上还有捕蝉的场景，看来蝉也是汉代中原地区人们喜食之物。

总之，曾作为京畿之地的中原和关中地区一样，都是汉代重要的农业区，由于其重要的政治、经济地位，因此享受着其他区域不能比拟的政策福利，从而成为全国享有一流饮食水平的地区。

汉代带壁橱陶灶，现藏于河南博物院

多食牛羊，饮乳食酪：西北

西北地区涵盖甘肃省、宁夏回族自治区、青海省和新疆维吾尔自治区（简称甘、宁、青、新）。著名的丝绸之路从以上四省区经过，因此作为文化交流的首惠地区，西北地区成为中外饮食文化交流的前沿阵地。

西北地区的黄土高原是中国古代农业文明的重要发祥地，是传统的麻、黍、稷、麦、菽等谷物的种植区。尤其值得关注的是，在新疆吉木乃县通天洞遗址（"2017年中国十大考古新发现"之一）中，考古学家们浮选得到了炭化的小麦、青稞，测定年代距今5000年至3500年，这是目前中国境内发现的年代最早的小麦遗存。小麦是世界上普遍种植的粮食作物，原产地为两河流域。小麦在西北地区的广泛种植与推广，对整个中国饮食文化的发展有着十分重要的意义。秦汉时期，践碓、石磨等谷物加工工具的发明推广以及面食制作方式的输入，把小麦的食用价值大大地提高了，中国饮食文化由"粒食文化"进入"粉食文化"，开启了小麦逐渐取代黍、粟主食地位的时代。

汉代西北地区的粮食作物品种丰富，居延汉简的记载中有粟、麦、穬麦、黍、糜、黄米、稷米、豆、胡豆等。其中，粟、麦、糜的出现频率较高，多见于边地戍卒的廪食簿中。这与史籍记载的"西地宜黍"的说法相

通天洞遗址出土的小麦籽粒

吻合。有学者认为发迹于西北地区的大秦帝国的名字"秦"即与黍有关,秦本为地名,是盛产黍的地方,位于今甘肃省张川县城南一带。相比之下,稻米的数量和出现次数在居延汉简中则很少。但西北地区也是有水稻种植的。比如有着"塞上江南"美誉的宁夏地区除了传统的谷物生产之外,还种有水稻。青海位于青藏高原,粮食作物以传统的小麦、青稞为主。总之,西北地区居民的主食多以杂粮为主。

西北地区由于是半农半牧区和畜牧区,饮食风俗独具特色,肉食的比重高于中原地区,主要食用牛、羊等大型牲畜。1990年出土于敦煌悬泉置遗址的《长罗侯过悬泉置费用簿》是汉宣帝元康五年(公元前61年)悬泉置接待长罗侯军吏的一份账单。长罗侯常惠，是活跃在汉武帝、汉昭帝、汉宣帝三朝的外交活动家。早年曾跟随苏武出使匈奴，被囚十九年后返回汉朝，因"明习外国事，勤劳数有功"，屡获升迁。汉宣帝本始三年（公元前71年），常惠指挥乌孙兵与汉兵分五路攻打匈奴，因功封"长罗侯"。随后，他还指挥军队成功地营救出被匈奴围困在车师的汉侍郎郑吉。常惠一生，六至乌孙、一伐龟兹，为汉王朝边疆的稳定立下了汗马功劳。常惠一生的主要活动轨迹都在西域。因此，常惠及其军吏自然是"悬泉置"的"常客"。敦煌汉代悬泉置遗址，地处今瓜州（原名"安西"）县与敦煌市之间，是汉代东西交通的必经之地。《长罗侯过悬泉置费用簿》记载了悬泉置为长罗侯军吏准备了"羊五"和"牛肉百八十斤"以供食用，这种大量肉食的消耗在中原地区是难以想象的。

与羊、牛的大量食用形成鲜明对比的是，猪肉在秦汉时期西北地区居民的餐桌上比较罕见，主要证据为：其一，居延汉简中可以确定为猪肉的记载少之又少；其二，西北地区秦汉墓葬出土的陶灶上模印的基本都是牛头或羊头，不见猪头。除了牛、羊外，西北地区居民也食用狩猎得来的鹿、野兔、野羊等。《汉书·地理志下》记载，安定诸郡"皆迫近戎狄，……以射猎为先"。晋人张华在《博物志》中也有"西北之人食陆畜"的记载。西北地区居民的另一肉食爱好是动物下水。居延汉简和肩水金关汉简中均有边地戍卒买卖头、颈、肚、肝、肺、肠、肾、胃等动物下水的记载。肉食品方面，鱼的数量似乎异常庞大。前文也详述了居延汉简中记载的一桩涉及五千条鱼买卖纠纷的案例，如此大量的贩鱼记载表明汉时河西地区的渔业资源比较丰富。两千多年前的汉代陇西诸郡的自然地理环境与今日不太一样，不仅有河流，还有各种内陆湖泊，如休屠泽、居延泽、冥泽等。所以，当地居民的餐桌上是经常有鱼可以食用的。

由于气候干燥寒冷，西北地区居民食用的蔬菜以辛味为主，主要包括葵、韭、葱、姜、萝卜等。如居延汉简记载了一条"卒宗取韭十六束"的简文，即戍卒宗从相关部门取走了分配给若干人等的韭，这反映了西北边地戍卒平日蔬食中食韭的情形。甘肃泾川汉墓出土的陶灶上印有萝卜的浮雕，说明萝卜也是西北地区居民经常食用的一种蔬菜。与其他区域相比，西北地区的果品种类比较单一，主要是枣、瓜和奈等。据说，甘肃省酒泉市瓜州县的得名原因就是盛产美瓜，相传西汉时张骞受命出使西域，行至安西忽染重病，卧床不起，多方求医无效，后经一江湖郎中诊脉后说张骞所染之病系心火上泛，食用当地特产之瓜便可治愈。张骞吃瓜后，果然病很快痊愈，所以当张骞完成使命回到长安后，念及因瓜获救一事，便亲自将此地起名"瓜州"。

魏晋放牧图画像砖

　　总之，复杂的地形环境和典型的大陆性气候，使西北地区形成了以平原、绿洲为代表的农业经济以及以山地、草原为特色的牧业经济，两者共同构成了西北地区多姿多彩的饮食文化。由于气候寒冷，居民主要从事畜牧业活动，西北地区居民较其他地区更嗜饮酒，对牛、羊乳的饮用也比中原普遍得多。所以，多食牛羊、饮乳食酪是西北地区饮食文化的突出特点。

沃野千里，食俗奢侈：巴蜀

巴蜀地区大致相当于今天的四川和陕西南部地区。秦汉时期，一方面，都江堰水利工程的成功，促进了西南地区的经济中心——巴蜀之地农、牧、渔、副业的发展，为蜀地饮食丰足提供了物质基础，使成都平原有了"天府之国"的美称。《后汉书·公孙述传》记载"蜀地沃野千里，土壤膏腴，果实所生，无谷而饱"，得天独厚的生态环境，为饮食文化的发展提供了丰富的物质基础。另一方面，中原人口大量进入蜀地，与四川盆地腹心地带的原巴蜀土著居民逐渐融合。

不同地区的地理环境以及多民族聚集杂居使得巴蜀经济呈现多样化的发展形态。成都平原地区土质优良，以农业为主，池塘养鱼业也很发达，手工业生产在该地占有重要地位。巴蜀盐井是我国第一批盐井，在全国盐井史上有开创先河的意义。成都是盐业集中之地，该地区出土的"盐井"画像砖，生动地刻画了汉代巴蜀地区的井盐生产的完整流程。此外，广汉生产的漆器闻名天下，是秦汉时期饮食器具文化的杰出代表。川西北高原地区的居民主要是氐人和羌人等，他们过着以放牧、狩猎为主的生活，其经济类型属于牧业经济。中部丘陵地区的主要居民是巴人，这一地区农业和园圃经济十分发达。根据《僮约》的记载可知，当时该地对奴仆所规定的活计种类繁多，如种姜养芋、种瓜作瓠、别茄披葱、焚槎发芋、园中拔蒜、池中掘荷、收芋窖芋、拾栗采橘等，这些记载反映出川中地区农作物及果木品种极为丰富。川东、川东北地区的居民仍以巴人为主，他们入江河捕鱼，没有或很少人工养鱼。此外，狩猎和农业在他们的生活中也占有重要地位。所以说，这一地区渔、猎、农三种经济并驾齐驱。

巴蜀地区土地肥沃，降水量充足，气候湿润，有着适宜于农业发展的良好自然环境。秦灭巴蜀后，牛耕迅速传入巴蜀，极大地提高了农业生产效率。再加上水利发达，使得巴蜀地区的水稻产量一直处于高位。巴蜀百姓主要食用稻米，作为补充的还有麦、粟和芋。麦也是巴蜀地区重要的粮食作物。秦汉时期的巴蜀地区已经流行将麦磨成粉状后再加工食用。史籍记载，汉武帝时，朝廷曾把巴蜀地区的粟调往江南，用于赈济当地的灾民。此外，芋也是巴蜀居民的主食之一。如前述《僮约》中记载的田园劳作包括焚槎发芋、收芋窖芋等。

与繁荣的农业经济并重的是发达的渔业经济。据《华阳国志》记载，"（巴蜀之地）有盐井、鱼池以百数，家家有焉，一郡丰沃"。又《汉书·地理志》载，巴、蜀、广汉"民食稻鱼"。鱼是巴蜀居民的主要副食，当地池塘堰湖数以万计，大都用于养鱼，川东、川东北地区的居民则入江河捕鱼。虽然随着家庭畜牧业的发展，鸡、牛、猪等也见于巴蜀居民的餐桌之上，但鱼类和其他水产类动物却是巴蜀地区居民饮食生活中更常见的肉类食品。

蔬果方面，巴蜀地区不仅有黄河流域常见的蔬菜，如姜、葱、瓠等，还食用莲藕等水生类蔬菜。如在四川出土的汉代水田模型中有莲蓬，说明莲藕也是当地居民的蔬菜。巴蜀地区的果品资源极其丰富，如柚、橙、枇杷、荔枝、甘蔗、菱角、甜瓜、桃、李、梨、柿、樱桃、柰等，其中，橘子是最具

汉代渔猎画像砖

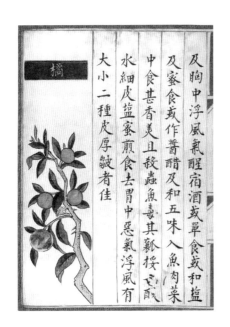

橘，出自明代宫廷写本《食物本草》

代表性的果品。据《汉书·食货志》记载，巴蜀之地种植有"千树橘"者，富比"千户侯"。资料显示，当地官员常把橘子作为馈赠佳品奉送给上级官吏。汉传世玺印中有"严道橘园"印，与史籍记载中的巴郡设有橘官相吻合，因蜀地所产之橘颇为有名，以至朝廷专设职官用于转运全国。

2018 年，考古学家们在山东济宁邹城市邾国故城遗址西岗墓地 1 号战国墓随葬的原始瓷碗中，发现了疑似煮（泡）过的茶叶残渣，如果确系茶叶，则此为目前已知世界上最早的茶叶遗存，将世界茶文化起源的实物证据提前了至少三百年。而中国历史上关于茶事的最早记录者为秦汉时期的巴蜀人，如西汉成都人司马相如撰写的《凡将篇》中就有茶的记载，资中人王褒所撰《僮约》对于中国茶史的研究具有极为重要的意义。从《僮约》中"武阳买茶"的记载来看，气候温和、土地肥沃的巴蜀地区自古盛产茶叶。汉时，蜀中以产茶闻名的地区已有数处，并已开始形成不同的地方品种。清人顾炎武《日知录》中记载"自秦人取蜀而后始有茗饮之事"，可知秦汉时期巴蜀地区饮茶之风已很普遍。

战国墓葬中出土的茶叶遗存

除了蜀茶外，巴蜀之地还出产了很多享誉当时的饮食名品，如"枸酱""蜀姜""蜀椒"等。汉武帝时的中郎将唐蒙被誉为"西南丝绸之路"（又名"南方丝绸之路"）的开拓者。而他的飞黄腾达竟然源于一份来自蜀地的枸酱。据《史记·西南夷列传》记载，唐蒙在南越国意外地吃到了疑似来自蜀

西汉王褒《僮约》书影

地的枸酱，警觉的他马上询问枸酱的来历，对方答说这蜀地的枸酱是经牂牁（kē）江直接运至番禺的。唐蒙对此言半信半疑，当他回到长安后，继续追问来自蜀国的商人，商人的回答使唐蒙终于确信在南越国吃到的枸酱，确是经牂牁江从夜郎国运至南越国。于是，他立即上书汉武帝建议开通夜郎道。汉武帝听完立即同意，由此有了后来汉武帝置犍为（qián wéi）郡以及兴师沿牂牁江攻打南越国之事。除了"枸酱"外，"蜀姜""蜀椒"也是鼎鼎大名的蜀地特产。《后汉书》记载曹操食鱼，发出"恨无蜀中生姜"之感慨，均可证明蜀姜的地位。《后汉书》引《蜀都赋》注曰"岷山特多药，其椒特多好者，绝异于天下之好者"，可知蜀地之椒确实品质上乘。蜀椒除了作为烹饪调料外，也能入药，史籍记载，秦地所产之秦椒和蜀椒虽均能入药，但蜀椒更胜一筹。

《史记》中关于"枸酱"的记载

汉代中后期，由于关梁开放，山泽弛禁，物产丰饶的巴蜀之地涌现出众多富商巨贾。当时的成都也是西南地区最大最繁华的商业城市。繁荣的都市与大量聚集的富商，催生了奢侈的宴饮之风。扬雄在《蜀都赋》中，详细描述了汉时巴蜀地区的烹饪原料、技艺、筵宴及食俗特点。从此赋可知，巴蜀之地的食材种类极其丰富，除了丰盛的五谷外，蔬菜类食材有嫩芦苇、茭白、嫩豆叶、香蒲、菱角和莲藕等，调味品有茱萸、姜、蒜等；肉食类食材不仅有本地所出的山珍海味，如獐、鹿、野鸭、野鹅、竹鼠、鸿雁、仙鹤、鳝鱼、水蛇、大鳖、蚯蚓、龟、鲵鱼等，还有从江东运来的河豚、鲍鱼以及陇西盛产的牛、羊。这些山珍海味水陆杂陈，豪华奢侈令人咋舌。除了食材奢华外，饮食器具也十分精美华贵，如《盐铁论·散不足》中提及"金错蜀杯"，即嵌错金花的蜀竹木漆杯。巴蜀地区这种奢侈的"宴饮"之风在四川地区出土的汉代画砖中多有反映。尽管巴蜀地区下层百姓无法过上富商巨贾的奢侈饮食生活，但与其他地区百姓相比，《汉书》提到的该地区"亡凶年忧，俗不愁苦"的生活也足以令人羡慕，而巴蜀百姓们热衷于享受悠闲安逸的生活的民风一直影响至今。

饭稻羹鱼，喜食海鲜：东南

东南地区主要是指岭南和闽台两大区域，其中"岭南"指今粤、桂、琼三地。这两大区域均具有海洋文化的特点，饮食文化风格也相近。东南地区气候湿润，降水充沛。这里有高山密林，也有溪涧岩壑，有沃野平原，也有海滨湿地，得天独厚的自然条件，孕育了丰美富足的物产资源。此外，由于濒临海洋，是对外开放的门户，东南地区自古以来就与世界各国贸易往来密切，其中广州、泉州更是"海上丝绸之路"的发祥地、国际贸易的港口都市。特殊的地理位置以及得天独厚的自然环境，使东南地区的饮食文化异彩纷呈，在中华饮食文化中占有重要地位。

公元前221年，秦统一六国后，继续南征，开启了统一东南的战争，东南地区遂纳入秦帝国管辖范围，这对东南地区经济和文化的发展产生了重大影响，也使东南地区的饮食文化有了广阔的发展前景。其一，东南地区从原始的酋长部落社会进入封建社会，加速了东南地区的文明进程。大量中原汉民族迁入东南地区，带去了经济发展所需的大量劳动力、先进的生产工具与技术等，使东南地区在农业生产、手工制造等领域有了飞跃性的发展，这为当地饮食文化的繁荣奠定了坚实的物质基础。其二，东南地区古称"百越之地"，少数民族多，族群复杂，饮食风俗大异其趣，所谓"千里不同风，百里不同俗"正是东南饮食文化的真实写照。各民族间的大融合也共同促进了饮食文化的发展，食品加工制作、烹饪技艺也有很大的提升。

《史记·货殖列传》载："楚越之地，地广人希，饭稻羹鱼，或火耕而水耨，果隋蠃蛤，不待贾而足，地势饶食，无饥馑之患。"意思是楚越地区地广人稀，以稻米为饭，以鱼类为菜，刀耕火种，水耨除草，瓜果螺蛤，不须从外地购买，便能自给自足。地形有利，食物丰足，没有饥馑之患。司马迁所记可以说明"饭稻羹鱼"是东南地区民众饮食文化的最大特色。

主食方面，东南地区的居民仍以吃稻米为主。当地的水稻有粳稻、籼稻等多个品种。文献记载表明，东南地区的人们已经懂得如何种植两熟稻了，甚至有的地方出现了三熟稻。两熟稻和三熟稻的出现，大大利用了地力，极大地增加了粮食产量。黍、粟、高粱等中原传统粮食作物在东南地区也有引种。如《汉书》记载，汉武帝平定南越国时，汉军曾经"得粤船粟"，这表明粟在当时也是主要的粮食。此外，东南民众还以薯类作物作为主食的补充。《太平御览》引陈祈畅《异物志》曰："甘薯似芋，亦有巨魁。剥去皮，肌肉正白如肪，南人专食之，以当米谷，蒸炙皆香美。"大意是甘薯的外形似芋头，其中有个头儿特别大的，由于色白如脂且富含淀粉，南方人喜欢将其作为主食食用，无论是蒸食还是烤食，味道都是极佳的。

肉食方面，秦末汉初时，东南地区的畜牧业还十分落后，西汉中后期起，由于农业发展需要大量的畜力和肥料以及大量中原居民的迁入，使东南地区的家禽饲养和畜牧业开始发展起来。在这一时期墓葬的出土器物中，各种泥塑的猪、牛、羊、鸡、鸭、鹅屡屡出现，表明饲养禽畜成为每个家庭必不可少的副业。尽管东南民众也食用各类禽畜之肉，但鱼类及其他水产类动物是东南民众餐桌上常见的肉食品。如《史记·货殖列传》《汉书·地理志》中有越地食"羹鱼""螺蛤"的记载。广州象岗南越王墓中发现不少动物遗骸，其中20%是家禽、10%为野生动物、70%是水产动物，水产动物包括贝类、鱼类、龟鳖等品种，是全国出土水产动物最多的墓葬。这说明南越人已形成喜食海鲜的饮食习惯。以鱼类和水产动物为主的肉食结构具有鲜明的珠江三角洲动物区系的特色，东南人嗜食螺、蚬、蛤蚧、蚌、蚶等海鲜的饮食习惯，也造就了富于地方特色的风味饮食。由于东南地区天气炎热，使他们的饮食中离不开羹汤，因而以鱼做鲜美的鱼汤已习以为常，也就是说米饭、鲜鱼、羹汤是他们日常饮食不可缺少之物。除了嗜食海鲜外，东南民众也爱吃各类野味。南越王墓中出土了两百多只被切掉了头、爪的黄胸鹀（俗称禾花雀），可见，广东名菜"香焗禾花雀"早在两千多年前就已是风靡宫廷的一道名菜了。此外，土著越人还有食蛇之俗。

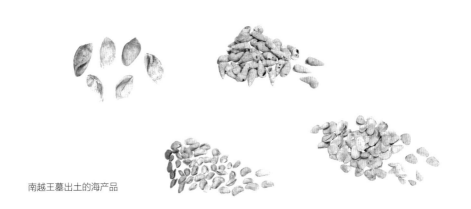

南越王墓出土的海产品

果蔬方面，东南地区四季佳果丰足。秦汉时期，东南地区墓葬中发现了很多人工栽培的瓜果，经鉴定有柑橘、桃、李、荔枝、橄榄、乌榄、甜瓜、木瓜、梅、杨梅、酸枣等，反映出当地的园圃业非常之盛。所以史籍上才有"不待贾而足"的说法。其中，岭南荔枝名满天下，广东的从化、增城、东莞是中国荔枝主要产地。这三个市在汉初同属番禺。据史籍记载，赵佗曾将荔枝作为珍品进贡给汉高祖。而橄榄的出土，确证早在两千多年前岭南地区就普遍栽培橄榄，因此橄榄并非过往人们所认为的舶来果品，而是地地道道的本土果品。东南地区人们食用的蔬菜有姜、韭、莲藕、竹笋、芡实、石发等。其中，以人工栽培野生水生植物作蔬菜是东南民众的杰出创造。东南地区多为水泽之地，水生植物丰茂繁盛，这些水生植物味道鲜美、营养丰富，是制作佳肴的绝佳食材。比如菰、菱角和芡实（薏苡）等。《后汉书·马援传》记载，古时真定交趾出产的薏苡不但颗粒大而且药效最好。东汉著名的伏波将军马援曾在交趾为官，他经常煮食薏苡仁（今天所称的"薏米"）养生。因为薏米可解除瘴气，久服能神清气爽。由于认为薏苡是有用之物，所以马援在返回洛阳时，特地载了一车薏苡运回中原。当时人们以为这是东南特产的奇珍异宝，很多权贵们都在默默观望。马援当时深受皇帝宠信，所以没人敢报告朝廷。等到马援死后，立即有人上书诬告马援以前从东南载回来的均为明珠彩犀一类的珍宝。皇帝闻听此言，十分震怒。马援的妻子和儿子们惶恐畏惧，不敢把马援灵柩运回旧坟地安葬，只买了几亩荒地草草埋葬了事。宾客们也不敢前去吊唁。后来，马援的妻子和儿子们上书诉冤，前后六次，辞意哀切，最后冤案平反，这位六十余岁还高喊"老当益壮"的一代名将马援将军才得安葬。这就是"薏苡之谤"的故事。除了以水生植物作蔬菜外，东南民众还从海洋中取食海藻类植物作为蔬菜。《异物志》载："石发，海草，在海中石上丛生，长尺余，大小如韭，叶似席莞，而株茎无枝。以肉杂而蒸之，味极美，食之近不知足。"大

竹笋，出自明代宫廷写本《食物本草》

意是石发是一种海藻类植物，丛生在海中石上，长度一尺多，外形似韭，叶子形似席莞，有株茎却无枝，石发与肉混合蒸食，味道极其鲜美，吃多少也不满足。

东南地区的饮食器具和烹调技术也别具特色。联罐、匏壶、提筒、越式鼎等是今天所见的最具有地域特点、最能反映东南饮食文化风貌的饮食器具。联罐一般由二至五个小罐连缀组成，轻巧别致，用作盛干果或调味料；匏壶是用于盛水或酒的器皿，由于外形仿匏瓜造型，像一个截去顶端的葫芦，故名；提筒是东南越族的典型酒器；越式鼎为烹煮或盛食器，造型特点为直足，微向外撇。有些越式鼎鼎口的边沿上有特意制作的一条唇形水沟，它能使沸腾的液体不至溢出。而且，当唇沟里灌进水时，虫蚁等则爬不进鼎内，这是相当合理的设计。东南地区各民族的融合也促使当地的烹饪技术取得了飞跃性发展。秦汉时期，东南民众已经运用水濡、火烹、烘烤、曝晒、烟熏、风干、冰镇、盐腌、发酵等手段，加工食材原料，从而获得美味可口的食物。在漫长的岁月中，东南民众根据自然环境、气候特征形成独特的饮食风格，即以清淡、鲜活、原汁原味的特征在中华美食中独树一帜，著名的粤菜大系就是东南烹饪文化的丰硕成果。

汉代越式鼎，现藏于南越王博物院

参考文献 & 延伸阅读

林乃燊.中国古代饮食文化 [M].北京：商务印书馆，1997.

赵荣光.中国饮食文化史 [M].上海：上海人民出版社，2014.

赵荣光.中华饮食文化史 [M].杭州：浙江教育出版社，2015.

王仁湘.饮食与中国文化 [M].青岛：青岛出版社，2012.

王学泰.中国饮食文化史 [M].桂林：广西师范大学出版社，2006.

姚伟钧，刘朴兵，鞠明库.中国饮食典籍史 [M].上海：上海古籍出版社，2011.

姚伟钧，刘朴兵.中国饮食史 [M].武汉：武汉大学出版社，2020.

张景明，王雁卿.中国饮食器具发展史 [M].上海：上海古籍出版社，2011.

赵志军.植物考古学理论、方法和实践 [M].北京：科学出版社，2010.

俞为洁.中国史前植物考古 [M].北京：社会科学文献出版社，2010.

【 第一编 食自八方 】

彭卫，杨振红.秦汉风俗 [M].上海：上海文艺出版社，2018.

徐海荣.中国饮食史：卷二 [M].杭州：杭州出版社，2014.

陈文华.漫谈出土文物中的古代农作物 [J].农业考古，1990(2)：127-137.

睡虎地秦墓竹简整理小组.睡虎地秦墓竹简 [M].北京：文物出版社，1990.

连云港市博物馆，东海县博物馆，中国社会科学院简帛研究中心，等 . 尹湾汉墓简牍 [M]. 北京：中华书局，1997.

赵志军 . 传说还是史实：有关"五谷"的考古发现 [N]. 光明日报，2021-07-10(10).

崔寔 . 四民月令校注 [M]. 石声汉，注 . 北京：中华书局，1965.

李零 . 北大秦牍《泰原有死者》简介 [J]. 文物，2012(6)：81-84.

黄展岳 . 汉代人的饮食生活 [J]. 农业考古，1982(1)：71-80.

黄展岳 .《汉代人的饮食生活》的两条补充 [J]. 农业考古，1982(2)：78.

孙机 . 汉代物质文化资料图说 [M]. 上海：上海古籍出版社，2011.

王仁湘 . 半窗意象：图像与考古研究自选集 [M]. 北京：文物出版社，2016.

王春法 . 小城故事：湖南龙山里耶秦简文化展 [M]. 合肥：安徽美术出版社，2019.

秦林 . 品菜谈史 [M]. 北京：东方出版社，2007.

许进雄 . 中国古代社会：文字与人类学的透视 [M]. 北京：中国人民大学出版社，2008.

张俊民 . 敦煌悬泉置出土文书研究 [M]. 兰州：甘肃教育出版社，2015.

黎虎 . 汉唐饮食文化史 [M]. 北京：北京师范大学出版社，1998.

霍雨丰 . 南越物语 [M]. 广州：岭南美术出版社，2019.

彭卫 . 汉代人的肉食 [G] / / 中国社会科学院历史研究所学刊：第七集 . 北京：商务印书馆，2011：61-135.

彭卫 . 汉代菜蔬志 [G] / / 中国社会科学院历史研究所学刊：第十集 . 北京：商务印书馆，2017：83-241.

周祖亮，方懿林 . 简帛医药文献校释 [M]. 北京：学苑出版社，2014.

吕章申 . 中华文明 [M]. 北京：北京时代华文书局，2017.

初仕宾，肖亢达 . 居延新简《责寇恩事》的几个问题 [J]. 考古与文物，1981（3）：108-118.

刘玉环 . 居延新简"候粟君所责寇恩事"册书编联与所含"爰书"探析 [J]. 西南学林，2016（2）：234-239.

曾纵野 . 中国饮馔史：第一卷 [M]. 北京：中国商业出版社，1988.

刘锡诚 . 吉祥中国 [M]. 上海：上海文艺出版社，2012.

陶思炎 . 中国鱼文化 [M]. 南京：东南大学出版社，2008.

俞为洁 . 中国食料史 [M]. 上海：上海古籍出版社，2011.

张荣芳，黄淼章 . 南越国史 [M]. 广州：广东人民出版社，2008.

张德芳 . 甘肃省第三届简牍学国际学术研讨会论文集 [C]. 上海：上海辞书出版社，2017.

孙机 . 中国古代物质文化 [M]. 北京：中华书局，2014.

孙机 . 豆腐问题 [J]. 农业考古，1998（3）：292-296.

陈文华 . 豆腐起源于何时？ [J]. 农业考古，1991（1）：245-248.

卢兆荫，张孝光 . 满城汉墓农器刍议 [J] 农业考古，1982（1）：90-96.

彭卫 . 汉代食饮杂考 [J]. 史学月刊，2008（1）：19-33.

张凤 . 古代圆形石磨相关问题研究 [J]. 华夏考古，2016（2）：61-66.

杨坚 . 中国豆腐的起源与发展 [J]. 农业考古，2004（1）：217-226.

【 第二编 烹饪有术 】

高成鸢 . 食·味·道：华人的饮食歧路与文化异彩 [M]. 北京：紫禁城出版社，2011.

高成鸢 . 味即道：中华饮食与文化十一讲 [M]. 北京：生活·读书·新知三联书店，2018.

徐兴海，胡付照 . 中国饮食思想史 [M]. 南京：东南大学出版社，2015.

朱伟 . 考吃 [M]. 北京：中国人民大学出版社，2005.

贾思勰 . 齐民要术译注 [M]. 缪启愉，缪桂龙，译注 . 上海：上海古籍出版社，2009.

王仁兴 . 国菜精华：商代—清代 [M]. 北京：生活·读书·新知三联书店，2018.

邱庞同 . 饮食杂俎：中国饮食烹饪研究 [M]. 济南：山东画报出版社，2008.

邱庞同 . 食说新语：中国饮食烹饪探源 [M]. 济南：山东画报出版社，2008.

邱庞同 . 中国面点史 [M]. 青岛：青岛出版社，1995.

邱庞同 . 中国菜肴史 [M]. 青岛：青岛出版社，2010.

邱庞同 . 炒法源流考述 [J]. 扬州大学烹饪学报，2003(1)：1-6.

赵建民 . 中国菜肴文化史 [M]. 北京：中国轻工业出版社，2017.

王仁湘 . 味中味：味蕾上的历史记忆 [M]. 成都：四川人民出版社，2013.

王仁湘 . 味无味：餐桌上的历史风景 [M]. 成都：四川人民出版社，2013.

黄展岳 . 南越国考古学研究 [M]. 北京：中国社会科学出版社，2015.

张家山二四七号汉墓竹简整理小组 . 张家山汉墓竹简二四七号墓：释文修订本 [M]. 北京：文物出版社，2006.

赵荣光 . 中华饮食文化 [M]. 北京：中华书局，2012.

陈诏 . 饮食趣谈 [M]. 上海：上海古籍出版社，2003.

叶茂林 . 中国原始社会的陶质饮食器皿 [G] // 李士靖 . 中华食苑：第五集 . 北京：中国社会科学出版社，1996：43-64.

马健鹰 . 论鼎由食器到王器的历史演变 [G] // 李士靖 . 中华食苑：第八集 . 北京：中国社会科学出版社，1996：21-28.

林正同 . 中国古代食器对烹饪技术的影响 [G] // 李士靖 . 中华食苑：第八集 . 北京：中国社会科学出版社，1996：130-139.

李欣 . 考古资料所见汉代"烧烤"风俗 [J]. 四川文物，2016(1)：77-81.

高启安 . 汉魏河西饮食三题：以河西汉简饮食资料为主 [C] // 甘肃省第二届简牍学国际学术研讨会论文集 . 上海：上海古籍出版社，2012：141-156.

中国烹饪协会.中国烹饪通史[M].北京:中国商业出版社,2020.

河北博物院.大汉绝唱满城汉墓[M].北京:文物出版社,2014.

湖南省博物馆.长沙马王堆汉墓陈列[M].北京:中华书局,2017.

任百尊.中国食经[M].上海:上海文化出版社,1999.

陈彦堂.人间的烟火:炊食具[M].上海:上海文艺出版社,2002.

中国国家博物馆.美食配美器:中国历代饮食器具[Z].香港:香港康乐及文化事务署,2004.

彭卫.汉代饮食史的几个问题[G]//熊铁基八十华诞纪念文集.武汉:华中师范大学出版社,
2012:78-90.

李立.文化嬗变与汉代自然神话演变[M].汕头:汕头大学出版社,2000.

周俊玲."器"与"道":汉代陶灶造型、装饰及其意蕴[J].文物世界,2009(6):24-29.

张德芳,韩华.居延新简集释六[M].兰州:甘肃文化出版社,2016.

【第三编 天之美禄】

赵荣光.中华酒文化[M].北京:中华书局,2012.

葛承雍.酒魂十章[M].北京:中华书局,2008.

何满子.中国酒文化[M].上海:上海古籍出版社,2001.

宋红.中国酒文化丛谈[M].上海:东方出版中心,2014.

彭卫.汉代酒事杂识[G]//酒史与酒文化研究:第一辑.北京:社会科学文献出版社,2012:
106-119.

国家文物局.惠世天工:中国古代发明创造文物展[M].北京:中国书店,2012.

刘朴兵.中国酒祭的起源、传承与变异[J].寻根,2020(3):19-22.

林甘泉.中国经济通史:秦汉经济卷[M].北京:经济日报出版社,1999.

岳洪彬,杜金鹏.唇边的微笑:酒具[M].上海:上海文艺出版社,2002.

张慧媛.北方少数民族的酒文化[M].呼和浩特:内蒙古大学出版社,2008.

江西省博物馆 . 惊世大发现：南昌汉代海昏侯国考古成果展 [M]. 南昌：江西美术出版社，2018.

董淑燕 . 百情重觞：中国古代酒文化 [M]. 北京：中国书店，2012.

路甬祥 . 中国传统工艺全集：酿造 [M]. 郑州：大象出版社，2007.

周嘉华 . 中国传统酿造酒醋酱 [M]. 贵阳：贵州民族出版社，2014.

孙机 . 古文物中所见之犀牛 [J]. 文物，1982(8)：80-84.

孙机，杨泓 . 文物丛谈 [M]. 北京：文物出版社，1991.

孙机 . 从历史中醒来：孙机谈中国古文物 [M]. 北京：生活·读书·新知三联书店，2016.

王子今 . 秦汉名物丛考 [M]. 北京：东方出版社，2016.

吕章申 . 秦汉文明 [M]. 北京：北京时代华文书局，2017.

安家瑶 . 玻璃器史话 [M]. 北京：中国大百科全书出版社，2000.

朱存明 . 民俗之雅：汉画像中的民俗研究 [M]. 北京：生活·读书·新知三联书店，2019.

石云涛 . 汉代外来文明研究 [M]. 北京：中国社会科学出版社，2017.

张立柱 . 关子中山靖王刘胜的几个问题 [J]. 文物春秋，2008(2)：14-20.

李零 . 北大藏秦简《酒令》[J]. 北京大学学报：哲学社会科学版，2015(2)：16-20.

裘锡圭 . 读考古发掘所得文字资料笔记一 [J]. 人文杂志，1981(6)：97-99.

吴杏全 . 从满坡汉墓出土文物谈灿烂的汉代文明 [J]. 文物春秋，2009(5)：9-15.

【第四编 宴会雅集】

陶文台 . 人类文明与饮食 [G] / / 李士靖 . 中华食苑：第一集 . 北京：经济科学出版社，1994：23-32.

彭卫 . 汉代的宴饮活动 [G] / / 李士靖 . 中华食苑：第六集 . 北京：中国社会科学出版社，1996：55-78.

吕建文 . 中国古代宴饮礼仪 [M]. 北京：北京理工大学出版社，2007.

王玉霞，丁桂莲 . 大羹玄酒：先秦的宴饮礼仪文化 [M]. 北京：北京理工大学出版社，2014.

孔庆明，袁瑜琤 . 中华礼文化 [M]. 长春：吉林人民出版社，2019.

赵荣光 . 中国饮食史论 [M]. 哈尔滨：黑龙江科学技术出版社，1990.

徐海荣 . 中国饮食史：卷一 [M]. 杭州：杭州出版社，2014.

王仁湘 . 中国史前饮食史 [M]. 青岛：青岛出版社，1997.

王仁湘 . 往古的滋味：中国饮食的历史与文化 [M]. 济南：山东画报出版社，2006.

王仁湘 . 饮食史话 [M]. 北京：社会科学文献出版社，2012.

王仁湘 . 民以食为天：中国饮食文化 [M]. 济南：济南出版社，2004.

张征雁，王仁湘 . 昨日盛宴：中国古代饮食文化 [M]. 成都：四川人民出版社，2004.

王仁湘 . 勺子·叉子·筷子：中国古代进食方式的考古学研究 [J]. 寻根，1997(5): 12-19.

刘云 . 中国箸文化史 [M]. 北京：中华书局，2006.

王晴佳 . 筷子：饮食与文化 [M]. 汪精玲，译 . 北京：生活·读书·新知三联书店，2019.

夏建平 . 悠远的印记：长沙文物精品漫谈·三·简帛 [M]. 长沙：岳麓书社，2015.

杨泓 . 逝去的风韵：杨泓谈文物 [M]. 北京：中华书局，2007.

姚伟钧 . 中国饮食礼俗与文化史论 [M]. 武汉：华中师范大学出版社，2008.

熊铁基 . 秦汉文化史 [M]. 上海：东方出版中心，2007.

王子今 . 秦汉文化风景 [M]. 北京：中国人民大学出版社，2012.

王子今 . 长沙简牍研究 [M]. 北京：中国社会科学出版社，2017.

姚伟钧，方爱平，谢定源 . 饮食风俗 [M]. 武汉：湖北教育出版社，2001.

郑绍宗 . 满城汉墓 [M]. 北京：文物出版社，2003.

卢兆荫 . 满城汉墓 [M]. 北京：生活·读书·新知三联书店，2005.

田艳霞 . 汉代女性研究 [M]. 郑州：河南人民出版社，2013.

萧亢达 . 汉代乐舞百戏艺术研究 [M]. 北京：文物出版社，1991.

瞿明安，秦莹 . 中国饮食娱乐史 [M]. 上海：上海古籍出版社，2011.

刘德增 . 秦汉衣食住行：插图珍藏本 [M]. 北京：中华书局，2015.

郑培凯．岭南历史与社会 [M]. 香港：香港城市大学出版社，2003.

【第五编 食制食俗】

中国文物研究所，甘肃省文物考古研究所．敦煌悬泉月令诏条 [M]. 北京：中华书局，2001.

于振波．从悬泉置壁书看《月令》对汉代法律的影响 [J]. 湖南大学学报：社会科学版，2002(5)：22-27.

薛梦潇．早期中国的月令与"政治时间"[M]. 上海：上海古籍出版社，2018.

黄人二．敦煌悬泉置《四时月令诏条》整理与研究 [M]. 武汉：武汉大学出版社，2010.

陈业新．儒家生态意识与中国古代环境保护研究 [M]. 上海：上海交通大学出版社，2012.

陈冬仿．汉代农民生活研究 [M]. 北京：人民出版社，2020.

罗桂环，王耀先，杨朝飞，等．中国环境保护史稿 [M]. 北京：中国环境科学出版社，1995.

王雪萍．《周礼》饮食制度研究 [M]. 扬州：广陵书社，2010.

葛承雍．绵亘万里长：胡汉中国与外来文明交流卷 [M]. 北京：生活·读书·新知三联书店，2019.

杨华，段君峰．中国财政通史第一卷：秦汉财政史 [M]. 长沙：湖南人民出版社，2013.

武汉大学简帛研究中心，湖北省博物馆，湖北省文物考古研究所．秦简牍合集 [M]. 武汉：武汉大学出版社，2014.

张俊民．简牍学论稿：聚沙篇 [M]. 兰州：甘肃教育出版社，2014.

张俊民．敦煌悬泉置出土文书研究 [M]. 兰州：甘肃教育出版社，2015.

王裕昌．汉代传食制度及相关问题研究补述 [J]. 图书与情报，2010(4)：149-151.

郝树声，张德芳．悬泉汉简研究 [M]. 兰州：甘肃文化出版社，2009.

侯旭东．传舍使用与汉帝国的日常统治 [J]. 中国史研究，2008(1)：61-82.

中国文物研究所，胡平生，甘肃省文物考古研究所，等．敦煌悬泉汉简释粹 [M]. 上海：上海古籍出版社，2001.

杜小钰 . 秦代食官考 [J]. 金陵科技学院学报：社会科学版，2015(4)：50- 53.

刘尊志 . 徐州狮子山"食官监"陪葬墓及相关问题简论 [J]. 秦始皇帝陵博物院，2018：165-174.

王勇 . 里耶秦简所见秦迁陵县粮食支出机构的权责 [J]. 中国农史，2018(4)：61- 70.

王仁湘，张征雁 . 盐与文明：中国滋味 [M]. 沈阳：辽宁人民出版社，2007.

王子今 . 秦汉盐史论稿 [M]. 成都：西南交通大学出版社，2019.

桓宽 . 盐铁论校注 [M]. 王利器，校注 . 天津：天津古籍出版社，1983.

路国权，蒋建荣，王青 . 山东邹城邾国故城西岗墓地一号战国墓茶叶遗存分析 [J]. 考古与文物，2021(5)：118- 122.

赵荣光，吕丽辉 . 中国饮食文化史：东北地区卷 [M]. 北京：中国轻工业出版社，2013.

冼剑民，周智武 . 中国饮食文化史：东南地区卷 [M]. 北京：中国轻工业出版社，2013.

赵荣光，徐日辉 . 中国饮食文化史：西北地区卷 [M]. 北京：中国轻工业出版社，2013.

方铁，冯敏 . 中国饮食文化史：西南地区卷 [M]. 北京：中国轻工业出版社，2013.

赵荣光，李鸿崑，李维冰 . 中国饮食文化史：长江下游地区卷 [M]. 北京：中国轻工业出版社，2013.

赵荣光，谢定源 . 中国饮食文化史：长江中游地区卷 [M]. 北京：中国轻工业出版社，2013.

赵荣光，姚伟钧，李汉昌 . 中国饮食文化史：黄河下游地区卷 [M]. 北京：中国轻工业出版社，2013.

赵荣光，姚伟钧，刘朴兵 . 中国饮食文化史：黄河中游地区卷 [M]. 北京：中国轻工业出版社，2013.

曾昭燏，蒋宝庚，黎忠义 . 沂南古画像石墓发掘报告 [M]. 北京：文化部文物管理局，1956.

后记

　　这本小书的创作缘起于三年前的一次展览策划。2019 年，笔者承接了中国国家博物馆"中国古代饮食文化展"的内容设计工作。众所周知，中国古代饮食文化源远流长、内容宏富，不仅有制作精美、功能各异的饮食器具，有种类繁多、自成体系的烹饪技艺，有浩繁的饮食典籍制度；还包含着由烹饪实践派生出的"五味调和""和而不同"的哲学思想，"治大国若烹小鲜"的政治智慧以及"医食同源""食疗养生"等科学的饮食思想……数千年的中国饮食文化积淀，对世界饮食文化做出过卓越的贡献。那么，如何在有限的展示空间内将历史悠久、博大精深的中国古代饮食文化内涵通过展览的语言向观众传达？如何深入挖掘展品背后的故事，在确保展览学术性的同时，又增强展览的故事性、趣味性？这些都是笔者面临的重要挑战。

　　在三年多艰辛的策展时间里，笔者搜集整理、消化吸收了大量的学术研究成果，不仅对内容宏富的中国古代饮食文化产生了浓厚的兴趣，也萌发了撰写这本小书的初步构想。

　　原始先民真的只会烧烤吗？他们吃肉食的机会多吗？江山社稷中的"社稷"指什么？为什么中国人见面打招呼总会问"您吃了吗"？一日三餐的饮食习俗是什么时候形成的？我们的祖先明明很早就发明了餐叉，但为什么餐叉没有像筷子一样流行起来呢？举案齐眉的"案"是什么样子的？为什么古代政府赠予老人的慰问品是"糜粥"呢？我们何时吃上豆腐，又是何时吃上炒菜的呢？为什么食狗肉之俗在秦汉以后渐渐弃绝？宋代皇帝缘何爱吃羊肉？酒为何被称为"天之美禄"？"茶圣"陆羽是如何开创"饮茶有道"的新时代的？……总之，越深入了解饮食文化这个领域，就有越多的问题迸发出来，深深地吸引着笔者去探寻答案。

如今，"中国古代饮食文化展"已于近期顺利开幕并获得观众们的广泛好评，笔者的感觉却是"意犹未尽"，为了弥补展览内容缺失的遗憾，笔者决心将很多无法呈现到展厅的内容以书籍的形式向读者表达出来。"三千弱水，只取一瓢"，因学识和精力所限，笔者只能先行截取"秦汉"四百年这一重要的历史时期作为对古代饮食文化研究的一个起点。

一个成功的展览可以搭建起展品与观众之间沟通的桥梁，一本有价值的图书也能使读者跨越时空的阻隔，与过去"相见"，和未来"对话"。最后，衷心希望所有阅读本书的读者都能拥有愉快的阅读体验，感受到古人饮食生活中的智慧和情感！

2022 年 2 月

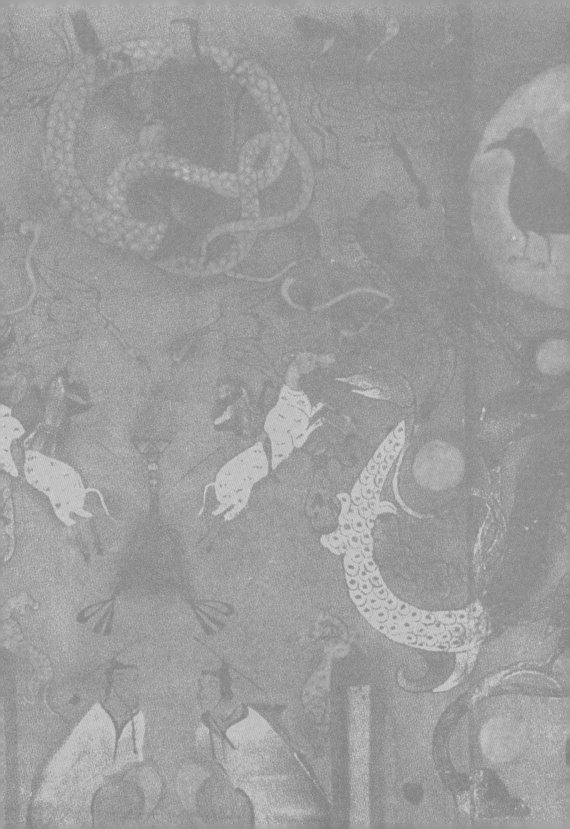

图书在版编目（CIP）数据

秦汉的飨宴 ：中华美食的雄浑时代 / 王辉著. ——
北京 ：北京日报出版社，2022.6
ISBN 978-7-5477-4286-0

Ⅰ．①秦… Ⅱ．①王… Ⅲ．①饮食－文化－中国－秦
汉时代 Ⅳ．①TS971.2

中国版本图书馆CIP数据核字(2022)第065162号

秦汉的飨宴 ：中华美食的雄浑时代

出版发行：北京日报出版社
地　　址：北京市东城区东单三条8-16号东方广场东配楼四层
邮　　编：100005
电　　话：发行部：（010）65255876
　　　　　总编室：（010）65252135
责任编辑：许庆元
印　　刷：雅迪云印(天津)科技有限公司
经　　销：各地新华书店
版　　次：2022 年 6 月第 1 版
　　　　　2022 年 6 月第 1 次印刷
开　　本：710 毫米×1000 毫米　　1/16
印　　张：30.5
字　　数：380 千字
定　　价：148.00 元